中国科学院研究生教育基金会资助出版

国科大 文丛

丛书主编/任定成

科学哲学的问题逻辑

胡新和 ⊙ 编

科学出版社

北京

图书在版编目（CIP）数据

科学哲学的问题逻辑/胡新和编 . —北京：科学出版社，2013. 3

（国科大文丛）

ISBN 978-7-03-036724-2

Ⅰ.①科… Ⅱ.①胡… Ⅲ.①科学哲学-文集 Ⅳ.①N02-53

中国版本图书馆 CIP 数据核字（2013）第 031478 号

丛书策划：胡升华　侯俊琳

责任编辑：邹　聪　王昌凤／责任校对：张怡君

责任印制：徐晓晨／封面设计：黄华斌

编辑部电话：010-64035853

E-mail：houjunlin@ mail. sciencep. com

科 学 出 版 社出版

北京东黄城根北街16号

邮政编码：100717

http://www.sciencep.com

北京凌奇印刷有限责任公司 印刷

科学出版社发行　各地新华书店经销

*

2013 年 4 月第 一 版　开本：B5（720×1000）

2021 年 3 月第八次印刷　印张：24

字数：410 000

定价：95.00 元

（如有印装质量问题，我社负责调换）

国科大文丛

顾 问

郑必坚　邓　勇　李伯聪
李顺德　王昌燧　佐佐木力

编委会

丛书弁言

　　"国科大文丛"是在中国科学院大学和中国科学院研究生教育基金会的支持下,由中国科学院大学人文学院策划和编辑的一套关于科学、人文与社会的丛书。

　　半个多世纪以来,中国科学院大学人文学院及其前身的学者和他们在院内外指导的学生完成了大量研究工作,出版了数百种学术著作和译著,完成了数百篇研究报告,发表了数以千计的学术论文和译文。

　　首辑"国科大文丛"所包含的十余种文集,是从上述文章中选取的,以个人专辑和研究领域专辑两种形式分册出版。收入文集的文章,有原始研究论文,有社会思潮评论和学术趋势分析,也有专业性的实务思考和体会。这些文章,有的对国家发展战略和社会生活产生过重要影响,有的对学术发展和知识传承起过积极作用,有的只是对某个学术问题或社会问题的一孔之见。文章的作者,有已蜚声学界的前辈学者,有正在前沿探索的学术中坚,也有崭露头角的后起新锐。文章或成文于半个世纪之前，或刚刚面世不久。首辑"国科大文丛"从一个侧面反映了中国科学院大学人文学院的历史和现状。

中国科学院大学人文学院的历史可以追溯至 1956 年于光远先生倡导成立的中国科学院哲学研究所自然辩证法研究组。1962 年，研究组联合北京大学哲学系开始招收和培养研究生。1977 年，于光远先生领衔在中国科学技术大学研究生院（北京）建立了自然辩证法教研室，次年开始招收和培养研究生。

1984 年，自然辩证法教研室更名为自然辩证法教学部。1991 年，自然辩证法教学部更名为人文与社会科学教学部。2001 年，中国科学技术大学研究生院（北京）更名为中国科学院研究生院，教学部随之更名为社会科学系，并与外语系和自然辩证法通讯杂志社一起，组成人文与社会科学学院。

2002 年，人文与社会科学学院更名为人文学院，之后逐步形成了包括科学哲学与科学社会学系、科技史与科技考古系、新闻与科学传播系、法律与知识产权系、公共管理与科技政策系、体育教研室和自然辩证法通讯杂志社在内的五系一室一刊的建制。

2012 年 6 月，中国科学院研究生院更名为中国科学院大学。现在，中国科学院大学已经建立了哲学和科学技术史两个学科的博士后流动站，拥有科学技术哲学和科学技术史两个学科专业的博士学位授予权，以及哲学、科学技术史、新闻传播学、法学、公共管理五个学科的硕士学位授予权。

从自然辩证法研究组到人文学院的历史变迁，大致能够在首辑"国科大文丛"的主题分布上得到体现。

首辑"国科大文丛"涉及最多的主题是自然科学哲学问题、马克思主义科技观、科技发展战略与政策、科学思想史。这四个主题是中国学术界最初在"自然辩证法"的名称下开展研究的领域，也是自然辩证法研究组成立至今，我院师生持续关注、学术积累最多的领域。我院学术前辈在这些领域曾经执全国学界之牛耳。

科学哲学、科学社会学、科学技术与社会、经济学是改革开放之初开始在我国复兴并引起广泛关注的领域，首辑"国科大文丛"中涉及的这四个主题反映了自然辩证法教研室自成立以来所投入的精力。我院前辈学者和现在仍活跃在前沿的学术带头人，曾经与兄弟院校的同道一起，为推进这四个领域在我国的发展做出了积极的努力。

人文学院成立以来，郑必坚院长在国家发展战略方面提出了"中国和平崛起"的命题，我院学者倡导开辟工程哲学和跨学科工程研究领域并构造了对象框架，我院师生在科技考古和传统科技文化研究中解决了一些学术难题。这四个主题的研究也反映在首辑"国科大文丛"之中。

近些年来，我们在"科学技术与社会"领域的工作基础上，组建团队逐步在科技新闻传播、科技法学、公共管理与科技政策三个领域开展工作，有关研究结果在首辑"国科大文丛"中均有反映。学校体育研究方面，我们也有一些工作发表在国内学术刊物和国际学术会议上，我们期待着这方面的工作成果能够反映在后续"国科大文丛"之中。

从首辑"国科大文丛"选题可以看出，目前中国科学院大学人文学院实际上是一个发展中的人文与社会科学学院。我们的科学哲学、科学技术史、科技新闻、科技考古，是与传统文史哲领域相关的人文学。我们的科技传播、科技法学、公共管理与科技政策，是属于传播学、法学和管理学范畴的社会科学。我们的人文社会科学在若干个亚学科和交叉学科领域已经形成了自己的优势。

健全的大学应当有功底厚实、队伍精干的文学、史学、哲学等基础人文学科，以及社会学、政治学、经济学和法学等基础社会科学。适度的基础人文社会科学群的存在，不仅可以使已有人文社会科学亚学科和交叉学科的优势更加持久，而且可以把人文社会科学素养教育自然而然地融入理工科大学的人文氛围建设之中。从学理上持续探索人类价值、不懈追求社会公平，并在这样的探索和追求中传承学术、培养人才、传播理念、引领社会，是大学为当下社会和人类未来所要担当的责任。

首辑"国科大文丛"的出版，是人文学院成立 10 周年、自然辩证法教研室建立 35 周年、自然辩证法组成立 56 周年的一次学术总结，是人文学院在这个特殊的时刻奉献给学术界、教育界和读书界的心智，也是我院师生沿着学术研究之路继续前行的起点。

随着学术新人的成长和学科构架的完善，"国科大文丛"还将收入我院师生的个人专著和译著，选题范围还将涉及更多领域，尤其是基础人文学和社会科学领域。我们也将以开放的态度，欢迎我院更多师生和校友提供书稿，欢迎国内外同行的批评和建议，欢迎相关基金对这套丛书的后续支持。

我们也借首辑"国科大文丛"出版的机会，向中国科学院大学领导、中国科学院研究生教育基金会、我院前辈学者、"国科大文丛"编者和作者、科学出版社的编辑，表示衷心的感谢。

任定成

2012 年 12 月 30 日

序

科学哲学是关于科学的哲学反思。这里的科学，原本主要指向运用科学方法、通过科学认识而获取的科学理论，其后也涵盖了从事这种科学认识的科学家群体（科学共同体）为获取科学理论而展开的科学活动。由此，在科学哲学的研究路径中即有逻辑主义与历史主义的分野，科学哲学的论域也从传统的科学认识论和方法论，拓展到具有历史主义特征和倾向的科学演化与进步及其动力学成因的社会和文化研究。

科学哲学是以问题为取向的哲学，这一方面使它突出地区别于传统的体系哲学，聚焦于一系列关于科学的理论和活动的哲学问题；另一方面，也使它的历史演化体现出一种对这些问题的关注、选取及其尝试性解决的内在逻辑。而决定这种问题选取的，则是所谓的方法论框架。框架不同，研究的路径和视角不同，则会有对于问题的敏感度、选取或侧重的不同。如20世纪的上半叶，逻辑主义主要关注的是分界、确证、说明、评价和普遍的方法论模型诸问题；兴起于20世纪六七十年代的历史主义，则更倾向于范式变换、科学革命、不可通约性、多元方法论和科学进步等；而 20 世纪 80 年代以来对科学合理性、实在论与反实在论、逻辑与认知等问题的聚焦，则既体现出科学哲学对理论评价、理论与对象的关系等一般方法论层面问题的反思，也突出了其追随科学进展、关注科学前沿，并从中汲取不竭动力的学科特色。概括地说，从一般的科学认识论和方法论论域中，侧重于逻辑和语义分析框架中的问题选取，到侧重于知识演化和科学活动并引入其主体——科学共同体动因研究的研究视角，再到最好地体现了科学哲学这一区别于其他哲学分支的学科性质，并使其得以不断"与时俱进"的分科的科学哲学，如物理学哲学、生命科学哲学、认知科学哲学中特殊的哲学问题，这些大体构成了现代科学哲学研究的问题逻辑。

随着现代科学和哲学的进展，科学哲学的问题域在拓展，其研究方向也更为开放。其中不仅仅有随着各门自然科学进展而来的各种分科的科学哲学问题，不仅仅有着在一般科学方法论层面的如自然化认识论或自然主义倾向的科学哲学问题，更有着由历史主义拓展而来的科学的社会研究和文化研究，如科学知识社会学（SSK）、后现代主义科学哲学、女性主义科学哲学，以及由欧陆哲学传统而展开的现象学和解释学传统的科学哲学等，从而大大拓展了科学哲学的视野和论域，有些甚至已成为热门的研究话题，在为科学哲学研究带来新鲜的视角和方法的同时，也开辟了新的学术探索和争鸣的空间维度。

科学哲学在中国较大规模和成建制的传播与发展，几乎是伴随着改革开放和"科学的春天"同时来临的。在 1949 年之前，中国的科学哲学也曾一度有较高水平的研究和成果，其代表作为金岳霖先生的《知识论》和洪谦先生的《维也纳学派》。新中国成立之后，在当时的历史背景下，科学哲学由于其西方"血统"而被贴上了"资产阶级"的标签，至多有一些供批判类用的对科学哲学名著的翻译，难有真正学术意义上的独立研究。借改革开放的东风，乘"科学的春天"之大势，科学哲学这一聚焦科学理论和方法论的研究领域获得了学界，尤其是当时的自然辩证法学界的极大关注，而科学哲学特有的理性和批判精神使得其思想的传播，对改革开放之初相对沉闷的思想理论界造成了较大的冲击，起到了振聋发聩的作用，在推动 20 世纪 80 年代的思想解放运动中发挥了独特的作用。

在改革开放之初科学哲学的引进、教学和研究中，中国科学院大学扮演了排头兵的角色，创下了若干个第一：它于 1978 年招收了"文化大革命"之后第一批最大规模的自然辩证法专业的研究生，计 14 名；它于 1982 年在国内设置了第一个"科学哲学"的培养方向，由当时自然辩证法教研室主任赵中立先生招收这一方向的研究生；它或许也因此在国内第一个开设了研究生水平的"科学哲学"专业课程，由来自中国社会科学院哲学研究所的邱仁宗先生主持，主要通过大量第一手原文文献的阅读研讨，原汁原味地理解科学哲学独特的思维和提问方式，培养学生分析和论证问题的能力。而在范岱年先生担任教研室主任时期，尤其是《自然辩证法通讯》杂志社与教研室合并后，其科学哲学研究的实力得到了进一步的增强，并通过人才引进和培养，逐步建立起实力较为雄厚的研究队伍。其研究几乎涵盖了科学哲学的各个研究方向，而他们的研究所涉及的科学哲学问题，也大体上反映了上述科学哲学的问题逻辑。本研究就是他们及部分学生的研究成果，主要包括六部，可分三大板块。

第一板块包括第一、二部：科学认识论和方法论问题。这是传统科学哲学的核心领域，即狭义的科学哲学。其中，第一部科学认识论研究中，既讨论了自然本质、真理、简单性和不完全确定等经典论题，也有中西认识论比较研究。第二部科学方法论研究，则探讨了从经验方法到理性方法，从还原论和整体论的方法论对立，到作为科学认识基础方法的模型方法，从当初逻辑经验主义的统一科学纲领，到时下学界热衷的贝耶斯主义方法等。

第二板块包括第三、四、五部：若干特殊的科学哲学专题，既有历史主义视野中的进步问题，也有分科科学哲学框架中的实在论与逻辑和认知问题。第三部探讨的科学合理性与科学进步问题，始终是科学哲学的中心问题。如果说在逻辑主义的框架中，科学合理性由于科学分界与理论评价等问题的提出而成为中心问题的话，那么正如劳丹所说，随着历史主义的发展，科学进步成为基本的第一位的事实，从而使得科学哲学的中心问题发生了转换，相应的理论进化模型、进步模式的探讨自然是题中应有之义。第四部科学实在论与反实在论之争，既由于量子物理学中著名的爱因斯坦-玻尔之争而折射出科学前沿的哲学反思，具有分科科学哲学的意义，也由于其反映出的理论与对象之间关系的普遍性，而成为一般科学哲学的话题，更由于其在我国唯物主义哲学特有的传统地位而广受关注，其中的概念辨析和理论创新尤需功力。与此类同，第五部逻辑与认知问题，既是人工智能和认知科学的核心问题，也同时为传统科学哲学，即逻辑经验主义，乃至更一般的哲学所关注。如果按上述问题逻辑作一分类，则三、四部为科学哲学的中心问题，而四、五部可归入分科科学哲学问题。

第三板块即第六部：科学哲学新动向。理论探索的未来或许不可预测，但我们从这些动向中可以获得某些启示。如果说科学提供给我们的是关于自然界的模型，科学哲学旨在提供关于科学的逻辑的或历史的模型，那么20世纪的科学哲学，基本上是以物理学理论为原型，来探讨和构建这种模型的。事情正在变化，生命科学和认知科学的强劲发展，正在为我们提供新的科学原型。认知转向即是这种变化的一种反映。而来自欧陆哲学传统的诠释学的科学哲学，是在包括我国科学哲学界在内的科学哲学研究的新的趋向。至于后现代的转向，所有从事哲学研究的人都不会否认它的存在，而问题只在于：我们从中能获得怎样的积极启示。

本书是中国科学院大学人文学院和《自然辩证法通讯》杂志社部分师生集体研究的结晶。在成书过程中，李伯聪教授、刘二中教授、胡志强教授、肖显静教授等都给予了大力支持，并提出了宝贵的意见和建议。在此一并致谢。

本书的基础工作此前曾分别发表在《哲学研究》、《自然辩证法通讯》、《自然辩证法研究》、《科学技术与辩证法》、《科学技术哲学研究》、《江海学刊》、《心智与计算》、《华南师范大学学报》、《杭州师范大学学报》等期刊上。在此，我们也要对这些期刊的审稿人和编辑表达谢意。若有不当之处，敬请批评指正。

胡新和

2012 年 6 月 20 日

目录

第六部
科学哲学新动向

第一部

科学认识论

真理与简单性 *

大多数人都同意，科学家事实上偏好简单的假设。这一点科学史的研究已经给出了许多证据。比如说，在开普勒行星运动定律提出之初，就其与当时的天文数据相吻合的程度而言，并不比哥白尼的原初的系统更为优越。但是什么原因促使开普勒定律被科学家接受呢？一般的解释是，因为开普勒定律相对于哥白尼学说更加简单。但是，开普勒定律在何种意义上更加简单（简单性的定义），为什么科学家选择一个更加简单的假说在认识上是合理的（简单性原则的辩护），这就是假说（或理论）选择中的简单性问题。在 20世纪 50～60 年代，主要由认识论哲学家和科学哲学家对这个问题进行了大量的讨论。近年来，在统计学、人工智能、认知科学领域出现了一些新的成果，给这个老问题的讨论注入了新的活力。20 世纪 70 年代，日本统计学家赤池弘次（Hirotugu Akaike）在统计模型选择问题上建立了一个新的理论框架，并证明模型的简单性和其预见的精确度有实质性的联系，即所谓的赤池信息量准则（Akaike information criterion，AIC）。90 年代后，福斯特（Malcolm R Forster）和索贝尔（Elliott Sober）等科学哲学家看出了其中包含的对简单性的哲学问题及其他科学哲学问题的意义，并从多方面给予了阐发。本文首先介绍简单性问题和在解决这个问题中遇到的困难，然后再简要地介绍

　*　本文作者为胡志强，原载《自然辩证法研究》，2005 年第 21 卷第 5 期，第 25～29 页。

福斯特和索贝尔针对一类特殊的科学问题即曲线拟合问题，在赤池弘次的成果的基础上，对简单性问题的一种局部解答。

一、假说选择与简单性原则

在已知的背景理论和一组经验证据下，我们必须选择一个假说来解释这些经验证据并预见未来。这样的选择有什么样的根据或依据什么样的原则？这就是假说选择（或理论选择）问题。一个首要的、明显的要求就是，所选择的假说必须与已知的经验证据相吻合。但是，这样的要求不能帮助我们挑选出唯一的假说来，因为针对同样一组已有的经验证据，我们原则上可以构造出无穷多个假设与这些证据相吻合。例如，牛顿的万有引力定律的关系式为 $F = m_1 m_2 / r^2$，在 18 世纪的天文数据的精度范围内，这些数据与以下的公式同样吻合：$F = m_1 m_2 / r^{2.000\,000\,000\,01}$，甚至还可以与以下公式吻合[1]：$F = m_1 m_2 / r^2 + K m_1 m_2 / r^4$，其中 K 是一个很小的恒量。

古德曼的"新归纳之谜"更是以一种鲜明的风格揭示了在假说选择中存在的这样的处境。到现在为止（即 2005 年 1 月 1 日），我们观察到的所有绿宝石，与"所有的绿宝石都是绿的"（H_1）这个假说相吻合。但同时也与"所有的绿宝石都是绿-蓝的"（H_2）这个假说相吻合（其中"绿-蓝"这个谓词是这样定义的：一个事物是绿-蓝的，当且仅当这个事物在 2010 年前是绿的，在 2010 年之后是蓝的）。事实上仿照古德曼的方式，我们还可以构造出无穷多个假说，它们与 H_1 一样，都能够与我们到目前为止所观察到的绿宝石的情况完全吻合。

显然，已经观察到的证据，不能帮助我们在牛顿形式的万有引力定律和其修改版之间，在 H_1 和 H_2 之间作出任何区别，它们与这些证据之间吻合的程度同样好。这表明，如果不轻易倒向相对主义，那么除了证据的支持以外，还必须依靠其他的理性原则来指导我们的理论选择。

在证据之外的指导假说选择的原则是什么呢？一个流传甚久的说法是：简单性应该在假说选择中起到重要的作用，也就是说，在其他条件相同的情况下，我们应该选择最简单的假设，我们将此称为简单性原则。这种想法首先来源于人们的直觉，这种直觉得到了科学史上的案例支持，包括开普勒、牛顿、爱因斯坦、海森伯在内的许多一流科学家都曾对简单性的作用发表过非常精彩的言论。

但简单性是一种什么意义上的原则呢？有一些哲学家，如牛顿-史密斯，把科学家选择简单的假说的理由看做是仅仅出于实用的考虑。假说、理论的简单，能够给推导、计算、验证、记忆、交流等认知活动带来方便。简单性原则只是一个实用主义的原则。另外一些人则认为，把简单性作为一个实用原则，没有对科学家的简单性偏好给出充分的理由，因为看上去简单的假说在计算上未必容易。更重要的是，它根本没有触及假说选择和归纳推理的规范标准问题，而我们正是出于解决这个规范问题的需要，而引出简单性问题的。但如果把简单性作为一个规范的认识原则，就不能只是援引科学家的直觉和列举科学史上的案例，它需要独立的论证。20 世纪 30 年代杰弗里斯（Harold Jeffreys）、波普尔，40 年代的古德曼，50 年代的凯梅尼都曾提出一些阐明简单性原则的不同思路。

二、简单性的复杂性

阐明简单性原则，需要解决两个问题：一是如何定义简单性，或者说给出在假说或理论之间就简单性进行比较的标准；二是如何辩护简单性原则，即要证明简单性与被认识的目标之间存在内在的联系。但是，简单性原则的这两个方面都有很多困难。

在如何定义简单性上，首先我们所遇到的问题是，即使从直觉上看，当我们在不同场合下说"一个假说或理论比较简单"时，其中"简单"的含义也并不完全相同，一般来说至少涉及以下几个方面的含义：

1) 本体论上的简单，即是说，假说所假定的实体或实体的种类较少，这样的简单性主要涉及因果推理，是"奥卡姆剃刀"和牛顿原则所提及的内容。

2) 概念框架上的简单，即是说，假说中所包含的，需要独立理解的谓词（即对性质的描述）较少，也就是说，如果我们的假说或理论所需要的一切谓词，越能够通过较少的基本谓词定义而来，那么概念框架越简单。"绿-

蓝"问题似乎和这方面的简单性有关。

3) 定律上的简单，即是说，或者组成假说或理论的定律较少，或者定律的表达式所涉及的变量较少，或者定律的数学表达式较为简单。显然，在开普勒定律和哥白尼系统的比较中，涉及的是这方面的简单性。

这些不同方面的简单性似乎很难划归到同一个简单性标准，一个方面的简单可能会导致另外一个方面的复杂。比如，为了达到本体论上的简单，有可能增加概念框架上的复杂程度。或者为了减少独立的可理解的谓词数量，会导致定律的数目或定律表达上的复杂性。

其次，即使区分了这些不同方面的简单性，对于每一个方面我们都难以给出准确的定义。比如对于本体论的简单性，如何确定一个假说或一个理论所假定的实体或实体种类的数目呢？蒯因曾经给出了一个本体论承诺的标准，即量词的辖域。但是，很快人们就指出这个标准存在着许多困难。对于概念框架的简单性来说同样如此，因为其中的"基本谓词"是一个难以确定的概念。如果只是基于定义关系的话，那么只需要简单的逻辑变换，就能够把原来独立的几个谓词归结为一个单独的关系式，然后再用它来定义其他的谓词。在这样变换后，基本谓词的数目就会改变。古德曼出于解决"绿-蓝"问题的需要，曾经花了很大的力气，试图系统地给出概念框架的简单性标准[2]，但是也有许多争论。

再次，对不同方面的简单性，即使我们放弃追求准确的定义，而只借助于直觉来判断，也仍然存在很大的问题：直觉上的简单性判断依赖于表达假说的语言。比如对于定律的数学表达式的简单性，我们可以采取蒯因的建议，用数学等式的度或微分方差的阶来衡量，但普里斯特（Priest）指出[3]，如果对变量进行变换，会改变数学式的简单性。例如，对 (x, y) 的一组数据 $(1, 1)$、$(2, 2)$、$(3, 3)$，我们可以得到表达式 R_1：$y = f(x) = x$，也可以得到表达式 R_2：$y = f_1(x) = -0.5x^3 + 3x^2 - 4.5x + 3$。从直觉上看，$R_1$ 比 R_2 简单。但是，如果定义一个新的变量 y'：$y' = y - f_1(x)$，那么 R_2 可以变换为一个等价的表达式 R_3：$y' = 0$。很容易看出，R_3 并不比 R_1 复杂。

在简单性原则的辩护问题上，我们遇到的困难也很大。常常有人援引"世界本身是简单的"这样的本体论命题，来为认识的简单性原则辩护。但是，这种方案留下了一个重要任务，那就是，给出"世界本身是简单的"独立的、本体论的理由。这个任务可能更加困难，只是直接地引用"上帝设计"或部分科学家在其自述中所提到的本体论信仰，并不是好的论证。况且，我们在经验中发现，世界的构成，比如行星的轨道，可能非常复杂。

辩护简单性原则的一种途径是，把简单性同我们公认的一些认识上的优点联系起来。除了与已有的证据吻合之外，科学理论之间还存在其他方面的优劣。例如，预言的精确性、理论的可检验性、理论的系统性、理论的统一性等。一个简单的理论之所以应该被选择，是在于简单性是这些认识优点的反映。其中最引人注目的优点是理论所包含的信息或内容。一个好的科学理论应该是包含更多的内容的理论。波普尔、古德曼、罗森克里兹、蒯因等都试图通过不同的方式，如可证伪性、内容、似然、逻辑表达力等，找出简单性与信息量之间的联系，并以此为简单性原则找到辩护的依据。

辩护简单性原则的另外一条途径，也是更强的途径，是把简单性与认识的最重要的目标，也就是真理，联系起来，试图表明，越简单的假设或理论越有可能更加接近真理。这条途径也有两个不同的方向，一种是直接将此作为认识的基本的先验原则，如斯文波[4]，另一种是试图对此给出一些论证，凯梅尼在 20 世纪 50 年代曾做过一些开创性工作[5]。目前有两个重要的成果。一是李明（Li M）和维坦依（Vitanyi），把简单性看做认知编码的一种特征，从科尔莫哥洛夫的数学复杂性理论出发进行论证的。二是福斯特和索贝尔，把简单性看做可调整参数的一种特征，从赤池弘次在统计学中模型选择问题的研究成果出发进行论证的。

三、曲线拟合问题

统计学上的曲线拟合问题是一类相对简单、结构明确的假说选择问题。曲线拟合问题是这样：假定有两个变量，x，y，已收集到这两个变量相对应的一组数据，这个数据组可以表示为以 x 为横轴，以 y 为纵轴的平面上的一些点。现在我们要找出其中的函数关系，$y = F(x)$，即 $x - y$ 平面上的一条曲线，来拟合这些数据点，然后，再从新发现的 x 值，预见新的 y 值。

如何确定这条曲线呢？传统的统计学实践，把解决这个问题分为两个步骤。首先，选择一条曲线，它可以表示为一个带有参数的函数。其次，计算这个曲线与已知数据点的吻合程度。这两个步骤采取了不同的指导原则。在选择曲线的时候，事实上是按照简单性原则的指导来进行的，虽然在统计实践中并没有作出明文规定。与数据点的吻合程度，统计学中称为拟合优度。对拟合优度的测定，就是计算拟合曲线与数据点之间的距离的平均值。然后，我们可以按照对最优拟合的定义，来估计参数的值。

但是，福斯特和索贝尔对曲线拟合问题的这种传统的处理方式提出了挑战[3]。他们的理由是，首先，如果直接在不同的曲线间进行选择，那么会遇到一个问题，即曲线的形式是相对于数学变换的。前面所提到的普里斯特的结果已经证明了这一点。只要我们找到恰当的变换形式，所有的曲线都同样简单。简单性的考虑无从指导对曲线的选择。

其次，曲线拟合优度的标准选取的是与已知数据点的拟合程度，福斯特和索贝尔将这种观点称为天真的经验主义。按照这种观点，与现有的已知数据点拟合得最好的曲线也是与未来将产生的数据点拟合得最好的曲线，也就是说，与现有的已知数据点拟合得最好的曲线将产生对新的数据点的最精确的预见。天真的经验主义肯定是错误的。假设有一条真实的曲线存在，已知的数据点和未来的数据点都是由这条曲线产生的。由于数据点本身存在着测量误差，很明显，如果有一条曲线与已知数据点完全吻合，那么这条曲线肯定不是真实的曲线。假设真实曲线是一条直线，但由于观测误差，数据点不可能完全落在这条直线上，而是散布在周围。从拟合目前的数据点来看，可能复杂的曲线表现更好。但显然，由于真实曲线是直线，就对未来的预见的精确度而言，复杂的曲线可能会表现得较差。从这个初浅的分析可以看出，曲线与已知数据点的最优拟合，有可能是过度拟合（overfitting）所致。过度拟合的曲线有可能偏离真实曲线更远，因而导致并不精确的预见。在科学实践中，有时候科学家的确为了曲线的简单性，甚至会一定程度地牺牲与已知数据点的拟合。

四、模型选择与赤池信息量准则

福斯特和索贝尔认为[3,6,7]，第一，需要改变对曲线拟合问题的传统提法，我们不是直接在不同的曲线之间挑选最优拟合曲线，而是要把问题向前推进一步，即先在不同的曲线族（模型）中选择。所谓曲线族就是带有一组可调整参数的函数，如 F：$Y = \alpha_1 + \alpha_2 X + \sigma U$，代表直线族，其中 α_1、α_2 为可调整的参数，而 G：$Y = \beta_1 + \beta_2 X + \beta_3 X^2 + \sigma U$，表示另一个曲线族，其中 β_1、β_2、β_3 为可调整的参数。在选择了一个恰当的模型后，再进行参数估计，确定出我们需要的曲线。

把问题推到模型选择的层次后，我们可以在模型之间就简单性进行比较。从直观上讲，F 是比 G 简单的模型。但在这里简单性的含义很清楚，即 F 可被纳入 G 中，也就是说 F 中的曲线也是 G 中的曲线。这种简单性的明确标志是模型中可调整参数的数目。G 更复杂，表现为 G 的可调整参数（3个）比 F 的可调整参数（2个）要多。很容易表明，模型之间的简单性比较不会受到普里斯特变换的影响，也就是说模型的简单性不依赖于我们表达模型的方式（或者说独立于语言）。

第二，在模型选择问题上，日本统计学家赤池弘次提供了一个合适的分析框架。这个框架不是把与现有的已知数据点的拟合程度作为拟合优度的标准，而是将模型预见新数据点的精确度作为模型选择的标准。

在赤池弘次的框架中，首要的任务是找出一个测量模型的预见精确度的标准。最直观的想法是，以模型与真实曲线之间的距离来作为模型的预见精度的测度。赤池弘次给出了这个距离的定义，其基本的想法是，假定在曲线族 F 中，与已知数据点拟合得最好的曲线为 $\hat{F}$，按照前面的分析，$\hat{F}$ 可能与已知数据点存在过度拟合问题。所谓过度，实际上就是指，它超出了真实曲线与已知数据的拟合程度。如果我们知道 $\hat{F}$ 过度拟合的程度，我们就可以对 $\hat{F}$ 作一个修正，以去掉其中过度拟合的问题。对 $\hat{F}$ 修正的结果，就可以作为它所在的曲线族与真实曲线之间的距离，也就是曲线族的预见精确度。

但是，真实曲线是未知的，因而模型的预见精确度也不可能直接测量。赤池弘次表明，我们能够得到模型的预见精确度的估计值。赤池弘次的推导过程比较复杂，其思路大致如下[7]。假设在曲线族 F 中，与真实曲线拟合得最好，也就是与所有可能的数据，包括已知数据和未知的数据拟合最好的曲线为 F^*。F^* 与真实曲线的距离就是模型的偏。F^* 与 $\hat{F}$ 之间的距离就是估计误差。决定模型的预见精确度，也就是 $\hat{F}$ 与真实曲线之间的距离，实际上就是估计误差和模型的偏的和。虽然我们不知道真实曲线，也就不知道 F^*，但是 F^* 在推导的过程中将会起到一个重要的作用。

从定义出发就可以知道，F^* 与真实曲线的拟合程度要大于 $\hat{F}$。赤池弘次证明，在一般的条件下，大于的量为 $k/2$，其中，k 为曲线族可调整参数的数目。同样从定义可知，F^* 与已知数据点的拟合程度要小于 $\hat{F}$。赤池弘次证明：平均来看，小于的量为 $k/2$。这样，我们可以用 $\hat{F}$ 对目前数据的拟合程度加上 $k/2$ 来估计 F^* 对目前数据的拟合程度。但根据定义，这也代表了 F^* 对由真实曲线产生的、未来的数据的拟合程度。因此，$\hat{F}$ 过度拟合的程度，也就是 $\hat{F}$ 与真实曲线之间的距离的估计值为 k。模型预见精确度的估计，就是 $\hat{F}$ 与已知数据的拟合程度减去过度拟合程度 k。赤池弘次的一般定理可表示为：

曲线族 F 预见精确度的估计 ＝ $(1/N)$ [$\hat{F}$ 的似然的对数 － k]

该式并不是赤池弘次的原初表述。为了符合一些极限定理，福斯特和索贝尔加上了 $1/N$ 这个量，其中 N 表示样本的大小，即已有数据点的个数。从赤池信息量准则可以看出，曲线族预见精确度的估计，实际上是与已知数据的拟合程度和曲线族的简单性综合考虑的结果。相对于预见精确度的估计，与已知数据的拟合程度与简单性是相互补偿的关系。例如，对于一组数据点，当 F 和 G 的拟合程度相似，这时 k 值越小，也就是模型越简单性，预见的精确度越高。但也不是任何时候都应该选择简单的模型，因为复杂程度较大的模型，如果在与已知数据点的拟合程度较大，抵消了模型的复杂性因素，那么也就应该选择较为复杂的模型。从福斯特和索贝尔修正的赤池信息量准则中，我们还可以看出：如果数据点越多，简单性的相对权重就会越小，预见的精确度主要由与已知数据点的拟合优度来决定。

五、简单性的胜利？

赤池信息量准则对简单性问题给出了一个解答。当然这样的解答只是一个局部的答案。首先，它所涉及的只是曲线拟合问题中定量假设的简单性。其次，并不是所有的曲线拟合问题，都能在这个框架中得到解决。例如，在福斯特和索贝尔的文章发表之后不久，德维托（De Vito）就指出[8]，古德曼的绿-蓝假设实际上也是一种曲线拟合问题，但是赤池信息量准则却无法解决这种类型的假设选择。福斯特也承认确实如此，并指出这是由于绿-蓝假设中并没有可调节参数，如果以可调节参数作为简单性的衡量指标，"所有绿宝石都是绿-蓝的"与"所有绿宝石都是绿的"同样简单，这种意义上的简单性对于绿-蓝问题没有帮助[7]。最后，赤池信息量准则的证明依赖于三个假定，基塞帕（I. A. Kieseppa）指出[9]：在一些曲线拟合问题中，这三个假定中有一些并不成立，因而赤池信息量准则不能应用。

赤池弘次解答的局部性还表现在另外一个方面。在模型选择研究中，有不同的框架，除了传统的假设检验方法外，还有基于贝耶斯主义的信息标准（BIC），基于科尔莫哥洛夫数学复杂性理论的最小描述标准（MDL）、交叉证认方法（CV）。这些模型选择框架，提出了不同的模型选择标准，简单性也在其中起到重要作用。但是，在不同的框架中，简单性的定义并不完全相同，而且辩护简单性的理由也有区别。这些不同的框架辨析出了简单性的更多的含义和简单性在认识中的作用的更多方面[10]。

即便如此，赤池信息量准则对于我们理解简单性问题仍然提供了相当深刻的洞见。第一，简单性被归为模型而不是单个假设的特征，这一点为比较科学假说的简单性，比如说，在何种意义上哥白尼学说比托勒密体系简单，开普勒定律比哥白尼学说简单，提供了一个比较明确的基准。第二，赤池信息量准则表明，简单性对科学目标，即预见的精确度，作出了实质性的贡献，因而，肯定了简单性作为认识原则的地位。第三，简单性在认识中起作用的方式是，与经验证据一起共同增加了预见精确度，它不是一种先验的原则，而是起到类似于证据的作用，帮助经验主义解决了一个难题。第四，曲线拟合这种概括推理中的简单性原则，同样可以应用到因果推理之中，并印证了在本体论上的简单性原则，即"奥卡姆剃刀"和牛顿原则。第五，在赤池弘次的框架下，简单性与我们公认的科学认识中的其他优点也存在联系，特别是统一性。牛顿力学的优点之一在于它的统一性，它把对于天上物体的运动（开普勒定律）和地面上物体的运动规律（伽利略定律）统一起来。从赤池信息量准则出发，可以表明，统一性之所以被作为选择理论的一个标准，不但在于它的内容（如波普尔所说的那样），更重要的是，统一的理论比杂多的理论更能提高预见的精确度[3]。

赤池信息量准则的独特之处在于，将预见的精确度作为假说选择的标准。这一点，对传统的确证理论，如假设演绎法、贝耶斯主义提出了挑战，对于如何理解科学推理和科学哲学中的其他问题，提供了一个新的角度[6]。

参 考 文 献

［1］Swinburne R. Epistemic Justification. New York：Clarendon Press，2001.

［2］Goodman N. Axiomatic measurement of simplicity. The Journal of Philosophy，1955，24：709-722.

［3］Forster M R，Sober E. How to tell when simpler, more unified, or less ad hoc theories will provide more accurate predictions. The British Journal for the Philosophy of Science，1994，45：1-35.

［4］Swinburne R. Simplicity As Evidence of Truth. Milwaukee：Marquette University Press，1997.

［5］Kemeny J G. The use of simplicity in induction. The Philosophical Review，1953，62：391-408.

［6］Forster M R. Bayes and bust：simplicity as a problem for a probabilist's approach to confirmation. The British Journal for the Philosophy of Science，1995，46：399-424.

［7］Forster M R. Model selection in science：the problem of language variance. The British Journal for the Philosophy of Science，1999，50：83-102.

［8］De Vito S. A gruesome problem for the curve fitting solution. The British Journal for the Philosophy of Science，1997，48：391-396.

［9］Kieseppa I A. Akaike information criterion, curve-fitting, and the philosophical problem of simplicity. The British Journal for the Philosophy of Science，1997，48：21-48.

［10］Forster M R. The new science of simplicity//Zellner A, Keuzenkamp H A, Mcaleer M. Simplicity, Inference and Modelling. Cambridge：Cambridge University Press，2001.

关于不完全确定论题 *

所谓不完全确定论题（underdetermination thesis，UDT），笼统地讲是指：对于同样一组观察事实，原则上存在无穷多个科学理论都与之符合，因此观察证据自身不能够确定在这些科学理论中哪一个更正确。这个论题的重要性在于，它在科学合理性与非理性、科学实在论与反实在论这两个最重要的立场分野中，起着枢纽性作用。从直觉上看，如果这一论题成立，在理论和经验证据之间将存在一个巨大的沟壑，没有任何规范的方法能够架上桥梁，方法论上的无政府主义就将是不得不面对的推论。如果这一论题成立，基于认知的理由不能完全确定对某一个科学理论的偏好，那么世界本身在形成或约束我们关于它的信念中就将只起到很小的作用。在科学家选择理论时，非认知的、社会的因素必然是不可消除的。如果这一论题成立，那么没有可能的观察结果能够帮助我们判断，在设定了不同理论实体的两个相互矛盾的科学理论中哪一个是真的，因而科学实在论的主张要么是不一致的，要么是空洞的。

基于这种明显的理由，科学合理性和实在论的反对者，大都引用过这个论题作为重要的进攻武器，虽然在细节和推论上不完全相同，这包括蒯因、拉卡托斯、库恩、费耶阿本德、普特南、范·弗拉森、赫斯、布鲁尔、柯林

---

* 本文作者为胡志强，原载《哲学研究》，2005 年第 4 期，第 87～91 页。

斯。而正因为如此，拔掉这个论题的引线或者至少减少它的杀伤力，便成为科学合理性的保卫者和科学实在论的支持者不可回避的任务。

从思想的历史发展线索来看，不完全确定论题有许多源泉，但为不完全确定论题提供正面支持的，一般来说有两种途径。经典的途径是，先论证所谓的经验等值论题（empirical equivalence，EE），即证明任何科学理论都有一个甚至无穷多个与其相竞争的理论，这些不同的理论能够从逻辑上推导出同样的观察证据。然后推论，这些不同的理论得到观察证据同样程度的支持，它们在认识上是同等的（epistemic parity，EP），劳丹也称之为认识上的平等主义。由此再得出不完全确定论题的结论。这种从 EE 到 EP 到 UDT 的途径的关键在于两个环节：首先，EE 的表述中有许多含混之处，它的确切含义是什么？如果澄清了 EE 的不同含义，EE 还是否能够得到证明？其次，即使 EE 成立，从 EE 是否能够推出 EP，继而得到 UDT？

近年来，一些哲学家提出了一种支持 UDT 的新途径。他们认为，真正对科学合理性和实在论构成现实威胁的，并不是从 EE 出发导致的不完全确定性，即在同一时期，相同的证据支持两个相互竞争的理论，而是另外一种不完全确定性：对任何一个时期 t 被接受的科学理论 T 来说，都可能存在当时没有想到、而后来却被发展出来的新的理论 U，T 和 U 都得到时期 t 所有的证据的支持，因此在时期 t，证据和理论之间是不完全确定的。存在这种不完全确定性，并不是根据先验的原则证明的，而是从科学史上的事例中归纳出来的，因此也有人称其为新归纳（new induction）途径。

一、局部的经验等值

利用经验等值论题进行哲学论证，常常是哲学上的怀疑主义和相对主义的重要手段。我们这里所说的经验等值论题，其所指的范围只是针对科学研究而言的。它是说，任何一个假定了理论实体的科学理论都有与其相竞争的理论，它们从逻辑上蕴涵同样的观察证据。这样表述的经验等值论题实际上可以区分为两类：一是局部的经验等值论题，指在某一个特定的时期，针对当时已有的经验证据，存在多个相互竞争的理论，它们都能够从逻辑上推导出这些证据；二是整体的经验等值论题，指针对所有可能的经验证据，存在多个相互竞争的理论，都能够从逻辑上推导出这些证据。

休谟早就指出过，我们已经观察到的现象可以同许多不同的原因相容。然而正面证明或支持局部的经验等值论题的大概有以下一些途径：

1) 逻辑-语义学途径。这种途径或者直接引用洛文海姆-斯寇伦定理（即如果一个一致的形式系统有一个模型，则它就有无穷多个模型），或者用克莱格定理和蓝姆赛语句，从一个理论出发，构造一个具有相同经验蕴涵但却不包括理论词项的语句系统。这种途径之不合适，在于它所提供的具有相同经验蕴涵的不同理论[1]，实际上并非真正具有科学研究意义的相互竞争的理论[2]。

2) 迪昂-蒯因途径。按照迪昂论题，高层次的物理学理论本身不能单独而必须和辅助假说一起，才能蕴涵观察后承。因此，当遇到与理论预见相冲突的经验时（经验反常），经验和逻辑无法确定是理论抑或是辅助假说应该被修改。蒯因把迪昂论题扩大到某一个特定时期的整个科学，并由此断言，当遇到经验反常时，我们可以对信念系统的任何部分进行调整，而且只要这种调整足够充分，任何反常的经验都能够和调整后的信念系统相一致[3]。

但是，蒯因的结论只是一种断言，而不是证明。格律鲍姆早就指出过这一点。从 H&A⁻E 和 ⌐E，只能直接演绎推断出 ⌐ (H&A)，即 ⌐HV ⌐A。所以迪昂论题是对的。假定我们提出的修改后的辅助假说为 A′，除了一些科学上没有意义的特设性情况外，我们无法从 H&A⁻E 和 ⌐E 推论出，存在 A′，使得 H&A′⁻ ⌐E。所以蒯因的断言是无法证明的[4]。

3) 列举途径。有人试图通过列举来证明在科学史上的某一个时期，存在两种相互竞争的理论，都能够逻辑上推导出当时的所有经验证据。比如，16 世纪的托勒密与哥白尼体系；20 世纪初的狭义相对论和洛伦兹的理论；20 世纪量子力学中，波姆的隐变量理论与标准的冯·诺依曼-狄拉克表述。但是这种途径的问题在于，如果仔细分析，这些例子基本上出自物理学，试图用这些例子来证明这种情况是普遍的并没有充足的根据[5]。

二、整体的经验等值

即使局部的经验等值论题可以成立，它大概除了表明在理论选择时的复杂性外，对科学的合理性和科学实在论并没有很大的杀伤力。劳丹和勒普林引用了三个命题来说明这一点：一是可观察的范围是变化的（VRO），二是任何经验预见都需要辅助假说（NAP），三是辅助假说的不稳定性（IAA）。因而，局部的经验等值只是暂时的。经验最终会决定哪一个理论更正确[1]。

但是劳丹和勒普林的论证并没有涉及另一种可能性，即蒯因提出的一种经验等值版本："即使所有可能的观察都固定下来，理论也可能有所不同。相互对立的物理学理论，有可能与证据同样相容，即使在最宽泛的意义上来定义相容。也就是说，它们能够在逻辑上矛盾而在经验上等值。"[6]即使最终有一个完备的理论系统（包括已经被接受的所有辅助假说）能够推导出所有可能的经验证据，也存在另外一个完备的理论系统同样能够如此。这是一种整体的经验等值论题。这种论题才对科学合理性和科学实在论构成了真正的威胁[7]。

有两种方式试图证明这种整体的经验等值论题。一种方式是给出一个普遍的算法，主要见诸库卡拉的工作。他针对劳丹的批判，构造了两种这样的算法。一种算法是，从任何一个理论 T，都可以构造出另外一个理论 T_1，它说，T 的经验后承是真的，但 T 中出现的理论实体不存在。另一个算法是，从任何一个理论 T，可以构造出另外一个理论 T_2，它说，当人们在观察的时候，T 成立，但在不进行观察的时候，T 不成立。T_1 和 T_2 与 T 具有相同的经验蕴涵，但与 T 在逻辑上却是矛盾的[8]。另外一种方式是从一个具体的科学理论出发，构造出与其在经验上等值的竞争对手，这是赖兴巴赫、范·弗拉森和伊尔曼提供的路数。范·弗拉森的例子是，假定 TN 表示牛顿力学理论。TN（v）是牛顿力学加上一个假设：太阳系的重力中心有绝对速度 v。显然，TN（0）和 TN（v）具有同样的经验蕴涵，而且都是在经验上合适的。它们不只是相对于现有的经验现象来说是合适的，而且相对于今后可能发现的所有经验现象也都是合适的[9]。

对于库卡拉的途径，争论的问题在于，虽然 T 和 T_1、T_2 在逻辑上是不相容的，但它们是否是科学上有意义的、真正相竞争的不同理论？劳丹和勒普林认为，T_1、T_2 只是"逻辑-语义学的欺骗"，而豪弗尔和罗森伯格则称之为"不值钱的把戏"。T_1 或 T_2 都不是真正与 T 相竞争的理论。劳丹和勒普林的理由是，T_1 或 T_2 完全寄生在 T 的解释和预见机制上，而没有提出一个物理结构来对独立的现象领域进行解释和预见。但按照库卡拉,这种观点是在回避问题,因为如果把 T_1 和 T_2 看做是不值得认真对待的理论,那么我们应该有一个"什么是不值得认真对待的理论"的标准。劳丹和勒普林的寄生性标准肯定不合适,因为一些明显值得认真对待的理论也寄生在别的理论上[10]。

对于范·弗拉森的途径,豪弗尔和罗森伯格认为并没有建立起整体的经验等值论题来,因为其中的 TN 并不是相对于所有可能的经验来说,在经验上都是合适的。而劳丹和勒普林的反对理由是,TN (0) 与 TN (v) 之所以被认为是经验上等值的,在于这两个理论共同的部分即牛顿力学 TN。的确有好的理由认为这两者是经验上等值的,因为按照相对性原理,我们无法区分表面运动和绝对运动。但相对性原理要么是物理上的事实,要么是一个概念上的约定。如果是后者,那么这样的经验等值的意义不大,因为这两个理论只是从概念上讲是"不同的理论"。如果是前者,那么经验等值的判断依赖于经验的研究,因而可能随着进一步的研究而改变,不可能先验地证明每一个理论都有经验上等值的竞争对手[1]。

豪弗尔和罗森伯格认为,虽然没有一个先验的论证可以证明,存在不同的经验上等值的总体理论对于我们这个世界来说是不可能的,但要给出一个肯定的证明也是相当困难的。因为要真正证明整体的经验等值论题,需要满足一些先决条件。除了必须澄清前面的讨论中已经涉及的一些概念,如什么是真正的相互竞争的理论、什么是理论与观察之间的划界标准等,这种证明还必须保证,我们这个世界必然有一个对所有可能的经验都合适的总体理论,而这需要一个强有力的形而上学论证才行[2]。

三、从 EE 到 EP

经典的不完全确定论题论证的第二个环节是,即使 EE 成立,是否就能从 EE 推出 EP,继而得出 UDT。波义德看出,这个推论依赖于一个原则,即"如果两个理论有完全相同的演绎的经验后承,则任何反对或支持其中之一的实验证据也同等反对或支持另外一个"[11]。这个原则是正确的吗?

这个原则把拥有同样的经验后承等同于得到同等程度的经验支持,劳丹和勒普林称为证据支持关系的后承主义，并试图证明它是假的。他们的证明从两个方向上展开。一个方向是表明即使理论不能从逻辑上推出某些可观察经验，这些经验也可能支持这个理论。比如，从大陆漂移理论可以推论出两个假设，H_1 涉及气候变化方面的情况，H_2 涉及地磁方面的效应。我们从对剩磁的研究中得到数据 E，E 直接支持 H_2，然而也间接地支持 H_1，因为它们是同一个理论的两个推论，虽然 H_1 并不从逻辑上导出 E。另外一个方向是表明理论的经验后承也不一定对理论构成了支持。经验命题必须在某种意义上与理论相独立时，才能给理论提供证据支持。假定我们先发现了一个经验命题 E，然后再构造一个假说 H，使得从 H 可以逻辑地推导出 E，如果 H 没有其他不同于 E 的经验后承，E 并不能为 H 提供经验支持[1]。

劳丹和勒普林触及了不完全确定论题所依赖的一个重要原则，即把演绎后承关系等同于证据支持关系。但是，劳丹和勒普林的论证本身存在着明显的问题。奥卡萨看出，他们论证的第一部分是错误的。他们的论证结构是：①因为 E 支持 H_2，而且 $T \vDash H_2$，所以 E 支持 T；②因为 $T \vDash H_1$，并且 E 支持 T，所以 E 支持 H_1。在①中，事实上引用了亨普尔所说的逆后承条件（CCC），即如果证据确证一个假说，它就确证导出这个假说的任何假说。在②中，实际上引用了特殊后承条件（SCC），即如果证据确证一个假说，它确证这个假说导出的任何假说。但亨普尔早就证明了，不能把 SCC 和 CCC 同时作为确证的条件，否则就会导致一个荒唐的结果：任何事情可以确证任何事情[12]。

抛开劳丹和勒普林的论证的细节不说，他们关于证据关系的看法，得到了近年来方法论研究中的贝耶斯主义的支持。贝耶斯主义的证据理论可以表明，即使两个理论有相同的经验后承，也并不能够得到同等的经验支持，因为这两个理论的先验概率可能不同。但贝耶斯主义的证据理论只是表明从局部经验等值不能推出认识上的平等命题。而对于整体的经验等值，很难得出这样的结果。因为，按照贝耶斯主义，即使两个理论的先验概率不同，但当证据不断积累时，他们的后验概率会趋于相同。也就是说，如果真有两个总体理论，能够推出所有可能的经验证据，那么这两个理论一定会得到同样的经验支持[13]。

四、新归纳途径

斯坦福大体同意劳丹和勒普林等人对经验等值的批判。但他不同意的是，对经验等值的批判并不导致对不完全确定论题的否定。因为，有一种不依赖于经验等值命题的对不完全确定论题的论证。首先，在一个特定的科学研究时期，科学家在理论间进行选择的时候，不可能把所有可能的竞争对手都列举出来。因此，在一个时期 t，科学家所拥有的所有证据为 E，理论 T（比如牛顿力学）相对于当时所有可以想见到的竞争对手得到了 E 的更好的经验支持，所以我们接受了 T。后来一个新的理论 U（比如狭义相对论）出现了。在时期 t，U 是逻辑上可能的、科学上有意义的 T 的竞争对手，只是没人预料到。U 和 T 相对于时期 t 的经验证据 E，得到了同等的经验支持。就这个特定时期的证据 E 而言，T 和 U 是不完全确定的。这种情况称为变动的不完全确定性。因为它不是出现在同一时期的两个理论之间，而是出现在某一个时期的理论与未来的理论之间[5]。其次，这种变动的不完全确定性是经常出现的。当然，我们不能从一个先验的原则出发演绎地证明，在任何时期，一定存在一个现在没有想到而今后可能出现的理论，但是，我们可以搜寻在科学史上实际发生过的情况。显然这样的历史证据不难得到，斯坦福列举了物理学、化学、热学、光学、天文学、生物学等中的大量实例。他认为我们至少可以从这些事例出发，依据归纳法作出断言，变动的不完全确定性在科学研究中是普遍的。

新归纳途径揭示了一种新的不完全确定性的情况，斯坦福认为，这一点已经挖掉了为科学合理性和实在论进行辩护的基础。在每一个时期，相对于这个时期的有限的证据，都存在一个未来可能发展出来的科学理论，它和这个时期被人们接受的科学理论得到当时证据的同样支持，因此当我们决定是否在给定证据的基础上相信一个理论时，显然我们的理由并非完全是出于经验证据的考虑。可见，即使对于我们最好的理论而言，相信它为真也是没有保证的[5]。

新归纳途径的优点在于，它不依赖于任何先验的原则，而且它所提供的竞争对手似乎都是科学上真正有意义的。但是这种论证仍然面临很多的问题。正如众所周知的用于反对实在论的"悲观归纳"一样，这种科学史上案例的简单枚举归纳是否能够为一般的哲学论点提供充足的依据，令人颇为怀疑。不但如此，马格努斯指出，在时期 t，U 是否构成了 T 的值得认真对待的竞争对手，是值得商榷的。一般而言，在我们接受了理论 T 之后，如果出现了经验反常，才会提出新的、能够解决反常现象的理论 U。在 1780 年，牛顿力学的反常现象尚未发现，狭义相对论不可能是科学上值得认真对待的备选假说。因此，不能说在 1780 年牛顿力学和狭义相对论得到了同样好的证据支持。当时支持牛顿力学的证据只是后来支持狭义相对论的证据的一部分。这样，新归纳论证只是再一次重复了众所周知的古德曼的新归纳之谜，就像斯坦福自己所批评的经验等值论题的论证途径陷入到旧的、极端怀疑论的论证一样[14]。

在这场关于理论的不完全确定论题的争论中，虽然实在论的支持者没有决定性的证据表明不完全确定论题是假的，但是，他们至少暴露了科学上的非理性主义和反实在论的虚弱之处。当后者试图援引不完全确定论题反驳合理性和实在论的时候，它们应该承担举证责任。但是，除非继续引向极端怀疑论论证，它们没有给出充分的正面论证来；而一旦引向极端怀疑论，它们的立场的可信度又会被打上一个大折扣。

参 考 文 献

［1］Laudan L，Leplin J. Empirical equivalence and underdermination. The Journal of Philosophy，1991，88：449-472.

［2］Hoefer C，Rosenberg A. Empirical equivalence，underdetermination，and systems of the world. Philosophy of Science，1994，61：592-607.

［3］皮埃尔·迪昂. 物理学理论的目的和结构. 北京：华夏出版社，1999；威拉德·蒯因. 经验论的两个教条//威拉德·蒯因. 从逻辑的观点看. 上海：上海译文出版社，1987.

［4］Grunbaum A. The Duhemian argument. Philosophy of Science，1960，27：75-87.

［5］Stanford P K. Fool's errand，devil's bargain：what kind of underdetermination should we take seriously? Philosophy of Science，2001，68：1-12.

［6］Quine W V. On empirically equivalent systems of the world. Erkenntnis，1975，9：

313-328.

[7] Devitt M. Underdetermination and realism//Sosa E，Villanueva E. Realism and Relativism. Boston：Blackwell Publishers，2002.

[8] Kukla A. Laudan，Leplin，empirical equivalence，underdetermination. Analysis，1993，53：1-7.

[9] Van Fraassen B. The Scientific Image. Oxford：The Clarendon Press，1980.

[10] Kukla A. Theoreticity，underdetermination，and the disregard for bizarre scientific hypotheses. Philosophy of Science，2001，68：21-35.

[11] Boyd R. Realism，underdetermination，and a causal theory of evidence. Nous，VII，1973：1-12.

[12] Okasa S. Laudan and Leplin，on empirical equivalence. The British Journal for Philosophy of Science，1997，48：251-256.

[13] 胡志强. 科学推理：从贝耶斯主义的观点看. 自然辩证法通讯，2005，（1）：37-45.

[14] Magnus P D. What's New about the New Induction? Synthese，2006，148：295-301.

作为客体的科学仪器 *

一、引　言

　　科学的发展史，就是以发展中的仪器和仪器使用作为其基础之一的历史，是理论、实验、仪器以彼此匹配的方式演进和相互维护的历史，是包含了各种类型的科学实践活动，并从这些活动以及理论家、实验家、仪器制造者的合作中获得进步的历史。在这样的历史中，科学仪器起着巨大的作用：对科学认识主体的认识能力具有强化作用，对科学认识客体具有激化、纯化、强化作用，由此拉近人类与宏观世界、微观世界、生命世界之间的距离，使人类能够获得对自然的更深刻、广泛、准确的认识。因此，科学认识论者一般将科学仪器独立出来，作为科学认识三要素中的一种，即科学认识的工具来看待。客观地说，这有一定的道理。因为科学仪器能够在仪器制造厂以标准化的方式生产，然后从一个研究团体到另一个研究团体转移使用而不需或很少需要对其进行内部调整。此时，科学认识主体只要按规定的程序操作，就能获得令其他科学认识主体确信的结果。其他科学认识主体按照同样的程序进行同样的实验也会获得同样的结果，结果具有可重复性、普遍

　　* 本文作者为肖显静，原载《自然辩证法通讯》，1998 年第 1 期，第 11、16～23 页。

性。这就使得这一结果几乎没有可能去反驳。这样，在科学认识过程中，科学仪器就能作为"可信的、不成问题的、很难挑战的认识要素使用"[1]，单纯地起着认识工具和认识桥梁的作用，作为达到获得进一步事实的目的的手段。

但是，当全面地、具体地、深入地分析科学仪器在科学认识活动中的地位和作用时，就会发现，将科学仪器看做科学认识的工具和桥梁是片面的、静态的、有局限性的，科学仪器及其使用是具体的、可错的、不充分的、开放的、与客体有着复杂关联的。应将其作为与主体相对的东西、作为主体实践和认识活动的对象、作为客体看待。

二、科学仪器的使用是具体的

科学仪器使用的具体环境，也需将此作为认识客体。因为此时科学仪器与正被研究的现象或与仪器使用相关的条件性，必须将其看做实验室中不确定的因素进行研究。

1) 科学仪器的选择是具体的、有条件的。科学仪器的选择和使用，必须参照所选用的实验方法。方法不同，仪器的选择及其操作就不同，对结果的处理和解释也就不同。如对阿伏伽德罗常数的测定，就可选择不同的方法，既可用化学、热力学的方法，又可用电子学的方法。针对每种方法构建不同的仪器，获得相同的结果，然后相应地用有关的化学、热力学、电子学理论对结果进行解释。

2) 科学仪器的装配是具体的、有条件的。实验方法一旦确定后，就要装配仪器进行实验。仪器的装配必须参照所应用的方法，运用适合这一实验方法的具体的实验案例。由于实验方法相对于具体的实验案例来说起着方法论的指导作用，因此，即使实验方法已被使用，并且正确，仪器装配也不是固定的。怎样装配仪器以及装配怎样的仪器须由正被研究的实验案例决定，而非由实验者试图实现某种主观特定的装配指导。20 世纪二三十年代化学动力学家们对化学反应速度的研究就说明了这一点。当时可采用的实验方法有静态法和流动法。选定流动法后，对应于气态链烷属烃高温分解反应、甲烷和氧气的反应、光化学反应、烯烃的聚合反应等，Farkas 和 Melville 给出了七种不同的实验安排和不同的仪器装配，以便实验能够顺利进行[1]。

因此，对于具体的不同的实验案例，可采用同一种实验方法。但是，所运用的这同一种实验方法并不能充分决定在这些实验案例中的实验仪器装配的相同。实验仪器装配的合理性不在仪器装配自身，而在于运用该仪器所进行的实验所选择的实验方法以及涉及的实验对象和实验现象，只有这几者相互匹配才能保证一个实验的顺利进行。由此，在运用科学仪器进行科学研究的过程中，仪器不是作为绝对能提供正确结果的认识工具被接受，而是有条件地接受并且同时按照实验过程中有可能涉及的所有因素的要求进行修改。科学仪器使用的条件性不再允许将科学仪器作为稳定的不变的工具使用。

3) 科学仪器的操作是具体的、有条件的。科技的发展已经进入"大仪器操作微观对象"的时代，并正向"微观机械"、"毫微技术"迈进。这时仪器的操作需要科技工作者具备大量的技能，知道去做什么，怎么做，以及恰当地解释所获得的结果。因此，从认识论上说，复杂的现代仪器，如高能物理学中的仪器，不能作为实验室中不成问题的、稳定的实验工具使用，而必须在知道它的结构以及它所包含的理论预设的基础上对它进行恰当操作。

4) 科学仪器给定的结果是具体的、有条件的。即使方法可行，并且科学仪器装配后正常运行，科学仪器也不能总是作为不成问题的、稳定的工具使用。因为正确的实验结果并非仅仅由于科学仪器正确地运行而产生。仪器给定值是有漏洞的。科学工作者经常不得不进一步校正由仪器给定的值。一个最明显的例子是，当我们用一支水银温度计去测量某物体的温度时，应该让温度计原有的温度与被测物体测量前的温度一致，否则温度计上的刻度在测量某物温度之前和之后会发生能量转移，改变正被测量的物体的热量，导致温度计上的读数只能准确反映测量后被测物体的温度，而不能准确反映测量之前被测物体的温度。对此，需要科学工作者根据具体的情况考虑实验仪器与被观测物质的相互作用对实验结果的影响，校正实验值，获得准确的结果。这也说明，仪器并非总是作为中性的认识工具提供真实的、正确的实验结果，仪器使用的环境往往导致仪器所得结果的不确定性，从而需要将仪器看成有问题的、不确定的认识过程中的一个要素，而非单纯地作为能够稳定使用、获得正确认识结果的工具。

三、科学仪器的呈象是可错的

科学仪器是可错的，对仪器的怀疑与仪器的历史一样久远。仪器自身的缺陷以及仪器的不稳定都可产生假象①，前者如"色差"的形成，后者如"N射线"的产生。因此，在科学认识的过程中，需要对仪器进行考察和有策略地使用，以确信仪器呈象的真实。这就表明，对科学仪器所获得的新现象的真实性的论证，需要将科学仪器作为客体加以研究，而不能将其作为任何时候都能提供真实结果的科学的认识工具来看待。

1）仪器的理论支持策略。一个好的仪器理论能很好地为仪器的有效性和仪器呈象的真实性辩护。对此，Hacking在"描述与干涉"中结合望远镜的理论给了望远镜呈象视物有效性以很好的说明[2]。

2）实验的检查与校准策略。这一策略使用的目的是，在产生新现象的同时或前后，使用同样的仪器，采用同样操作，产生与新现象具有同质关系的已被确知的现象，那么仪器呈象的真实性得到支持。如在判断所观察到的物质光谱是否有效时，可以通过检查此仪器能否正确再生氢的巴尔末线系而检查该仪器是否正常工作。

3）干涉的策略。对样品进行宏观处理，如物质着色、注射液体等。如果在仪器下看到事先预见的宏观处理带来的结果，那么强化了所观察到的现象的真实性。例如，19世纪70年代，用苯胶染料处理染色体以达到观察细胞行为的案例就说明了这一点。

4）可重复性策略。该策略指的是同一个人或不同的人在相同的或不同的时空，用相同类型的仪器和相同的实验原理重复同一实验，实验结果的一

---

① 对仪器自身所产生的假象要有一个恰当的理解。当我们的视觉是正常的时候，仪器所产生的假象不是不存在的现象，它有着自身产生的基础，在这个意义上说，它是"真象"——真实存在的现象，只不过这样的"真象"或与被研究的对象不相干，或是对对象歪曲的反映，或这样的呈象还没有纳入人类的认识域，因而被研究者拒斥，看做是与对象性认识相对立的"假象"。因此，"假象"也是一种存在，具有本体论意义，只是对科学认识而言，不具有真理性的认识论意义，只具有相对的意义。与人类主观臆想和幻觉不一样，"假象"具有客观现实性，臆想和幻觉不具有。所以，仪器呈象的"虚假"，不在于此现象是否存在，是否是以纯态存在（Hacking说，实验的主要结果就是现象的创造），而在于存在的这一现象是否与被研究的对象有关，且具有什么样的关系。

致，是对所观察到的现象真实性的支持。这是判断某一实验是否有效、是否能被科学家集团接受的一条普遍准则。

5) 独立证实策略。这里的独立有两层含义。第一层含义是，仪器的理论独立于被作用的对象的理论。此时仪器对对象作用的有效性超过负荷对象的理论的仪器对该对象作用的有效性。Peter Koss 就论证，使用电子显微镜去探查细胞比调查原子更有效。因为，在关于细胞的调查中，仪器的理论、电子物理学的理论是独立于样品的理论的。而在对原子的调查中，不具有这一特点。这既避免了以不成熟理论检验理论的不足，又避免了以某种方式依赖被检验理论的观察检验该理论时，这种内在的"自洽"有可能把本是错误的理论当成正确的理论。第二层含义是，实验方法的独立，即同一个人或不同的人在相同或不同的时空，使用不同的实验仪器①，采用不同的实验原理，得到相同的实验结果，增强了实验结果的真实性，并且，从不同的实验要比从同一实验的重复中得到对某一假设更多的证实[3]。如在聚合水的案例中，Rousseau 和 Porto 就用电子微探（eletric microprobe）法、火花源质谱法（spark source mass spectroscopy）证明异常水的奇异性质是由异常水中所含杂质（Na^+、K^+、Ca^{2+}、SO_4^{2-} 等）引起，而不是由 Limineott 仅根据红外光谱法确定的水的改变了结构的产物——聚合水（$H_2O)_n$ 引起的[4]。因此，Lippincotz 宣称发现了聚合水是错误的。

6) 间接证实的策略。当只能用一种类型的仪器观察某现象时，为了理性地相信所观察到的对象，可利用此仪器去观察已被其他手段确立的，且与此对象有着类似尺寸大小和类似特征的对象，对后一对象的真实观察支持对前一对象的观察。

这就表明，对科学仪器所获得的新现象的真实性的论证需要将科学仪器作为客体加以研究，而不能将其作为任何时候都能提供真实结果的科学的认识工具来看待。

---

① 实验仪器的不同分为三类：第一类，A、B 两个仪器，根据单一理论操作，这些仪器可依据大小、材料、空间安排、分析步骤等方面不同；第二类，A、B 两个仪器，各自完全依赖于不同的理论，这样的理论可通过它们每个中暗含的陈述集合而区分，如气泡室与火花室；第三类，A、B 两个仪器，部分依赖于相同的理论，部分依赖于不同的理论。

四、科学仪器的使用是不充分的

在科学认识过程中，实验科学家必然要对它们所用仪器进行分析。18 世纪，气象学家在气压计和温度计上投入了很大的注意力，但此时的实验家仅偶尔将他们的注意力转向仪器的理论课题。到了 19 世纪，情况就不一样了，此时变化了的实验操作和实验应用的文化，要求仪器承担与原先不同的任务，这就使得仪器突然变得不充分，从而需要实验物理学家开始将其作为严格探索的对象。

这在科学上不足为怪，因为：

1）科学仪器是科学知识的物化，物化在科学仪器中的科学知识是什么，达到什么程度，具有何等完备性，就制约着科学仪器能获得什么样的经验事实材料。由于每一历史时期的科学认识是具体的、现实的、有条件的，因此科学仪器的稳定性、精密性、先进性也是具体的、有局限的，需要研究改进，以便逐渐知道它的不足和可靠性，适应科学实践进一步的需要。如为了满足增加测长的精度和扩大测长领域的需要，人们设计和制造了木工尺、码尺、游标卡尺、移动式显微镜、干涉仪等设备来改进仪器，提高仪器的稳定性、精密性、先进性，减小测量的误差，满足对具体对象认识的需要。然而，误差的减小不可能达到 0 的程度。一是因为仪器不能无限可用，二是当测量包含原子系统时，$\lim WS$ 并不趋向 0（这里 S 表明按仪器精度递增序列的第 S 仪器，W 表示在误差曲线中的最大值的一半，也称半宽度）。因此，仪器自身并不能使得测量精度达到绝对。

而且，从思辨的角度看，绝对的精度在物理上是不可能的。因为这意味着一个实验产生了一个无限的信息量。而且如果承认绝对精度，那么也就承认了绝对测量的存在，并且这样的结果可无限制的重复，并且完全相同。倘若如此，就抹杀了现实的对象和现象的永久变化和运动。

因此利用科学仪器进行测量是不充分的，绝对的精度是没有的，所有的测量都是不精确的，总有某些误差。被测值不具有与"真值"的同心性，而只有离心性。这就为科学家改进仪器设备、增加仪器的精确度提供了无限可能性。

2) 即使我们假定科学仪器有很高的精确度，对于某些对象的测量也不能获得准确的结果。因为，从被测量对象自身看，存在无理数的量，而科学仪器所测得的数值至多是有理数。由此，对这样一些特殊对象，如两直角边为 1 米的直角三角形斜边的测量，无论运用多么精确的测量仪器，都不能获得准确的数值。

3) 特定的实验只暴露认识对象的一个方面，不能单义地决定所有的属性。当测量是在过程中而非静态物上进行时，认识对象特别地以众多属性展现。展现的属性与仪器的使用密切关联。相对于一些属性的测量，仪器的使用的恰当性并不总是确定无疑的。仪器不可作为毋庸置疑的提供非偶然性的结论的认识工具①。

4) 客观地说，实验对象并不能自主地向实验者展现其实在，只能按照实验者在与仪器的相互作用过程中所获得的经验感受来展现。展现的方式与难题的解决相联系，难题又是由科研背景对我们的影响而产生的。背景影响了我们，从而也就产生了被解决的难题。当解决该难题的前提没有阐明时，对难题背景的研究要比解决该难题更加重要。此时，在一些科学家看来，仪器是作为自身内在所具有的目的起作用，而非作为进一步达到目的的手段[1]，是作为类似于独立存在实体世界的一部分被研究的。此时，仪器不仅仅作为器械（devices）——破坏背景以及人们对这一背景的经验，更是作为事物（things）——它们是与它们的环境以及我们与它们的交流分不开的。

5) 不渗透理论的科学仪器是没有的，从某种具体的科学仪器的产生看，它是较早期的理论预设的物质体现。随着科学的发展，我们必须对已存在的科学仪器进行研究，赋予它新的理论内涵，使之"老树发新芽"。但是，正如 Peter Gabon 所言，我们"关于科学信念在科学仪器中更新（recreate）自身的方式知道得太少"[5]，从而忽视了对仪器的研究，限制了研究的范围。如法国物理学家 Boit 在从事伏打电堆的研究中，由于信奉扭力天平，将他的研究限制在静电学的范围内，只测量电荷的效应，而不可能研究在一封闭线

---

① 非偶然性结论指的是，所获得的结论或是"事实"或是"虚构"，从而将结论所处的认识论状态对立了起来。其实，当科学家使用了能决定性地和单义地确定属性的仪器时，将结论分为"事实"和"虚构"是可行的。但是，当结论嵌入可认识的或明晰的模型中时，"事实"和"虚构"并没有必要对立。

路内由电池产生的电流。

由此可见，仪器的使用是不充分的，对仪器的研究是必要的。这样的研究不仅仅意味着增加仪器的精度，扩大仪器的使用范围，即不仅仅进行与检验和证实相关的研究，而且还意味着将此研究作为进一步发现的渊源，暴露隐藏在仪器背后的理论假设，并且引出新的研究领域去检查这些假设。这就能够使仪器变得"像自然一样，凭其自身成为理论研究的对象"[6]；能够意外地指导实验沿着未预期途径进行；能够通过研究实验过程中科学仪器对解决难题的限制，而不是通过它们的测量应用产生新思想。由此使得，仪器不只是证实的工具，也是灵感的来源。如19世纪30年代，对扭力天平的研究就具有这一作用。在Boit的工作中作为限制因素的扭力天平，在Weber的工作中成为研究的客体，引出了新的研究领域——弹力后效研究[7]。

五、科学仪器的使用是开放的

一个设备，就其自身而言不是科学仪器，它只能叫工具对象（instrument object）。它要获得科学工具的地位，必须与科学工作者相作用，使得科学工作者获得对周围世界的看法。科学工作者典型地解剖、重组、整合科学认识对象与科学认识仪器系统，把仪器的理论说明（包括仪器理论和现象的理论）及其预测投射到未知领域，通过仪器的潜在能力、测量对象的未知参量与背景理论的关联，揭示被研究对象的多种属性，使研究具体化并获得经验的重建，使"科学家扩展他们被限制的理论理解而进入到先前隐藏的领域"[8]，使科学仪器能超越它的先在继续成为实验操作中的不确定性的来源，从而作为研究客体。考察科学史上的实验案例，不难发现，科学实验过程中所用的仪器、仪器理论说明及其实际应用具有下表所示的相互联系。

所用仪器种类 （相同或不同）	仪器的理论说明 （相同或不同）	仪器的实际应用 （相同或不同）	仪器举例
相同	相同	相同	很普遍
相同	相同	不同	用于物理实验或化学实验上的伏特计
相同	不同	不同	作为气象学再现与作为粒子检测器的云室

所用仪器种类 （相同或不同）	仪器的理论说明 （相同或不同）	仪器的实际应用 （相同或不同）	仪器举例
相同	不同	相同	氢液化器①
不同	相同	相同	长臂天平与短臂天平
不同	相同	不同	冰箱与氢液化器
不同	不同	相同	声学显微镜与光学显微镜
不同	不同	不同	很普遍

上表表明，相同的仪器理论说明的相同的科学仪器，实际应用可以相同也可以不同；不同的仪器理论说明的相同的科学仪器，实际应用可以相同也可以不同；相同的仪器理论说明的不同的科学仪器，其实际应用可以相同也可以不同；不同的仪器理论说明的不同的科学仪器，其实际应用可以相同也可以不同。这就为科学仪器在科学认识过程中的应用展现了广阔的前景，这种广阔的前景使我们明了：科学仪器的力量不在于怎样使用它们，而在于使用它们能做什么；科学仪器作为一种存在虽然完成了，但是对它的理论说明以及使用的多种途径并没有完成，它的认识自然的潜力并没有得到充分发挥。为此还必须研究有关仪器和被研究对象的理论文化，因为"理论文化，肯定的，不仅是实验的文化，而且是仪器确立的文化"[9]，还必须将仪器看做是一未完成的对象，其自身带有不断发展的潜力，从而将其作为研究对象。

六、科学仪器与客体是不可分离的

人类认识客观世界能力的增强与科学仪器对客观世界的作用的增强是同步的。这使得科学仪器与客体世界的距离越来越近，联系越来越紧，它们之间的区别日趋模糊，以致科学仪器自身嵌入到对客观对象的认识内容中，且最终不能将科学仪器从这样的内容中排除。在这种情况下，科学仪器和认识对象一道成为认识对象系统——客体系统，对此客体系统的研究在科学上不

---

① 荷兰 Kamdingh Omes 的氢液化器与英国 Dewar 的液化器是基于相同原则，并且包含在相同活动中的液化器，但是应该被看做不同仪器。因为前者与后者相比，不仅是一个技术上进步了的仪器，而且也体现了与范德华对应状态规律（law of corresponding states）相关的原理，体现了他的热力学对应操作的思想。这是不同实验文化和理论文化的体现，体现了科学叙述的不同风格。前者导致低温物理学作为一个物理分支学科的确立。

可避免。对量子力学中自我参照测量和测不准原理的分析就说明了这一点。

（一）自我测量难题

测量的过程是仪器与被认识对象相互作用的过程，此作用过程确立了仪器系统与被认识对象之间的一定关系。在经典物理学中，由于从实验技术或理论分析上能够排除仪器对认识对象的作用，因此，如果用 W 代表整个世界，S 代表被认识对象，A 代表仪器工具系统，R 代表 S、A 以外的世界，则认识世界的模式为 $W=S+A+R$。此时科学仪器能完全作为中介而完成工具作用。但是，在量子力学实验中，仪器对微观对象发生了不可控制的作用，这种作用无论在实验技术上，还是在理论分析上都不能排除，从而使得"仪器-微观对象"的作用系统所产生的现象不是单一的纯自然呈象，而是多维的，既包括被认识对象，也包括科学仪器及其相互作用，从而使得科学仪器与被认识对象一道成为客体系统，仪器与被认识对象划不出明显的界限，认识世界的模式转变为 $W=S_1+R$。这里的 $S_1=S+A$（注意：这里的"+"不是 S 与 A 的机械叠加，而是相对于实验结果而言的 S 与 A 不可分离的有机结合）。

当我们对 S_1 系统测量时，我们仍然是从获得的仪器状态的信息来推论被观察系统的信息的。但是，由于仪器包含在被观察的系统中，而且也是参照被观察系统的状态，因此，这时从仪器获得被观察系统的状态的这一参照就是自我参照，这样的测量就是自我测量。对于这种自我测量，Thomas Breuer 论证了"没有一个来自内部自我被测系统的测量能被信息地完成"[10]，即通过测定一可观测量，人们不可能区别所有状态。"准确状态的自我测量是不可能的。"[10] 因此，在测量不能区别所有状态的意义上，科学仪器不能看做是与被认识对象相互分离而作为纯粹的认识工具，它既是工具又是客体。

（二）测不准难题

测不准原理是海森伯 1927 年从量子力学数学形式中推导出来的，与对所有物质粒子的实验室观察相符合。该原理认为，对一个共轭互补变量的较准确测量是以对另一共轭变量的较不准确测量作为代价的，作为极点，对一共轭变量的完全认识是以对另一变量完全不认识为代价的，即我们不可能同时准确地知道两共轭互补的量，由此形成量子测量的测不准难题。

造成测不准的原因是什么呢？有人认为这是由我们所用的测量方法和仪器的不完备所致，即仪器在获取某共轭量的同时，无法控制地干扰了粒子的运动，使得粒子失去展现另一互补共轭量的能力。如果这一观点正确，测不准难题就不是原则上不可解决的难题，随着人类认识的深入和实验仪器、实验手段的进步，共轭互补量必会准确确定，原则上不可准确知道的东西不存在。然而，量子非破坏性测量理想实验表明，即使在获取某共轭量的同时，保证粒子的运动没有受到不可控制的干扰，即在装置不受不确定关系影响的情况下，仍然不能同时确定另一共轭量，即互补性仍然存在[11]。

这样，不确定难题的存在就与仪器精密度、仪器对微观对象的作用无本质的、必然的关联，而与微观对象的互补性质有本质的关联，即微观对象的不完全确定性是由微观对象的本性决定的。照此，粒子的这一本性给人类关于微观对象的认识提出了原则性的限制，即人类原则上不能获得对微观对象的完全认识。因为微观对象的运动、变化、发展要遵循一定的自然规律，受到自身性质、结构的限制，它只能做它能做的事。不仅如此，限制微观对象"能做什么的某些规律也限制人类"[12]。也就是说，人类虽然有着伟大的想象力，有着先进的科学仪器，仍然不能按自己的主观愿望去摆布自然，改变自然法则，逼迫自然去做它的性质和结构不允许它做的事。

存在人类原则上不可完全认识的对象，既不意味着世界是完全不可认识的，也不意味着在感觉与对客观世界的客观认识之间没有通道，更不意味着人类认识能力的有限性，而是意味着世界存在不可完全认识的部分，存在着有人类最终无法认识的对象或对象属性。这不是人类认识能力有限所致，而是事物的本性使然。这就在逻辑上为人类认识过程的演进和认识能力的发展提供了无限可能性和不可穷尽性。这就从根本上排除了"不完全的认识是一种人类不充分的、有限的认识，是一种对事物原本确定的性质的不清楚准确的认识，这样的认识不是真知识"的错误信念。

上面的分析说明，在某些现代科学研究过程中，一方面，科学仪器与认识对象已经不可分离，两者一道成为科学认识的客体系统；另一方面，在对认识结果进行方法论、认识论和本体论解释时，仪器与认识对象一道成为不可分离的客体系统，进入人们的思维之中。这种新思维必将改变人们对科学的传统观念，使人们认识到：科学知识不只与发现有关，而且还与怎样发现有关；科学理论不只与世界有关，而且还与人类与世界的相互作用有关。有鉴于此，将科学仪器作为客体进行研究就显得既自然又必要了。

七、结　束　语

本文并不否定科学仪器的工具作用，相反地，笔者认为，科学不仅是关于什么的，而且是关于能是什么的。能是什么是通过行动而不是通过沉思所得，是通过仪器与认识对象的作用所得。随着科学的发展，科学仪器的工具化作用必将加强，而且，科学仪器是能够胜任作为工具这一基本角色的。我们有三方面的理由相信这一点：①本体论理由，即相信世界与人类的统一性，任何物质都能够通过相互作用引起变化来接收和传递信息；②方法论理由，即测量系统是信息的产生者和处理者，人们能够通过输入-输出结构的评价、噪声的控制来达到信号的保真；③认识论理由，即有多种实验认识论策略（理论的、实践的、美学的）保证人们理性地相信仪器呈象的真实（此当另文探讨）。

然而，随着科学的技术化趋势增强，老的格言"科学发现，技术创造"已被新的格言"科学发现因为它创造"[13]所代替。创造就必须有仪器。科学仪器有其自身的生命。它既是科学认识活动的产物，又是科学认识活动的要素。作为科学认识活动的要素，它不仅指导着当下的科学认识的追求，并在这样的追求中留下自己的印记。从一定意义上说，一部科学认识史也是一部仪器进步史，科学走到哪里，仪器就发展到哪里，仪器的进步意味着自身作为"科学进步有用单元"[14]。作为科学认识活动的产物，仪器的完成是在将此作为研究对象——客体的情况下完成的，是在追求对世界的科学认识过程中完成的。仪器的设计、制造、使用和知识的追求是一对伙伴，没有其中一个，另一个也不可能。因此，科学仪器的产生是人类认识自然和认识仪器自身的产物，是在科学认识过程中将科学仪器既作为科学认识工具又作为科学认识客体的产物。那种认为科学仪器只是由仪器制造厂生产出来的观念是错误的，它割裂了仪器制造者与实验者之间的联系，忽视了实验室作为科学仪器"孵化器"的作用；那种认为科学仪器在科学认识过程中只是作为科学认识工具要素起作用的观点也是错误的，它将科学仪器从科学认识的其他要素中孤立了出来，忽视了在科学的艰辛探索过程中，科学仪器并不是一个封闭的文本，提供的并不是无可争辩的、正确的事实。要获得正确的事实，必须将科学仪器与理论、实验和技术联系起来，必须将仪器看做是具体的、可错的、不充分的、开放的且与客体有着复杂关联的认识对象，作为进一步深化和扩张科学知识的物质手段。

总而言之，对于非科学工作者而言，将科学仪器当做科学认识客体既无可能也没必要，只要在实际生活中能用某些仪器就行。然而，对于科学工作者而言，在科学认识过程中，必须将科学仪器既看做工具，又看做客体。表面看来，这好像是对仪器工具化功能的削弱，实际上"降低仪器工具化的功能和作用可以让我们更加完全地将仪器在科学活动中的作用理论化"[1]，可以让我们在促进科学仪器进步的基础上推进科学认识的进步。这点是与科学史相符合的，也是在科学史中确立以自主的实验生命为基础的新趋势所必需的。

参 考 文 献

[1] Ramsey J. On refusing to be an epistemologically black box: instruments in chemical kinetics during the 1920s and 30s. Studies in History and Philosophy of Science, 1992, 23 (2): 286-303.

[2] Hacking I. Representing and Intervening. Cambridge: Cambridge University Press, 1983: 186-209.

[3] Franklin A, Howson C. Why do scientists prefer to vary their experiments? Studies in History and Philosophy of Science, 1984, 5: 51-62.

[4] Mcknney W J. Experiment on and experiment with: polywater and experiment realism. The British Journal for the Philosophy of Science, 1991, 42: 295-307.

[5] Galison P. How Experiments End. Chicago: University of Chicago Press, 1987: 252.

[6] Jungnicke C, Mccormmach R. Intellectual Mastery of Nature. 2 Vols. Chicago: University of Chicago Press, 1986: 9.

[7] Dorries M. Blances, spectroscopes, and the reflexive nature of experiment. Studies in History and Philosophy of Science, 1994, 125 (1): 17.

[8] Rothbart D. The epistemology of a spectrometer. Philosophy of Science, 1994, 61: 26.

[9] Galison P. History, Philosophy and the central metaphor. Science in Context 2, 1988: 197-212.

[10] Breuer T. The impossibility of accurate state self-measurements. Philosophy of Science, 1995, 62: 197, 209.

[11] Englert B G, 郭凯声. 物质和光的二象性. 科学, 1995, 4: 30-36.

[12] Rothman M A. Science Gap: Dispelling the Myths and Understanding the Reality of Science. Buffalo: Prometheus Books, 1993: 35.

[13] Lelas S. Science as technology. The British Journal for the Philosophy of Science, 1993, 44: 423.

[14] Baird D, Faust T. Scientific instruments, scientific progress and cyclotron. The British Journal for the Philosophy of Science, 1990, 41 (2): 172.

自然的本质是简单的吗？*

对"自然的本质是否是简单的"这一问题的回答，依赖于人类对自然的认识，以及在此基础上形成的对自然的信念。自然的本质真的是简单的吗？这需要我们具体回答。

一、传统的观点：自然的本质是简单的

大多数古代的哲学家和近现代的科学家都认为自然的本质是简单的，而不是复杂的。它主要表现在两个方面：一是物质构成上的简单性；二是物质运动上的简单性。在古代，前者体现在哲学家们把世界的本原归结为一种或几种物质或要素。泰勒斯的"水"、阿那克西美尼的"气"、赫拉克利特的"火"、德谟克利特的"原子论"、毕达哥拉斯的"数"等莫不如此。至于后者，则与古代人们对自然的认识有关。欧几里得（Euclid）在他的《镜面光学》中，根据光线在同一介质中直线传播的公设，证明了光线在镜面反射时，入射角和折射角是相等的。后来，赫罗（Heron）进一步证明，光线在镜面反射时所经过的路径是最短的一条。由于人们认为光线在均匀介质中匀速行进，因而反射的路径也是费时最少的路径。赫罗把这个结论叫做最短路

　＊　本文作者为肖显静，原载《自然辩证法研究》，2003 年第 19 卷第 3 期，第 6～9 页。

径和最少时间原理，并把它运用到球面镜的反射问题上。对光的反射现象研究，引发了哲学、神学和美学方面的遐思。自那以后，一种根深蒂固的信念影响了许多物理学家和生物学家，这就是：大自然必定以最短捷的可能途径行动。公元6世纪，奥林匹奥多留斯（Olympiodorus）在他的《反射光学》中说："自然不做任何多余的事或者任何不必要的工作。"中世纪哲学家罗吉尔·培根的老师格罗塞特斯特（R. Grosseteste）相信，自然总是以数学上最短和可能最好的方式行动。

到了近现代，古代本体论的这种简单性原则被近现代科学家继承并发扬。如牛顿把上述简单性原则作为一种信念置于众法则之首，以至于在他的名著《自然哲学的数学原理》中认为，"自然界不做无用之事。只要少做一点就成了，多做了却是无用；因为自然界喜欢简单化，而不爱用什么多余的原因来夸耀自己"[1]。莱布尼茨则认为，上帝是以实现最大限度的简单性和完美性的方式来统治宇宙的。他所提出的"单子"的概念集中体现了这一理念。

不能说他们对自然本质的这种看法没有一点道理。近现代科学的诞生和发展、机械自然观的形成更是表明了自然的简单性，主要表现在下列几方面。

1) 自然的规律性。它表明自然具有机械性的确定性、固有的秩序、决定性、必然性和单一因果关联等。它在古代就被人们所持有，并且根植于一神教的思想和社会管理的实践中。

2) 自然的外在分离性。它主要包括两个方面：一是自然与人是完全分离和独立的，只存在外在关系，而没有内在关联；二是自然可以尽可能地还原成一组基本要素，其中一要素与另一要素仅有外在关系而无内在关联，它们不受周围环境中事物的内在影响。系统的性质等于各要素之和。

3) 自然的还原性。它包含两个方面：一是以无限可分的思想探求物质的基本构成。如分子可以分成原子，原子可以分成原子核和核外电子。原子核又可分为质子和中子……由此走向无穷。二是认为整体或高层次的性质可以还原为部分的或低层次的性质，认识了部分的或低层次的性质，也就可以认识整体的或高层次的性质。

4) 自然的祛魅。这与近现代科学的发展、机械自然观的形成紧密联系在一起。近现代自然科学通过对世界的还原以及日益严格的数学和物理的解释，抛弃了有机论、目的论、非决定论，由此自然成为一个如机械钟表一样精确的没有经验、情感、意志、目的等的存在。失去了生命意义和价值，自然也就变得单调和简单化了。

当然，自然的简单性除了表现在上述几方面外，还表现在下列一些方面：绝对时空观；时间的外在性、非生命性和对称性；自然的对称性、可逆性、相似性、最优性等。所有这些方面都表明自然在本体论意义上是简单的。

二、循环论证：自然的本质并不必然是简单的

如果我们将眼光放在近现代科学上，就会发现，它是支持"自然的本质是简单的"这一结论的。近现代科学所揭示的自然的规律性、机械性、外在分离性、还原性和祛魅性等表明了自然的简单性；粒子物理学和分子生物学的诞生与繁荣，强烈地支持自然的还原性和外在分离性，因为它是在承认自然的这两种特性的基础上发展起来的……所有这一切使得近现代的许多科学家和公众普遍认为，既然近现代科学的实践表明了自然是简单的，那么，我们就有充分的理由相信自然的本质就是简单的。

但是，如果我们考虑到近现代科学所依据的自然观和方法论之间的关联，就会发现，上述结论不是必然的。

科学是对自然的认识。它是以自然观作为预设前提的。有什么样的自然观预设，就有什么样的对自然的认识方式和认识形式，也就会获得对自然界的什么样的认识。可以说，近现代科学正是在发扬光大了古希腊机械论自然观的基础上进行的。这种"自然是简单的"信念，导致科学家们在对自然的认识方法上采用相应的简单性原则。具体体现在：在否定自然的非规律性存在的基础上，着眼于研究自然的规律性；在否认事物之间内在关系和整体与部分非加和性的基础上，遵循还原论的原则，通过认识部分来认识整体，通过认识低层次来认识高层次；在对自然进行祛魅以及否定人与内在认识对象之间的内在关系的基础上，不研究人与自然组成的系统和事物之间的内在关系，不研究事物的经验方面，而从外部通过实验和测量的方法对认识对象进

行干预控制①。实验方法是利用科学仪器，对自然进行干涉，纯化和简化、延缓和加速、强化和再现自然。这本身又是对自然的一种分离、简化和还原。而数学方法，或者是对自然的一种抽象，或是将人类思维所建构的数学体系应用到对自然的研究上，这是对自然的概括、纯化、简化和规定，舍弃了自然的定性的、经验的方面，或将自然的定性方面还原简化为定量的方面，使自然失去了它的丰富性，从某种意义上说更是对自然的一种还原简化。这两者虽然不能等同于方法论意义上的简单性原则，但是体现了这一原则。

上述主要是针对自然的认识方式而言的，没有涉及对自然的认识形式。考虑到这点，情况怎样呢？从古至今，有一条原则被许多人所坚持。它就是：在构建和评价科学理论时，要包含尽可能少的基本概念、公理和公设，在形式上要尽可能使用简单的数学语言、符号、方程，但在内容上要涵盖尽可能广泛的经验事实与表象。

这是思维经济原则还是自然的本质使然？绝大多数科学家认为是后者。如爱因斯坦认为科学的伟大目标，就是寻求一个能把观察到的事实联系在一起的思想体系，它将具有最大的简单性。爱因斯坦说："自然规律的简单性也是一种客观事实，而且真正的概念体系必须使这种简单性的主观方面和客观方面保持平衡。"[2] "从有点像马赫的那种怀疑的经验论出发，经过引力问题，我转变成为一个信仰唯理论的人，也就是说，成为一个到数学的简单性中去寻找真理的唯一可靠源泉的人。"从他的这一段话中可以看出，虽然他认为"逻辑上简单的东西，当然不一定就是物理上真实的东西"[2]，即不主张简单性就等于真理性，但是，在他那里，上述构建和评价科学理论的简单性原则确实是一个有助于真理的原则。可以毫不夸张地认为，爱因斯坦一生的科学活动非常成功地实践了简单性原则，卓有成效地得到了几个普遍的基本定律，并由此用单纯的演绎法建立起新世界体系。德国物理学家海森伯也认为构建和评价科学理论的简单性原则可以作为科学假说可接受性的标准。他认为，量子力学尽管无法说出原子介于两个状态的中间状态究竟是怎么样

① 至于这种内在关系是什么，以及怎样研究这种内在关系，现在人们知道甚少，有待于人类对自然的进一步认识。

的，但自然界所显示的数学体系的简单性足以把我们强烈地吸引。他说："我相信自然规律的简单性具有一种客观的特征，它并非只是思维经济的结果。如果自然界把我们引向极其简单而美丽的形式——我所说的形式是指假设、公理等贯彻一致的体系——引向前人所未见过的形式，我们就不得不认为这些形式是'真'的，它们显示出自然界的真正特征。"[2]

由此可见，在近现代科学那里，理论建构上的简单性原则的实施更多是被看做与获得真理性等同的。也许正因为这样，这种简单性原则受到很多科学家的普遍推崇，并贯彻到理论的建构中，获得了巨大的成就。日心说对地心说的代替、牛顿力学对开普勒三定律的涵盖、爱因斯坦相对论对牛顿力学的超越等表明了这一点，同时也支持"自然的本质是简单的"结论。由此，这也使科学家和公众认为科学理论所反映的自然的简单性是正确的，从而认为自然的本质也是简单的。

从上面的论述可以看出，人们之所以得出"自然的本质是简单的"结论，不一定是由于自然的本质是简单的，而是由于人类抱有"自然是简单的"这一信念，并且在此基础上，采取了与此信念相一致的、对应的还原论方法论原则和具体的实验和数学方法，对自然进行了简化处理，获得了对自然的简单性方面的认识，或者是对自然的复杂性方面的简化了的认识，然后再用综合简明性的理论认识体系来表述它。这一认识体系表明了自然的简单性，由此也使人们把这一表述和这一认识当成了自然界的本质，而认为自然的本质是简单的。这是一个自洽的循环，是一种封闭的自我论证，并不必然表明自然的本质是简单的。

三、自然存在复杂性的方面

上面的论证并没有否定"自然的本质是简单的"结论，而只是表明，过去人们得出这一结论的自然科学依据是不充分的，自然的本质不一定是简单的。至于自然的本质是否是简单的，关键之处在于自然界中是否存在着复杂性，并且这样的复杂性能不能简化还原为简单性。

如上所述，如果我们不考虑量子力学、系统论、混沌学、协同学、自组织理论等最新发展起来的科学，而将眼光放在以往的近现代科学上，就会发现，它们对自然的认识确实表明自然是简单的①。但是，必须明了，近现代科学只是对自然界中有限对象的有限认识，没有认识到自然的全部。考虑到这一点，我们就不能说自然的本质是简单的，而只能说，科学所认识到的那部分自然是简单的（进一步的分析表明，就是这一点也不能保证）。至于科学没有认识到的那部分自然，其本质是简单的还是复杂的，要视进一步发展了的科学对自然的进一步认识来确定。

这种进一步发展了的科学，有人称之为复杂性科学。它主要是指随着科学的发展，在科学的某些领域或该领域中的一部分出现了与近现代科学所体现的简单性特征相违背，而与复杂性特征有着紧密关联或相一致的内涵。复杂性科学对自然界中复杂性现象的研究表明，在自然界中，模糊性、非线性、混沌、分形等复杂性现象是大量存在的。自然界存在结构的复杂性、边界的复杂性、运动的复杂性，具体体现在不稳定性、多连通性、非集中控制性、不可分解性、非加和性、涌现性、进化过程的多样性以及进化能力上[3]。对于这些方面，这里不作全面的详细介绍，仅以前面提到的自然的简单性特征，如规律性、分离还原性、祛魅等为例，从复杂性科学的角度加以分析批判。

1）关于自然的规律性。规律性代表着不变性和规则。它与简单性不是一回事，但是又紧密关联。也许这就是人们青睐并研究自然规律性的缘故。但是，如果我们深入分析，就会发现：当我们观察周围的世界时，更多的不是观察到世界的规律，而是看到了这些规律的展现——结果。这是两个不同的领域。"现象的展现——结果要比统治它们的规律复杂，因为它们并不遵守由规律展现的对称。展现了复杂的非对称结构的结果可能由对称的简单的规律来统治。"[4]这就是说，我们周围的非对称的结果并不允许我们根据规律来推演。将事物分成规律和结果使得关于规律的理论对于理解世界是必要的，但远不是充分的。"世界的结构不可能只由自然规律来解释"[4]，而必须通过其他途径来认识。

2）关于自然的外在分离性和还原性。科学的新发展表明，自然界事物之

---

① 当然，对于这一结论的获得可能会因人而异。但是，如果我们参照本文所展示的简单性与复杂性的特征，就会发现，近现代科学对自然的认识确实展现了自然的简单性，虽然在这样的认识过程中，有时也会认识到自然的那么一点复杂性。

间不仅存在外在关系，也存在内在关系。自然界事物之间的内部联系，不仅体现在量子力学中，也体现在生物学中。在传统的生物科学中，生物在自然内部进化，它只限于从自然界吸取能量和物质，只为着自身事物和其他物质需要而依赖自然。自然则是各种生物系统的选择者，而不是把各种生物系统结合为一体的生态系统。而在现代生态学中，"生态系统的关系不是两个封闭实体之间的外在关系，而是两个开放系统之间的相互包容的关系，其中每一个系统既构成另一个系统的部分，同时又继承整体。一个生物系统愈是具有自主性，它愈是依赖于生态系统。事实上，自主性以复杂性为前提，而复杂性意味着和环境之间的多种多样的极其丰富的联系，也就是说，依赖着相互关系；相互关系恰恰构成了依赖性，而这种依赖性是相对的独立性的条件"[5]。

至于还原性，当代自组织理论提出：它是站不住脚的。系统的性质并非各部分之和。整体和部分呈现复杂的关系，有的系统整体性质可以还原为部分特性，有的则不能。例如，混沌就是系统的整体行为方式，它不能还原成部分特性，不能用分析-累加的方法去把握；复杂行为的展示不是因为它们是由原子或分子构成，而是由于它们被构成和组织的方式。单纯的电磁学的规律和物理学的万物理论（theory of everything）对于解释人脑的工作和大象的神经系统的工作就是不充分的。当然，自然的非还原性的表现还有很多方面，这里不再多说。

3）关于自然的祛魅。通过对自然科学的考察，我们发现，以戴维·格里芬为代表的建设性后现代主义所提出的泛经验论将经验赋予万物是没有根据的。在目前的情况下，将更多的经验赋予生物有机体是得到生物学支持的。生物有智能、情感、文化、情感等吗？当然，定义这些表现是一件非常困难的事。不过它们有一些外在的行为效应，可以通过科学观察实验，检验这些行为效应，来判断智能等的存在。生物心理学、生物社会学就是依据这一原理来确认动物主体性的存在的。它们的研究表明：动物有智能，动物有文化，动物有情感，动物有思想①。

---

①　与此问题相关的案例请参阅〔英〕玛丽安·斯坦普·道金斯：《眼见为实——寻找动物的意识》，蒋志刚等译，上海科学技术出版社，2001年；〔法〕雅克·沃克莱尔：《动物的智能》，侯健译，北京大学出版社，2000年。

将人类所具有的经验性赋予部分的自然界有一定道理。因为行为的复杂程度以及适应环境的变化能力确实是智能等的部分特征。现在我们已经将高智能给予星外来客，为什么我们不能将此有限度地赋予某些动物呢？这样一些动物与我们一起分享共同的进化历史，它们的细胞与我们人类非常相似，为什么我们有智能等而它们就不可能有呢？如果它们的行为足够复杂的话，我们可以推断动物存在思维情感等，以及在某些方面具有和我们相同的个体体验。

至于自然的目的性，自组织理论表明，目的性并非人类独有的特征，自组织系统也具有这一特性。普里戈金创立的耗散结构理论认为，形成耗散结构的先行条件是偏离并远离平衡态，失去稳定性，进入非线性区，才能形成新型的目的性的结构，它表现为依靠正反馈机制，自动搜寻目标，从而自行产生和维持这样的结构。哈肯的协同学阐明，所谓目的，就是在给定的环境中，系统只有在目的点和目的环上才是稳定的，离开了就不稳定，系统自己要拖到目的环上才停止，这也就是系统的自组织。而在混沌学中，任何吸引子刻画的都是系统演化的目的性趋势。混沌吸引子是混沌背后的、内在的有序结构，是一种特殊的目的性结构。

上面的论述比较充分地说明：由传统科学所得出的自然是简单的结论是没有充分证据的，自然具有广泛的复杂性。近现代科学所展现的自然的简单性的特征并不能涵盖自然的全部，相反，自然具有一些不同于简单性特征的复杂性。

问题是，这种复杂性能否约简为简单性呢？如果答案是肯定的，那么我们仍然可以说自然的本质是简单的；如果答案是否定的，那么我们就不能说自然的本质是简单的。到底能不能呢？从逻辑上说，如果某种复杂性能够约简为简单性，那么，这样的复杂性就不是真正的复杂性，而是隐藏着简单性实质的复杂性表象。从科学认识上说，复杂性科学对复杂性现象的研究发现：自然界中的复杂性不是简单性的线性组合，更不可能被简单性所覆盖，是不可以还原为简单性的。如对于非线性系统，往往存在间断点、奇异点，在这些点附近的系统行为完全不允许作线性化还原处理；否则，就处理掉了非线性系统的非线性因素，从而也就人为消除了相关的复杂性行为。因为这些因素恰恰就是非线性系统出现分叉、突变、自组织等复杂行为的内在根据。

通过上面的分析，可以得出最后的结论：自然存在复杂性的方面，而且这样的复杂性不可还原简化为简单性。由近现代科学对自然的复杂性方面的简化或对简化了的自然的简单性方面的认识，不能得出"自然的本质是简单的"结论。至于自然的本质是否是复杂的、自然到底有没有本质，是有待于深入思考的问题①。

参 考 文 献

［1］塞耶．牛顿自然哲学著作选．上海：上海人民出版社，1974：3.

［2］爱因斯坦．爱因斯坦文集（第 1 卷）．许良英等编译．北京：商务印书馆，1983：214，380，216.

［3］吴彤．科学哲学视野中的客观复杂性．系统辩证学学报，2001，（4）：45-46.

［4］Barrow J D. Is the world simple or complex? //Williams W. The Value of Science, Oxford Ammesty Lectures Series. New York：Westview Press，1999：84，85.

［5］埃得加·莫兰．迷失的范式：人性研究．陈一壮译．北京：北京大学出版社，1999：13，14.

---

① 这里有一个问题需要说明，在本文的写作过程中，为了比较清楚地说明问题，对简单性与复杂性概念以及与这一概念相关的范畴作了一个比较明确的区分。这种区分对于说明本文所涉及的问题有很大帮助，但是，与自然界本身的存在状态可能并不完全符合。因为对于自然界来说，自然的简单性的方面与复杂性的方面并不是明确二分的。它们之间有一个复杂的关系。简单性可演化为复杂性，复杂性也可以产生简单性。而且，对于同一个对象，也许它既存在简单性的方面，也存在复杂性的方面。至于它们之间有一个什么样的关系，需要进一步探讨。这也表明本文存在对所涉及的问题加以简单化处理的嫌疑。这需要作者在今后的研究工作中加以克服。

明末中西认识论观念的会通*

　　明末，中国学者与入华耶稣会士的学术交流促成了第一次中西学术会通。中西会通首先在知识层面上展开，按当时学者徐光启的说法，有格物穷理之学（其主要内容就是今天所说的科学）与修身事天之学两大分支。其次，会通则在认识论观念层面上展开，主要是认识方法的结合。客观而言，知识活动不能摆脱认识论观念而进行，两个层面的会通是同时进行并相互影响的。澄清后一个层面的会通是阐明明末中西会通的一个关键，特别是阐明明末中国科学发展与传统儒学和西方哲学在基本概念、理论和研究方法等方面相互衔接的至关重要的环节。梁启超曾明确意识到明末中西会通中认识方法的变化。他说："自明之末叶，利玛窦等输入当时所谓西学者于中国，而学问研究方法上，生一种外来的变化。起初惟治天算者宗之，后则渐应用于他学。"[1]徐宗泽[2]、何兆武[3,4]及樊洪业[5]等学者也都明确指出，受西方演绎推理和数学方法的影响，明末学者认识事物的具体方法发生了显著变化。但是，迄今为止，学者们认为徐光启与利玛窦等在会通中并未提出明确的认识论观念。本文则认为，徐光启、利玛窦等提出了明确的认识论观念，并给出了详细分析。

---

　　* 本文作者为尚智丛，原载《自然辩证法通讯》，2003 年第 6 期，第 73～77 页。

一、认识论观念会通的学术背景

在明末中西会通中，中西学者都采用了儒学格致学说中的基本概念"格物穷理"，并从认识论的角度来使用。"格物穷理"来自"格物致知"（又称"格致"）。"格物致知"是儒学的核心概念，源出于《大学·礼记》。就《大学》本意，"格物"与"致知"是同义，即"衡量事物的本末先后"[6]。"格物"和"致知"具有重要的理论意义，汉、宋、明、清诸儒多提出各自的解释，影响广泛的是程朱理学与陆王心学两种解释。

程颢、程颐阐发《大学》，提出"致知在格物"[7]，释格物为穷理，并以穷理之方法即是通过读书、论古今人物或应接事物等学习、实践活动，经过日积月累而达到顿悟。这实际上是求助于直觉。朱熹发挥程颐观点，撰写《补格物传》，进一步分析"格物致知"[8]。他解释"格物"为"即物穷理"，将"格物"区分为"即物""穷理"两个环节，将"格物致知"解释为"即物穷理至知"，即物—穷理—至知是三个重要且分立的环节，具有逻辑的先后。这样，就出现了"格物穷理"概念，指直接探究事物，穷尽其中之"理"。穷理之后，便得到"知"。后来学者多以"格物穷理"等同"格物致知"。

在程朱理学的解释中出现了两对相对的概念，即"物-心"与"理-知"。

就"物-心"的解释，程朱承孟子的"心物对举"观念，来区分"心"和"物"。"心"作为人的思维，"物"则是思维对象，即包括具体实物，也包括其他各种事物，而其中最为重要的是人事[6]。

就"理-知"的解释，程朱以"理"为世界的最高本原，又强调万物都有理，且万物之理同一[6]。程朱解释"知"既是主体的认识能力，又是认识内容。而且，"知"是主体所固有的，不会因主体之外的"物"所改变，但却要通过"格物"来得到。

程朱理学"格物致知"将"心-物"、"知-理"作了主客二分，强调主客体间的统一性。这实质上是认识论的基本要求。程朱理学以"理"为世界本原，因而就不得不将认识论上的主客统一建立在客观唯心主义的基础之上。欲"致知"，则必"穷理"，而"穷理"则必"格物"（也就是"即物"），形成"格物-穷理-致知"的认识链。这就为认识主体之外的客观世界打开了一扇窗口。虽然，在程朱理学中，"物"的重点是人事，"理"的重点相应为道德准则，"知"的重点也相应为道德认识，但程朱理学"格物致知"毕竟肯定了外在客观事物和物理以及相应的"知"的存在（即"所以然"）。这就为徐光启区分事实认知与道德反思奠定了基础。

与程朱理学不同，陆王心学的"格物致知"学说从主观唯心主义的角度坚持"心-物"、"理-知"的对立统一。王守仁提出："致知"是致良知的过程；"格物"是事物得其理的过程；就逻辑上而言，"格物"在"致知"后。所以，王守仁认为"格物"仅仅是内心修养功夫；"格物致知"仅仅是将良知扩充到底的过程[6]。王守仁以"良知"为"天理"，因而，与程朱恰恰相反，他将认识论中的主客统一的基础指向了主体，从而彻底关闭了程朱曾打开的认识外物的窗口。王守仁的"良知"是"无虑之知"，是先验的道德认识、主体自觉性和内在的道德判断能力，因此，王学"格物致知"就变成了伦理学上的道德修养与实践方法，从而大大降低了其认识论价值。

王学末流玄虚空疏，在明末即遭到东林学派等有识者的批判。东林学派提倡经世致用之实学，提倡"反虚归实"，重扬程朱"格物致知"学说，提出"一草一木皆有理，不可不格"[9]。就是在这样的思想与学术背景下，徐光启、李之藻诸人借鉴西学展开儒学改造，而徐光启与利玛窦等人所进行的中西认识论观念上的会通也就是在这样的背景下展开的。

二、格物穷理原则的内涵

徐光启与利玛窦等中西学者在一定程度上实现了认识论观念的会通。这就是他们提出的格物穷理原则。

在《译〈几何原本〉引》中，徐光启、利玛窦阐述了其"格物穷理"见解[10]：

> 夫儒者之学，亟致其知；致其知，当由明达物理耳。
> 物理渺隐，人才玩昏，不因既明，累推其未明，吾知奚至哉。

前一句显然是取用程朱理学的"格物-穷理-致知"之说，强调认识由客观事物自身出发。其宗旨是通过经验实践达到顿悟，即二程所言："须是今日格一件，明日又格一件，然后脱然自有贯通处。"[7]

下一句提倡"因既明，类推其未明"的格致方法。这与程朱格致方法相去甚远，所提倡的是理论思维的推理方法。这种方法就是产生于古希腊时期，并在中世纪神哲学中广泛应用的三段论演绎逻辑。

上述两句简要地概括了"格物穷理"观念。此二句开首就说"夫儒者之学"，表明这两条认识原则是针对整个认识而言的，因为在古代中国儒学就是一切知识的总和。既然针对一般知识的取得而言，徐、利二人显然是将此观念作为一般的认识原则来使用了。前一原则对明末中国学者来说是不言而喻的，但后一条却是陌生的。这两条格物穷理原则与托马斯神哲学认识论也有差别。托马斯继承亚里士多德认识论，特别是继承了其中的演绎推理认识方法，并将之作为理论认识的重要工具。托马斯还继承了亚里士多德的"知识开始于感觉"的观点[11]。这一观点与程朱"即物穷理"观点有相通之处。这正是利玛窦可以接受第一条格物穷理原则的根由。因此，此二条格物穷理原则对利玛窦等传教士来说，并不造成认识论上的较大冲突①。然而，对徐光启等中国学者而言，则有着全新的意义。

徐光启接着就《几何原本》的具体应用详细阐述了后一原则：

> 今详味其书，规模次第洵为奇矣。题论之首先表界说，次论公设、题论所具。次乃具题，题有本解，有作法，有推论。先之所征，必后之所恃。……一先不可后，一后不可先，累累交承，至终

---

① 钟鸣旦曾比较分析了耶稣会与明末中国儒士的认识论观念，提出耶稣会采取"格物-穷理-知天"的认识模式。其认识目的是"知天"，这与中国儒士的"诚正修齐治平"的克己治世目的不同，但在"格物-穷理"的认识阶段却基本相同。他们对于"物"的认识都包括内外两个方面，即客观外物和人事，特别是更重视对客观外物的认识。就"理"的解释，自利玛窦起，耶稣会士将之解释为"理智"（ratio，即 reason）和事物的"原理"（principle）。这种解释与王学的"理在人心"和朱学及实学的"理在事物"极为相近。但是，从亚里士多德哲学出发，利玛窦等耶稣会士认为"理"是"自立者"（substantia，今译为"实体"）的"依赖者"（accidens，今译为"依附体"）。这一点与理学不同。参见钟鸣旦."格物穷理"：17世纪西方耶稣会士与中国学者间的讨论//魏若望.传教士·科学家·工程师·外交家：南怀仁（1623—1688）.北京：社会科学文献出版社，2001：454-479.

不绝也。初言实理，至易至明，渐次积累，终竟乃发奥微之义。若
暂观后来一二题旨，即其所言，人所难测，亦所难信。及以前题为
据，层层印证，重重开发，则义如列眉，往往释然而失笑矣[10]。

"以前题为据，层层印证，重重开发"就是命题的演绎，是由前提推出
结论。如此格致，便可以"发奥微之义"，且"义如列眉"般清晰。"义"是
与格致相关的重要概念，并且与"理"是同一概念①。因此，徐光启言"发
奥微之义"是指阐发事物隐秘的理；"义如列眉"是指事事物物之理都一一
清晰。在程朱格致学说中，"理"也指自然规律。徐光启即用此义。

关于这两条格物穷理原则的关系，徐光启与利玛窦二人在《译〈几何原
本〉引》中作了如下阐述：

彼士立论宗旨，惟尚理之所据，弗取人之所意，盖曰理之审，
乃令我知，若夫人之意，又令我意耳。知之谓，谓无疑焉，而意犹
兼疑也。然虚理隐理之论，虽具有真指，而释疑不尽者，尚可以他
理驳焉；能引人以是之，而不能使人信其无或非也。独实理者明理
者，剖散心疑，能强人不得不是之，不复有理以疵之，其所致之知
且深且固，则无有若几何家矣[10]。

提出"格物穷理"以实理为据，而非据虚理、隐理、人之所意②。他们
认为认识是从事物实理入手，展开推理。也就是说，在认识过程中，前一原
则的运用先于后一原则。徐光启与利玛窦等参与会通的中西学者并没有形成
一种全新的完整的认识论学说，但这两条格物穷理原则无疑是对中西哲学认

---

① 冯友兰解"义理"时说："义理可以说是理之义。理可以涵蕴许多别的理，即此理有许多
义。例如人之理涵蕴动物之理、生物之理、理智之理、道德之理等。又例如几何学中所说关于圆之
定义等，亦均是圆之理义。理之义即是本然底义理。"参见冯友兰. 新理学//涂又光. 三松堂全集
. 郑州：河南人民出版社，1986：150.
② 实理、虚理、隐理之分显然是承东林学说而来。人之所意是指人的意志和意念。参见张岱
年文章《中国古典哲学概念范畴要论》。

识论会通之贡献①。此两条原则的运用便转化为"格物穷理"方法。方法与原则是一致的。

查继佐评徐光启为学"求精责实四字，平平无奇"[12]。其中"求精责实"恰当地反映了徐光启在治学活动中对上述格物穷理原则的贯彻。

徐光启、利玛窦的格物穷理原则存在明显的缺陷。近代以来人类认识，特别是科学认识主要是借助归纳推理与演绎推理两种方法来实现的。徐光启与利玛窦的后一原则强调了演绎推理，但其前一原则却与归纳推理无涉，只是重复了程朱格致学说的"即物穷理"。正如前面的分析，这一原则除了强调认识必须由躬行、实践开始以外，就是诉诸直觉，而没有给出任何由具体认识上升到一般认识的方法规则。然而，直觉是不常有的，且因人而异，不具有普遍性，因此，难以形成一般规则，难以在认识中加以利用。这样，两条格物穷理原则就呈现一明一晦、一兴一废的状况。一条原则清晰明了，容易运用；而另一原则隐晦不明，难以运用。事实上，在徐光启后半生的治学中，他推崇并着力实践的就是后一原则。他对前一原则的实践仅体现于他的农学与历法实践活动。但他在这些研究活动中的独创性理论见解是相当有限的[13,14]。这与前一原则隐晦不明所造成之限制有很大的关系。

三、格物穷理原则的认识作用

对两条格物穷理原则，徐光启更推崇后者。徐光启曾明确阐述演绎推理在认识中的作用。

其一，演绎推理可以依据一定的格式（定法）进行推理，使思维严密。这对于认识任何事物都是重要的。他在《几何原本杂义》中说：

> 下学功夫，有理有事。此书（指《几何原本》——引者）为益，能令学理者怯其浮气，练其精心；学事者资其定法，发其巧思，故举世无一人不当学。……能精此书者，无一事不可精；好学

---

① 孙尚扬曾将后一原则概括为"几何精神"，并借用卡西勒的观点阐述该精神具有普遍性。参见孙尚扬的《基督教与明末儒学》（东方出版社，1995年）第182～183页。

此书者，无一事不可学[15]。

其二，徐光启还认为，《几何原本》中的演绎推理可以提高人的认识能力，经世致用者应学此方法。他说过：

> 人具上资而意理疏莽，即上资无用；人具中材而心思缜密，即中材有用，能通几何之学，缜密甚矣！故率天下之人而归于实用者，是或其所由之道也[15]。

其三，运用《几何原本》中的演绎推理可以发现"实理"，得到"真知"，反过来，则可以帮助人认识到"致知"上的虚妄。徐光启为此特别强调了四点：

> 几何之学，深有益于致知。明此，知向所揣摩造作，而自诡为工巧者皆非也。一也。明此，知我所已知不若吾所未知之多，而不可算计也。二也。明此，知向所想象之理，多虚浮而不可按也。三也。明此，知向所立言之可得而迁徙移易也。四也[15]。

"向所揣摩造作"之知和"向所想象之理"，经不住演绎推理的考证，因而"皆非也"、"虚浮而不可按也"；演绎推理的结论都蕴涵于前提之中，而前提提供的"知"是有限的，因此，"我所已知不若吾所未知之多"；"知向所立言之可得"非有推理而来，难以确定，"迁徙移易"。

徐光启对其在认识论上的这一重大发现，有着非常明确的自觉意识。这也正是他为何在其众多著译中唯独对《几何原本》极为赞赏的原因。他曾说：

> 此书为用至广，在此时尤所急须，余译竟，随偕同好者梓传之。利先生作叙，亦最喜其亟传也，意皆欲公诸人人，令当世亟习焉。而习者盖寡，窃意百年之后必人人习之，即又以为习之晚也[15]。

果为其言中，后世学者不但从此书学习几何学，亦多从此书学习演绎推理和公理化方法。席泽宗先生在评价徐、利所译《几何原本》时说："他开辟了与历来传统大不相同的演绎推理的思维方式，与后来严复所介绍的归纳法相结合，成为马克思主义辩证法未来到中国以前的两种主要科学方法。"[16]此评价肯定了引入演绎推理的积极意义。竺可桢先生对此也有敏锐的洞察："光启从事科学自几何着手，而几何学是很富有演绎性的。"[17]

两条格物穷理原则实为徐光启、利玛窦对中国哲学认识论的一大贡献。徐光启已深刻认识到演绎推理在认识中的重要作用，对其原则和方法给予明确阐述，并将其广泛运用于对事物的认识之中。格物穷理原则对后来的天文、数学、地理等学科的学者产生了广泛而深刻的影响。

四、格物穷理原则与中西会通

格物穷理原则产生于中西会通之中。按当时徐光启等人的提法，会通应在修身事天之学与格物穷理之学两个方面进行，以此来"补益王化"。修身事天之学，指伦理学、经济学、政治学与神学；格物穷理之学，包括逻辑学与方法论、自然哲学、数学和形而上学。格物穷理之学是当时中西学者致力建设的重要学术分支，其中广泛地使用了格物穷理原则，取得巨大成就。也正因此，梁启超、徐宗泽与何兆武等人认为徐光启在科学研究采用了一些新的科学方法，诸如注重实践、推崇演绎推理、以数学原理表达事物现象规律等。事实上，在修身事天之学方面，徐光启等也是依据格物穷理原则来接纳西方天主教伦理道德观念，实现会通的。

利玛窦等耶稣会士所接受和传播的是中世纪正统天主教理论——托马斯主义。该理论以综合神学和亚里士多德哲学，运用三段论演绎推理构造成严格的唯理主义体系[18]。三段论演绎推理为天学提供了最重要的论证和阐述方法。徐光启对此有着明确的认识，因此，从其格物穷理原则出发，他肯定修身事天之学，并积极以之补益王化。

现代学者多以徐光启采用拟同之法接受天学，并从"儒效"角度出发，提倡"以耶补儒"，也就是认为儒学的道德伦理效用有所欠缺，需要以天学补充[19,20]。我们不禁要问：天学何以能够补此"儒效"，完善儒学的道德伦理功能？

　　为解答上述问题，首先要说明天学何以有道德伦理效用。徐光启在《辨学章疏》给出了论述：

　　　　其说以昭事上帝为宗本，以保救身灵为切要，以忠小慈爱为功夫，以迁善改过为入门，以忏悔涤除为进修，以升天真福为作善之荣赏，以地狱永殃为作恶之苦报，一切戒训规条，悉皆天理人情之至。其法能令人为善必真，去恶必尽，盖其所言上主生育拯救之恩，赏善罚恶之理，明白真切，足以耸动人心，使其爱信畏惧，发于繇中故也[21]。

　　提出天学之上帝、神修、天堂地狱、灵魂得救等观念都是至上的天理，而对这些天理的认识就可以完善道德伦理。其根本在于"盖其所言上主生育拯救之恩，赏善罚恶之理，明白真切，足以耸动人心，使其爱信畏惧，发于繇中故也"。可见，天学所言之恩、之理的"明白真切"是其有此功效的来源。正如前述，托马斯神学通篇采用三段论的论证形式，而徐光启恰好对此方法极为赞赏，认为由此得出的"理"都是明白无误的"实理"。他相信借此"实理"就可以"诚正修齐治平"，其结果"则兴化致理，必出唐虞三代之上矣"[21]。

　　有了对天学伦理道德功效的认识，在《辨学章疏》中，徐光启接着就通过比较，详细论证了"以耶补儒"。

　　首先，他提出儒学政教传统"能及人之外行，不能及人之中情"。其次，他认为百千年来佛道两家"其言似是而非"、其旨"幽邈而无当"、其法"乖谬而无理"，使人无所适从、无所依据。再次，他指出西洋各国奉行天学，"其法实能使人为善"。最后，通过上述比较得出结论："必欲使人尽为善，则诸陪臣所传事天之学，真可以补益王化，左右儒术，救正佛法者也。"[21]

　　从上所论，我们可以肯定：其一，徐光启真心皈依天主教是出于对天学的现世道德教化功能的肯定和赞赏，而不是沉湎于"永福"、"永苦"的追求和忧虑而逃避现实。在这一方面，他发扬了东林以来的经世致用学风，同时，也是发挥格物穷理的第一条原则，从现实伦理道德问题出发，来解决问题。其二，他发挥了格物穷理第二条原则，认为通过演绎推理可以清晰明白地阐述道德伦理观念，从而完成伦理道德建设的任务。

五、结　论

在明末清初的中西会通中，中西学者在实现科学、哲学及宗教伦理等方面具体知识会通的同时，将西方的一些具体科学方法引进中国，更为重要的是形成了认识论观念上的会通，提出格物穷理原则。格物穷理原则会通了中西双方的认识论观念，其中不但包括中国传统格致要求——"即物穷理"以及诉诸直觉的认识方法，而且还包括西方对于概念和命题的明晰准确的要求，以及通过演绎推理获得含义明晰准确的概念与命题的方法。格物穷理原则是作为一般认识论观念而存在的，由之产生了直觉认识方法和演绎推理方法。在具体的运用中，前一方法不能形成具体规则，难以使用，而后一方法则被广泛使用。当时学者自觉地将格物穷理原则运用于具体领域的知识会通之中，如格物穷理之学与修身事天之学。可以肯定，格物穷理原则在当时的知识活动中发挥了重要的认识论指导作用。

参 考 文 献

［1］梁启超．清代学术概论//朱维铮校注．梁启超论清学史两种．上海：复旦大学出版社，1985：23.

［2］徐宗泽．明清之际中国整个学术思想之革新．圣教杂志，1937，26（10）：579-588；1938，27（4）：170-179，27（5）：326-334.

［3］何兆武．略论徐光启在中国思想史上的地位．哲学研究，1983，（7）：54-60.

［4］何兆武．论徐光启的哲学思想．清华大学学报（哲学社会科学），1987，（1）：1-10.

［5］樊洪业．从"格致"到"科学"．自然辩证法通讯，1988，10（3）：42.

［6］张岱年．中国古典哲学概念范畴要论//张岱年．张岱年全集．第四卷．石家庄：河北人民出版社，1996：702，560，496，661.

［7］程颢，程颐．二程遗书．卷十八．文渊阁四库全书本：11b.

［8］朱熹．大学章句·补格物传//朱熹．四书章句集注．北京：中华书局，1983.

［9］高攀龙．答顾泾阳先生论格物．四库明人文集丛刊．第 1292 册．上海：上海古籍出版社，1993：466.

［10］徐光启，利玛窦．译《几何言本》引//徐宗泽．明清间耶稣会士译著提要.北京：中华书局，1989：261，259.

［11］赵敦华．基督教哲学 1500 年．北京：人民出版社，1994：392-398.

［12］查继佐．罪惟录．卷十一下．徐光启传．四部丛刊本.

［13］郭文韬．试论徐光启在农学上的重要贡献．中国农史，1983，(3)：19-31.

［14］薄树人．徐光启的天文工作//中国科学院中国自然科学史研究室．徐光启纪念文集．北京：中华书局，1963.

［15］徐光启．几何原本杂义//王重民．徐光启集．上海：上海人民出版社，1981：76-78.

［16］席泽宗，吴德铎．徐光启研究论文集．上海：学林出版社，1986：3.

［17］竺可桢．序言//中国科学院中国自然科学史研究室．徐光启纪念论文集．北京：中华书局，1963：5.

［18］全增嘏．西方哲学史（上册）．上海：上海人民出版社，1983：319，320.

［19］何俊．西学与晚明思想的裂变．上海：上海人民出版社，1998：151-155.

［20］孙尚扬．基督教与明末儒学．北京：东方出版社，1995：174-178.

［21］徐光启．辨学章疏//王重民．徐光启集．上海：上海人民出版社，1981：432，433.

因果性的反事实条件分析 *

因果性（causality）是科学哲学研究的传统问题。休谟以原因事件与结果事件的"恒常结合"来定义因果作用（causation），被称为因果性的律则性（regularity）理论。它首开研究因果性问题的还原论①传统，认为事件之间的因果关系总是能够以某种途径还原（或至少随附）到非因果事态的性质、关系上去[1]。休谟观点的理论困难在于：①如果承认自然定律能够提供科学说明，那么它必不能仅限于经验观察到的律则性②；②不能把支持反事实条件句（counterfactuals）的自然定律与偶适概括区别开；③不能避免归纳问题上的怀疑论[5]。这三个方面归结起来其实是一个问题：休谟的律则性理论缺乏某种自然定律意义上的模态范畴。而新休谟主义者试图证明，存在着某种还原论进路能够囊括这一范畴。大卫·刘易斯（David Lewis）的反事实条件分析就是这类工作的典型代表。

---

　　* 本文作者为徐竹，原题为《因果性的反事实条件分析：大卫·刘易斯及其批评者》，原载《自然辩证法通讯》，2010年第5期，第1～8页。
　　① 因果性的还原论进路并不一定是休谟有意识的理论选择，而是他的经验论前提的必然后承：所谓观念一定是来源于印象，因而因果观念必来源于对象之间的某种关系。参见文献［3］。
　　② 例如，亨普尔就规定，基本的似律性语句必须能够适用于（至少是潜在地可能是）无限的个体域，因而不能包含指称个体的词项或专名。参见文献［4］。

一、因果性反事实条件分析的基本论证

"休谟主义随附性"（Humean supervenience）是刘易斯的基本哲学信条，即在本体论上最根本的东西是与个体事实相关的"质的安排"（arrangement of qualities），所有其他范畴包括因果性在内，最终都要随附到这上面去[5]。反事实条件分析就是要论证这一点。按照霍维奇[6]的归纳，刘易斯对因果性的反事实条件分析的论证分为四个环节：首先，他以"反事实条件依赖"（counterfactual dependence）定义因果作用；其次，他对反事实条件提出一种语义解释；再次，刘易斯规定了可能世界之间的相似性标准；最后，在过度决定（over-determination）之不对称性假设的基础上，他论证了反事实条件依赖的单向性，以此解决因果作用的时间箭头问题。我们先依循这一分析来考察刘易斯论证的基本结构。

（一）因果作用的反事实条件定义

刘易斯首先声明，他所支持的因果作用的反事实条件分析预设了决定论的前提[7]。虽然后来刘易斯也把这一分析扩展到非决定论的因果性上，但哲学界对刘易斯的讨论和批评仍主要是围绕决定论的情况展开的。为方便起见，本文的讨论也将集中在对决定论因果作用的反事实条件分析上。

第一步，需要明确什么是反事实条件依赖。刘易斯把模态算子放到蕴涵符前面，把反事实条件刻画为"$A \square \rightarrow C$"，表示

假如 A 是真的，那么 C 也将会是真的[7]。

(if A were true, then C would also be true.)

设 A、C 分别为两类可能陈述，且反事实条件 $A_1 \square \rightarrow C_1$，$A_2 \square \rightarrow C_2$，…均为真，则说 C "反事实地依赖于"（depend counterfactually） A[7]。

第二步，刘易斯用反事实条件依赖定义因果依赖（causal dependence）。设 c、e 为两类事件，O（c）和 O（e）分别是肯定 c、e 发生的命题；则"e 因果地依赖于c"当且仅当 O（e）、～O（e）反事实地依赖于 O（c）、～O（c）。即如下两个反事实条件成立：

（1）O（c）$\square\!\!\rightarrow O$（e）；

（2）$\sim O$（c）$\square\!\!\rightarrow \sim O$（$e$）；

如果实际上 c、e 均未发生，则式（2）显然为真，则 e 是否因果地依赖于 c 取决于式（1）是否为真；同理，若 c、e 实际上发生了，则因果依赖取决于式（2）是否成立[7]。因此，事件之间的因果依赖取决于其反事实依赖是否成立。举例来说，在现实世界中张三跳窗户摔断了腿；如果要确定"张三摔断了腿"是否因果地依赖于"张三跳窗户"，则就是要看反事实条件"如果张三不跳窗户，那么他就不会摔断腿"是否为真。

最后，刘易斯把"因果依赖"扩展到"因果链条"（causal chain）的概念上，使因果依赖关系具有可传递性，并由此完成了对因果作用的反事实条件定义："一个事件是另一个事件的原因当且仅当从第一个事件到第二个之间存在着因果链条。"[7]

（二）反事实条件的语义解释与可能世界的相似性

刘易斯用模态算子刻画反事实条件，进而也用一种可能世界模型为它提供语义解释。反事实条件 $\phi\square\!\!\rightarrow\psi$ 在世界 w 中为真，当且仅当在某些与 w 具有可及关系、且 ϕ 在其中为真的可能世界中，ψ 也为真[8]。那么，如何确定哪些是与此反事实条件的真值相关的可能世界呢？刘易斯把"可能世界的相似性"设定为初始概念，指出它们就是最"接近"现实世界的可能世界。因此，"$A\square\!\!\rightarrow C$（在某个世界 w）中为真，当且仅当或者式（1）没有任何 A 为真的可能世界；或者式（2）那些 C 在其中成立的 A-世界比 C 在其中不成立的 A-世界更接近于 w"[7]。例如，反事实条件"如果张三不跳窗户，那么他就不会摔断腿"为真，意味着说如果存在着"张三不跳窗户"的可能世界，那么其中更接近现实的可能世界中"张三不会摔断腿"也为真；而那些"张三不跳窗户并且摔断腿"的可能世界相对地离现实就更远。

显然，如何确定可能世界相似性的标准是这里问题的关键。在决定论世界的预设下，一个使反事实条件句之前件成立的可能世界，必然不会是与现实世界"等同的"①；刘易斯的问题是，如何能以最小的"不等同性"代价来保持可能世界与现实世界的"相似性"？一般可能认为"违背定律"较之"违背具体事实"代价更大。但刘易斯指出，情况未必总是如此。设想一个轮盘赌，在决定论世界 i 中在 t 时刻指向"黑"，而某个反事实条件的前件为它指向"红"；有两个满足这一前件的可能世界：其一是保持 i 中的决定论定律仍成立，但是改变所有在 t 时刻之前的具体事实②，从而使它在 t 时刻指向"红"；另一个世界则保持 t 时刻之前所有个体事实完全符合 i，但在 t 时刻发生了不可预知的违背定律的"奇迹"（miracle）。在刘易斯看来，这个允许奇迹存在的可能世界要比前一个更接近现实："定律是很重要，但是一大堆具体事实也是很有分量的……某些违背定律而使反事实前件成立的世界，可能就比任何在 t 时刻之前具体事实完全不同的可能世界更接近 i。"[8]

但此时的相似性标准仍然是不够清楚的。法因[9]和本奈特[10]都分析了类似这样的反例：

（3）如果尼克松那时按下了按钮，那就会有一场核灾难发生。

（if Nixon had pressed the button, there would have been a nuclear holocaust.）

由于现实中是没有这样的核灾难的，所以在所有满足"尼克松在 t 时刻按下了按钮"的可能世界中，那些没有核灾难发生的可能世界要比有核灾难的世界更接近于现实世界；那么按照刘易斯的理论，式（3）在现实世界中为假，但从直觉上说这一反事实条件却显然是成立的。

刘易斯在其回应中，确定了四条可能世界相似性的判断标准[11]："①第一重要的是，避免意义重大、范围广泛、形式多样地违背定律；②第二重要的是，尽可能使完全吻合具体事实的时空区域最大化；③第三重要的是，避免意义较轻、范围有限、形式简单地违背定律；④重要性最小甚或不重要的

---

① 但是，为了使反事实条件句的语义结构也能适用于现实世界，刘易斯补充了一条：现实世界本身就是离它自己最近的可能世界[7]。而所谓"现实世界"就是我们居住于其中的可能世界[8]。这个补充有时候对语义分析是非常必要的。例如在本文式（2）中，反事实条件的前后件均在现实世界中为真；正是在这一补充规定的前提下，式（2）显然为真。

② 因为我们已经假定这里讨论的情况都是决定论的，所以如果可能世界保持与 w 相同的定律，但又在 t 时刻得出与 w 世界中不同的个体事实，那么肯定所有先前的个体事实都是与 w 世界不同的。

是保持个体事实的近似，即便是那些与我们非常相关的事件。"

按照这一判断相似性的优先顺序，"如果尼克松按下按钮，那么就发生了核灾难"的可能世界就要比"按下按钮而没有发生核灾难"的世界更接近现实。因此这也就化解了上面的反例。

（三）过度决定的不对称性与反事实条件依赖的方向

完成因果性的反事实条件分析的最后一环，是需要证明"因果不对称性"（causal asymmetry）能够基于事件之间的反事实条件依赖而得到。原因相对于结果是时间上在先的，因而只能是未来事件因果地依赖于先前事件，而不会是相反；而另一方面，从上面的分析中可以看到，"反事实条件依赖"其实是在可能世界相似性的基础上引入了自然定律模态范畴的语义关系，它在逻辑上并不蕴涵因果性所需要的时间箭头——事实上也确实存在着先前事件依赖于未来事件的所谓"后溯"（backtracking）类型的反事实条件句[①]。那么，如果主张由反事实条件依赖关系定义因果作用，这种时间上的不对称性如何保证呢？

刘易斯承认后溯的反事实条件句的存在，但他认为这是一种依赖于特殊语境的不标准的类型；而在某种标准的解决方案之下，反事实条件依赖关系也将是在时间上不对称的[11]。对标准解决方案的论证需要引入一个经验假设[②]："过度决定的不对称性。"说某个具体事实（无论是过去的还是将来的）是"被过度决定的"，意思就是它"在某个给定的时间，有两个以上完全不同的决定者（determinant），其中每一个对它来说都是充分的"[11]。同样都是被过度决定的，根据所具有的决定者的多少不同，还有程度的差异；而所谓"过度决定的不对称性"，刘易斯是指在实际的事件序列中，先前事件被随后

---

① 后溯的反事实条件也是很普遍的。设想在现实世界中张三所在的屋子着了火，而张三由于先前摔断了腿，没有能跳窗户逃生；那么如下的反事实条件是可以成立的："如果张三跳窗户，那么他先前没有摔断腿。"这个例子与先前那个例子"如果张三不跳窗户，那么他就不会摔断腿"并列，充分表现出反事实条件依赖在时间箭头上的对称性。

② 之所以说它是"经验假设"，是因为没有任何逻辑的论证能够保证这一不对称性必然成立。事实上，刘易斯认为，在只有一个原子存在的可能世界中，"过度决定的不对称性"就不成立；而他同时也认为在这种情况下，因果依赖的不对称性也不成立[11]。

事件过度决定的程度要远远大于随后事件被先前事件过度决定的程度。换句话说，就同一事件而言，先于它的并各自独立地决定了它的事件，在数量上要少于决定它必须要存在的后果。这个序列模型可图示如下。

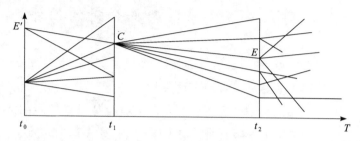

在这一经验假设下，考虑反事实条件"$\sim C\,\Box\!\!\rightarrow\,\sim E$"成立。根据前文的论证，为了尽可能少地违背现实世界的定律和事实，在相似的可能世界中有两种情况：第一，$\sim C$ 在 t_1 时刻成立，$\sim E$ 为随后在 t_2 时刻的事件。在这种情况下，该可能世界在 t_1 时刻之前与现实世界完全吻合，而此后就开始与现实不同，因而是对现实的离散（divergence）；第二，$\sim C$ 在 t_1 时刻成立，$\sim E$ 为先前在 t_0 时刻的事件。在这种情况下，该可能世界在 t_1 时刻之前与现实世界完全不同，而此后就与现实完全吻合，因而是对现实的收敛（convergence）[10]。

刘易斯的结论是，根据过度决定的不对称性假设，离散要比收敛容易得多。在他看来，反事实条件的前件 $\sim C$ 能够在可能世界发生是需要奇迹的，也就是说要切断现实世界中决定 C 在 t_1 时刻发生的那些关系。显然，"过度决定的程度越大，需要切断的联系就越多，于是所造成的奇迹就越发地广泛和多样化"[11]。由于已经假设了先前事件被随后事件过度决定的程度要远远大于随后事件被先前事件过度决定的程度，所以收敛所需要切断的关系就远远多于离散的情况。因此一个收敛的可能世界相比于一个离散的可能世界而言就包含有更多、更广泛、更多样的奇迹。按照前文中的相似性标准，显然对现实离散的可能世界是与现实更相似的。所以如果"$\sim C\,\Box\!\!\rightarrow\,\sim E$"成立，$E$ 就应当是 C 的随后事件。这就论证了反事实条件依赖关系本身就具有不对称性。

在刘易斯看来，正是反事实条件的不对称性最终为因果的不对称性奠基。只要反事实条件的不对称性没有失效，因果作用的时间箭头就依然成立。"联结未来的通路——实际的或其他的道路——是这样一些可供选择的将然状态：它们会在对当下各种各样的反事实预设下发生。"[11]

二、对因果性反事实条件分析的批评

刘易斯的上述论证一经提出，立即引起了诸多讨论。反事实条件分析的各个环节均有人提出质疑和批判。下面将按照与第一部分恰好相反的顺序，将对刘易斯的批评整理为三个方面：对反事实条件依赖之不对称性的反驳；对可能世界相似性标准的反驳；对因果作用之反事实条件定义的反驳。

(一) 对反事实条件依赖之不对称性的反驳

刚刚在上文中对反事实条件依赖的不对称性的论证，前提之一是认为后溯的反事实条件并不是一种标准的类型。但豪斯曼[12]指出，后溯类型在反事实条件能否表达因果关系这一点上具有重要意义；它甚至在某些情况下是刘易斯的"标准的"反事实条件能否成立的关键。

豪斯曼举了这样一个例子。核电站的工程师们可能会关心这样的问题：

（1）如果蒸汽管会爆炸，那么有什么事情发生？

(What would happen if that steam pipe were to burst?)[12]

按照刘易斯的标准方案，工程师们是在关心如下这类反事实条件句的真值：

（2）如果蒸汽管会爆炸，那么核反应堆会随之关闭。

但是很有可能工程师们所关心的其实是后溯类型的反事实条件句：

（3）如果蒸汽管会爆炸，那么或者它有缺陷，或者（是因为）一个支架掉到上面，或者是发生了地震，或者是有阴谋破坏，或者是压力过强了[12]。

这是因为，蒸汽管爆炸所带来的后果，很可能取决于导致这一爆炸的原因。缺乏后溯类型的反事实条件句对爆炸原因的考察，笼统地判断式（2）的成立是不正确的。因为很可能存在着某些导致爆炸的原因（例如地震），在其影响下核反应堆并不会随之关闭。

更一般地说，后溯的反事实条件在所谓"多元联结"（multiple connection）因果性模型中是认识论上必要的："当 a 的某个原因 d 能够（或在 a 不存在时能够）不经由 a 而联结到 b，则 a 与 b 之间存在着'多元联结'。a 与 b 之间存在多元联结，当且仅当在此境况下对 a 类事件的控制不能把 b 从 a 的原因中屏蔽（screen off）出来。"[12]换句话说，在多元联结的情况下，b 就不仅因果地依赖于 a，同时还因果地依赖于 a 的原因；因此 b 并非反事实地依赖于 a——设定有关 a 类事件的反事实条件，只有首先通过后溯确定 a 的原因，才能反过来预测 a 的后果，正如我们在核反应堆的例子中看到的那样。所以，多元联结的模型表明，后溯类型在反事实条件与因果作用的关系问题上是绝对必要的；刘易斯在忽视这种必要性的前提下论证反事实条件的不对称性，恰恰体现出其理论的适用范围：他的反事实条件分析只是近似地刻画了非多元联结的因果作用[12]。

站在为刘易斯辩护的立场上，我们可以作出这样的回应：一个非多元联结的可能世界，较之于一个存在多元联结的世界更接近于现实世界。设现实中 t_0 时刻 C 发生，考察～C 成立的可能世界：在多元联结的情况中，对～C 之后果的预测需要首先后溯到某个在 t_0 之前发生的事件集 S，其中的每一事件均不同于现实世界；而在非多元联结的世界中，由于后溯不再必要，因而能够保证该可能世界在 t_0 之前与现实世界完全吻合。所以，根据前文的可能世界相似性标准②，很显然是非多元联结的情况更接近于现实世界。特别地，在决定论的前提下，后溯的反事实条件将导致可能世界中 t_0 之前的具体事实与现实完全不同，即便从直观上讲也难以支持这样的可能世界与现实世界的相似性。

对以上回应的再反驳可以从两个方面来做：①反驳作为其前提的可能世界相似性标准，这将是下一节论证的主要内容；②证明多元联结的因果模型所需要的仅仅是有限的而非彻底的后溯反事实条件，因而并不会带来可能世界与现实世界直观上的不相似。后溯类型之所以必要，只是因为在多元联结中事件 e 的后果不能屏蔽于 e 的原因；如果通过后溯达到了在 e 之前的某个事件 c，其后果并不能再因果地依赖于 c 的原因，那么我们实际上就已经达到了该多元联结的因果模型的边界，再进一步的后溯就不必要了。这样该可能世界在 c 之前仍是与现实世界吻合的，所以并不违反其与现实世界相似的直观。至于这个处在模型边界的事件 c，有关它的反事实条件如何能在可能世界发生，则完全可以像刘易斯那样诉诸奇迹；但在多元联结的模型之内，由于后溯已经改变了先前事件，因而将不再有任何"奇迹"。"由人们的目标所设定的语境连同因果关系，促使某个受到关注的'系统'被隔离出来；在这一系统之内，应该避免有任何奇迹发生。"[12]

（二）对可能世界相似性标准的反驳

刘易斯的可能世界相似性标准实际上已经蕴涵了他对于时间箭头问题的解答[10]，这两个问题其实是联系在一起的。上一节对反事实依赖之不对称性的反驳已经连带地对相似性标准提出异议：首先，"轮盘赌"的例子表明刘易斯容忍相似的可能世界中包含奇迹，但后溯对因果推理的必要性却要求隔离出一个避免任何奇迹的系统；其次，从相似性标准②来看，非多元联结的情况更类似于现实中的因果作用，但是核电站的例子却表明，多元联结并不比非多元联结更远离现实。这两条异议意味着存在颠覆刘易斯标准的可能性：摈弃他认为至关重要的前三条标准，而把他认为几乎不重要的第四条"保持个体事实的近似"作为主要的判别标准①。除后溯的必要性之外，这一可能性还可以得到如下论证。

首先，正是在"保持个体事实近似"的标准下，容忍奇迹的可能世界才能够被看做是"相似的"。"轮盘赌"的例子说明，"刘易斯觉得如下假设是'合理的'：一个到 T 时刻为止具有类似于我们的历史且在 T 时刻有奇迹发生的世界，相比于在 T 时刻没有奇迹但其先前历史也完全不同于我们的世界，是更类似于现实世界的"[10]。本奈特并不否认这一合理性（plausibility），但他认为这种合理性正是基于"保持个体事实近似"这一相似性的直观标准。而刘易斯却把这一点置于他的相似性标准的最末，这就使他容忍奇迹的主张缺乏理由。

其次，本奈特援引波洛克（John Pollock）的观点说，刘易斯标准中的②

---

① 刘易斯的标准与这一颠覆性标准的对立可以用前文尼克松的例子来澄清：从直观上说，一个发生了核战争的可能世界是与现实世界不相似的，它没有保证在"是否有核战争"这一重要事实上的近似；但是刘易斯着眼于不违背定律的原则，认为发生了核战争的世界也可以是与现实相似的，因为其标准④可以是完全不重要的。所以刘易斯的标准可能是反直观的。

和③是存在张力和矛盾的。前者要求"尽可能使完全吻合具体事实的时空区域最大化",而后者则强调使可容忍的奇迹尽可能为小。而波洛克认为,"奇迹发生的时间越早,它的意义和影响就越小;但另一方面,如果尽可能地使奇迹延后发生,那么与现实世界完全吻合的时间区域就越大"[10]。当然,支持刘易斯标准的人可以这样辩护:由于标准②优先于标准③,所以在实际判断哪个可能世界更接近现实时,应当先考察完全吻合现实世界的时空区域;只有当它们在时空区域上大小相同时,才会去考虑哪个包含的奇迹更小这样的问题。所以这里并没有什么不一致,但不可否认这两个标准的确是存在某种张力的。

最后,严格说来,并不存在某种绝对的、"前理论的"(pre-theoretical)相似性标准。这里的论证并不是为了颠覆刘易斯的标准,而重新把"保持个体事实的近似"树立为新的可能世界相似性标准;相反地,对刘易斯标准的反驳表明,所有的相似性标准都只是相对的。霍维奇指出,"相似的程度并不应该由直观的前理论标准来评价。进一步地,决定某个世界如何与我们现实世界相似的那些因素,其各自的相对重要性应该回溯到我们关于条件句真值的判断"[4]。换句话说,并非只有那些在相似的可能世界中成立的反事实条件句为真,而是那些使为真的反事实条件句成立的可能世界总是被设定为相似的——是相似性依赖于反事实条件句的真值,而不是相反。在尼克松的例子中,我们之所以设定一个发生了核灾难的可能世界更接近于现实,是因为已经接受了"如果尼克松按下了按钮,那么就会发生核灾难"为真;而在核电站的例子中,我们之所以认为多元联结的情况并不比非多元联结更远离现实,并在一定的系统之内拒绝奇迹,是因为反事实条件"如果蒸汽管会爆炸,那么核反应堆会随之关闭"在缺乏后溯的前提下可能为假。刘易斯的错误在于,相信我们能够在确定反事实条件句的真值之前,独立地确定可能世界之间的相似性。这看来是不可能的。

(三) 对因果作用之反事实条件定义的反驳

根据以上的两方面反驳,由于原因与结果之间的反事实条件依赖可以是对称的,并且作为反事实条件句之语义基础的可能世界相似性标准也不是确定的，因此，能否用反事实条件依赖来定义因果关系就很成问题了。这还只是聚焦于反事实条件句本身的问题作出的反驳。而问题的另一面是：即便刘易斯对反事实条件句的各种论证和规定性是站得住脚的，用反事实条件依赖来定义因果依赖也仍然是成问题的——并非所有符合反事实条件依赖的事件之间都具有因果依赖。

金在权[13]论证了四种符合反事实条件依赖的非因果关系：首先，反事实条件依赖可以是某种逻辑上的依赖关系，但逻辑关系显然不是因果关系。例如，"如果乔治没有在 1950 年出生，那么他就不会在 1971 年达到 21 岁"就是这种逻辑上的反事实依赖。其次，金在权指出，如果一个事件是另一事件的组成部分，那么这两个事件之间也有可能具有反事实依赖："如果我不是连续两次写了字母 'r'，那么我就不会写出 'Larry'。"再次，如果做一件事是做另一件事的必要步骤，那么这两个行动事件之间也会具有反事实依赖，例如"如果我不转动把手，我就不能打开窗户"，但金在权认为在"我转动把手"与"我打开窗户"之间并不存在因果关系①；最后是其他的满足反事实条件依赖却不满足因果依赖的决定关系。例如，根据交通规则，"交通灯在 t 时刻变为红色"决定了"我在 t 时刻停在十字路口"，并且后者反事实地依赖于前者，但二者之间并没有因果关系。

因此，一方面，反事实条件依赖对于因果依赖并不是充分的；而另一方面，满足因果依赖的未必满足反事实条件依赖，反事实条件定义对于因果作用也不是必要的。我们已经看到，多元联结的因果性模型就不满足刘易斯的反事实条件定义。除此之外，如果某一事件有两个以上各自都能独立地决定它的原因，那么这种"过度决定"的因果模型也不满足反事实条件依赖：两个原因中少了任何一个，该事件都照样会发生②。当然，承认反事实条件依赖对于因果作用来说既不充分也不必要，并不是否认反事实条件分析在刻画

---

① 这种说法可能是有问题的。但金在权[13]的理由是，"我转动把手"（my turning the knob）是"窗户被打开"（the window's being open）的原因，却不是"我打开窗户"（my opening the window）的原因。

② "过度决定"的因果作用，以及与其相关的"先发制人"（pre-emption）的因果模型对刘易斯的反事实条件分析也提出了挑战。限于篇幅，这里不能做进一步的展开。刘易斯的论证及其对批评的回应参见文献 [7]、文献 [3]；对刘易斯的批评参见文献 [4]、文献 [12]。

因果性方面的意义；但这的确表明，用反事实条件定义来提供的一种符合"休谟主义随附性"的因果性理论失败了。

三、我们能从反事实条件分析中得到什么？

本文对刘易斯因果性理论的分析乃是着眼于其作为"新休谟主义"的典型代表。刘易斯以非因果范畴的"反事实依赖"关系来定义因果关系，又试图用"可能世界相似性"和"过度决定的不对称性"等概念引入自然定律的模态范畴，从而为休谟主义的还原论进路辩护。于是，这一理论的失败也不能不具有某种意义上的典型性。它留给我们的反思或许更能启发出探索因果性问题的合理线索。

反思之一：从休谟主义还原论转向因果实在论。虽然新休谟主义者仍然有理由说，刘易斯理论的缺陷并不意味着整个还原论进路的失败，仍然可能存在着某种比"反事实依赖"更确当的概念来证明"休谟主义随附性"；但是，既然我们看到，反事实条件分析已经被设计得如此精巧、论证如此严密又如此符合新休谟主义的目标，却仍不免于根本上的缺陷，那么，我们也就有理由怀疑，在因果性问题的研究上采取还原论的态度是不适当的。刘易斯理论的所有问题都源自于用"反事实依赖"来定义"因果依赖"，然后他就不得不进一步说明：如何能在不诉诸对事件的因果知识的前提下，确认某个反事实条件成立与否？但往往更符合直观的是，对因果关系的知识其实正是我们判断反事实条件的依据：只有真正的因果定律才能支持相应的反事实条件句。当古德曼[14]首先提出反事实条件问题时，他所想的并不是找到了定义因果关系的工具，而是把它作为因果定律区别于"偶适概括"的重要特征。法因[9]和本奈特[10]也分别指出，对古德曼意义上的"反事实条件"的确认需要因果定律或"因果上可能的世界"概念。可以说，刘易斯的理论之所以会失败，是因为从概念上说，"因果性"可能要比"反事实条件"更基本。

其实这倒是一个颇有些代表性的现象：人们一再地证明，休谟主义者用来还原因果关系的概念其实并不比因果性本身更为基本。那么，何不反过来把"因果作用"设为实在的、不可还原的概念呢？这样，对因果性问题的研究就突破了实证主义的偏见，从还原论转向了实在论立场。对于这一转向的必要性，图利[15]从因果定律和因果关系两方面给出了细致的论证。他指出，因果作用的实在论立场仍然包含两条基本的研究进路：一是如安斯康姆[16]所主张的，认为因果关系是可直接观察的，我们对原因的知识并不需要哲学分析；另一条则认为，"因果概念是理论概念，因此因果关系只能被间接地刻画为满足某种恰当理论的关系"[15]。因此，后者在承认因果作用不可还原的前提下，仍然坚持概念分析的必要性。例如，从概率的角度刻画因果性并不是要把因果关系还原为概率依赖，而是以此为工具，提供出对因果作用的"有用近似"[12]。这是今天研究因果性问题的主流方向。

反思之二：从定律的、命题的因果观念转向实验的、操作的因果观念。从休谟把因果性还原为经验观察的律则性开始，还原论者一直是从定律的、命题的视角来研究因果性。典型地，刘易斯所做的就是为反事实条件句构思出一套精巧的语义模型，使得所有因果作用的特征（例如不对称性等）都能仅仅从"质的安排"上定义出来。这种因果观念有两个极大的缺陷：首先，因果的定律、命题在语义学上为真，并不能保证它所刻画的因果关系就是实际存在的唯一类型。豪斯曼的核电站例子表明，后溯的反事实条件虽然被刘易斯的语义模型忽视，但却可能在实际的因果推理中发挥重要的作用。因此，从命题真值条件的角度入手考察因果性，往往不能涵盖因果性所有的实在维度①。其次，语义形式上的规定性并不能为因果性提供充分的定义。原则上说，总可以找到这样的反例，使其一方面满足还原论者对因果性语义形式的规定，另一方面自身并不是因果关系。金在权举出的四种反例例证了这一点。所以总的来说，定律的、命题的因果观念既"太窄"又"太宽"，对于因果性问题的研究来说并不是一个合适的逻辑起点。

豪斯曼之所以能发现后溯反事实条件的必要性，是因为他并没有像刘易斯那样，把反事实条件仅仅看做需要确证的命题，而是把它作为操作性预测

---

① 这当然不是否认从语义学上刻画因果性概念的价值，而是说"从语义学上入手"有其局限性。如果我们像刘易斯那样，从一开始仅仅着眼于因果定律之真值条件的考量，那么就很可能忽视实在中因果关系类型的丰富性。反过来，如果直接从实在的因果关系入手，那么就很可能发现，原先设想的"必然的"语义模型仍是有弹性的。例如，豪斯曼也指出，即便从语义学上看，包含后溯类型的可能世界也并不离现实世界更远[12]。所以语义学考量应该在尊重因果性的实在维度的前提下进行。

的依据。"反事实依赖的知识应该在我们对未来之事的期待中得以反思。"[12]
从实验的、操作的视角来看反事实条件，就要比刘易斯的进路更能包容因果性的实在维度。哈金[17]主张，理论实体只是当其能作为实验操作的工具时，其实在性才得以确认。由于因果性在实在论意义上就是理论概念，所以操作实在论对于因果关系而言同样适用。卡特赖特认为，概率只有与具体情境中产生或抑制结果的操作相关联，才能对推论因果关系的存在有意义；由此她批评先前的概率性因果理论是"无情境的"（non-contextual）[18]。而这就意味着，因果关系正是在其产生预测并指导有效策略的选择的意义上，才是实在的。所以卡特赖特强调，要把对因果性的形而上学、寻求因果性的方法以及对因果关系的应用三者的研究结合起来："把一套关系表征为因果的，应该允许我们作出这样的推论，使我们能把原因应用为产生结果的策略。"[19]笔者认为，相对于定律的因果观念而言，这是更为合理的替代性选择；它和因果实在论共同为更有成效的因果性研究提供了线索。

反思之三：因果定律的有效性依赖于模型或"律则机器"。从豪斯曼的反驳中暴露出的另一个问题是，刘易斯的理论缺乏有限的因果系统或模型的概念。豪斯曼表明，包含后溯反事实条件的因果推理需要一个被隔离出来的无奇迹的系统[12]。而刘易斯认为，后溯将导致可能世界与现实完全不相似，不如允许奇迹的代价来得小；但他没有看到，我们总是在具体情境模型中应用自然定律的，从来都不需要作无穷的后溯推理，因为定律可能并非普遍适用。卡特赖特论证说，很多被认为普遍适用的物理学定律也是要在某些"其余情况均同"（ceteris paribus）从句下才是有效的；她后来更是进一步提出了"律则机器"（nomological machine）的概念，"它是组分或要素的（充分）固定安排，有着（充分）稳定的能力，该能力在适当的（充分）稳定的环境中，将通过重复运作来产生我们用科学定律表达的规则行为的种类"，因此定律"只是相对于律则机器的成功的重复运作而成立"[20]。从实验的、操作的因果观念来看，这一点是显然的：实验室对诸实验要素的特定安排都是自然环境中所没有的；而对命题语义条件的考察则不关心实际操作对定律有效性的影响。

反思之四："因果作用：一个世界，众多情形"。这是卡特赖特一篇文章的题目，它表明因果多样性才是我们这个世界的现实。安斯康姆以维特根斯坦式的语气写道，获得关于因果性的知识就是"学会如何用语言表征、应用一群因果概念"[16]。"原因"实在是一个过于笼统的词，还有很多动词从不同方面共同组成了有关因果性的语言游戏，却很难有一个普遍适用的定义。我们已经知道，刘易斯的理论只是就其声称给出对因果性的一般定义而言是失败了，但它仍不失为对"非多元联结"情况的因果作用的合理近似。根据卡特赖特[18]的分析，其实不仅是刘易斯的理论是这样，几乎所有到目前为止涌现出来的因果性研究成果，都只是在一定范围内对刻画因果作用是有效的，尽管它们各自都声称表达了因果性的本质特征。所以她总结道，"因果作用并不是一个整块的概念，它的正确用法也没有某个所谓的'因果关系'提供支持。抽象术语'原因'指认了各种各样的不同类型的关系，这一术语根据其目的的不同，而有着各种各样的却又都是正确的用法，其中几乎没有什么共同的实质内容"[18]。在因果多样性的现实下，像反事实条件分析这样的刻画仍然是很有意义的，它澄清了"原因"的某一类具体用法所应该满足的条件；只是我们应该意识到，这并不是也不应该是因果性的全部。

参 考 文 献

[1] Sosa E, Tooley M. Causation. Oxford：Oxford University Press，1993：2.

[2] Armstrong D. What is a Law of Nature? New York：Cambridge University Press，1983：4.

[3] 休谟. 人性论（上册）. 关文运译. 北京：商务印书馆，1996：91.

[4] Hempel C. Aspects of Scientific Explanation and Other Essays in the Philosophy of Science. New York：Macmillan，1965：267.

[5] Lewis D. Philosophical Papers. New York：Oxford University Press，1986：X，199-212.

[6] Horwich P. Lewis's programme//Sosa E，Tooley M. Causation. Oxford：Oxford University Press，1993：208-216.

[7] Lewis D. Causation. Journal of Philosophy，1973，70：556-567.

[8] Lewis D. Counterfactuals. Oxford：Blackwell，1986：8，85，75.

[9] Fine K. Review：critical notice. Mind，1975，84：451-458.

[10] Bennett J. Counterfactuals and temporal direction. Philosophical Review，1984，

93：57-91.

　[11] Lewis D. Counterfactual dependence and time's arrow. Noûs，1979，13：455-476.

　[12] Hausman D. Causal Asymmetries. New York：Cambridge University Press，1998：122，128，126，263-267，58-59，120，126，125.

　[13] Kim J. Causes and counterfactuals. Journal of Philosophy，1973，70：570-572.

　[14] Goodman N. The problem of counterfactual conditionals. Journal of Philosophy，1947，44：113-128.

　[15] Tooley M. Causation：reductionism versus realism//Sosa E，Tooley M. Causation. Oxford：Oxford University Press，1993：172-192.

　[16] Anscombe G. Causality and determination//Sosa E，Tooley M. Causation. Oxford：Oxford University Press，1993：88-104.

　[17] Hacking I. Representing and Intervening. New York：Cambridge University Press，1983：265.

　[18] Cartwright N. Nature's Capacities and their Measurement. New York：Oxford University Press，1989：132-135，44.

　[19] Cartwright N. Hunting Causes and Using Them. Cambridge：Cambridge University Press，2007：46.

　[20] 卡特莱特. 斑杂的世界：科学边界的研究. 王巍，王娜译. 上海：上海科技教育出版社，2006：59.

可操控性因果概念及其社会科学哲学意义 *

　　近代以来对因果性概念的哲学追问起于休谟。他认为，因果关系并无保证其有效的外部基础，实际上人们只不过是对不同事件之间的接续关系有重复经验而已。广义上说，"休谟主义"即是指那种认为应该把因果性还原为"经验观察到的律则性"（regularity）的观点。20 世纪初，逻辑实证主义者扯起"反形而上学"的大旗时，他们意识到自己是在延续休谟的道路：律则性理论正是从因果性哲学中剔除形而上学呓语的锋利的"奥卡姆剃刀"。罗素甚至极端地认为，连"因果"这个概念本身也是旧形而上学的余孽，应当从科学语言中消失，而代之以对"函数关系"的谈论。亨普尔则指出，科学中的因果说明也只是更为普遍的"演绎-律则"说明的具体形式，即也要通过应用定律作出说明。

　　然而，这种激进的经验唯名论、还原论倾向是很有问题的。真正的科学定律是支持反事实条件句（counterfactuals）的，而律则性理论却不能有效地把这种真正的自然定律与偶适概括区别开来。因果定律由于具有"自然的必然性"意义，就无法完全还原为经验律则性。刘易斯（David Lewis）试图把支持反事实条件句所要求的必然性完全定义在非因果意义的存在上，使律

---

　　* 本文作者为徐竹，原题为《"介入之下的不变性"——论可操控性因果概念及其社会科学哲学意义》，原载《自然辩证法研究》，2011 年第 3 期，第 18～24 页。

则性理论囊括这种模态范畴，从而捍卫休谟主义观点；然而，他给出的理论也没能自圆其说，反而引发了人们对律则性理论更大的质疑[1]。不过，由于构造反事实条件往往意味着假想一种经由该因果关系的操作，因此，反事实条件理论也促使人们开始关注因果性与可操控性（manipulability）之间的关系。这是本文要着力探讨的方向。

一、因果性与可操控性

从可操控性的角度来界定因果性，其初衷是源自于这样一个简单的直观：如果 X 是 Y 的原因，那么我们可以通过改变 X 的值来改变 Y，却不能由改变 Y 来改变 X[2]；由于因果关系的不对称性①，我们可以经由原因来操纵结果，却不能反其道而行之。运用这一标准，我们就有可能从纷繁芜杂的概率依存关系中识认出真正的因果关系：大气压强的变化与气压计读数之间存在着共变关系；假设我们实际地改变了大气压强②，那么气压计的读数也肯定随之而改变；相反地，如果我们人为地改变气压计的读数——例如，把气压计摔坏，却并不能由此真正地改变大气压强。因此气压的变化是气压计读数的原因。

这一视角在有关因果性的哲学讨论中常被冠之以"因果作用的能动性（agency）理论"，柯林伍德（R. Collingwood）和冯·赖特（G. von Wright）等人是这一进路的代表。更为晚近的是门齐斯和普赖斯的工作，他们把能动性理论的核心论旨概括如下："如果对一个自由的能动者（agent）而言，造成事件 A 是使事件 B 发生的有效手段，那么事件 A 就是事件 B 的原因。"[3]这一论旨体现出能动性理论的两个基本特征：一是人类中心主义（anthropocentrism），自然界的因果关系需要通过能动性，亦即人类的自由行动的能力

---

① 为了论述简便，这里暂不考虑互为因果的情况；因为，互为因果可以被看做是对在单向因果上得出的结论的扩展。

② 这里的"假设"是在反事实条件的意义上讲的。为了检验气压变化与气压计读数之间的因果关系，我们既不需要实际地使气压发生改变，甚至也不需要真的具有改变气压的能力；只要气压的改变"原则上"是有可能被人为干预实现就行了。这里提示出可操控性因果理论需要以反事实条件概念为前提。

来得到理解；二是还原论纲领，即试图用非因果意义的存在来定义因果关系。因此，能动性理论对下面两个问题的解答决定着其成败：①处在人类能动性范围之外的、不可被操纵的原因如何能得到理解？②被用来定义因果关系的能动性是否本身不再具有任何因果意义？

门齐斯（P. Menzies）和普赖斯（H. Price）认为，"成功地造成某个事件"是人们固有的一种直接经验，获得这一概念不需要任何先天的因果性预设，因此用它来还原因果性不会产生循环定义；而对于那些不可操纵的因果关系，他们的建议是将其类比到某个处于人类能动性范围之内的"相似"的境况，然后再运用能动性理论间接地获得理解。这一理论解决的弱点是显而易见的。首先，类比推理的有效性是深受质疑的。例如，伍德沃德（J. Woodward）指出，用来表征自然现象的小尺度模型往往不能正确地反映实在的因果特征，因为被模型忽略掉的东西很可能在大尺度的因果机制上具有决定性的意义；其次，必须注意到可操作的原因是与非因果的能动性相联系的，那么它们如何能与不可操作的因果关系"相似"呢？在何种意义上相似呢？伍德沃德认为，要说明这一相似性，似不能不用到具有因果意义的概念，而这又使得先前对能动性因果概念的非循环性的论证归于无效[4]。由于这两个根本问题没有得到有效解决，所以因果作用的能动性理论看来并不是一条有意义的研究进路。

但这一理论的失败毕竟留下了诸多有益的启示。首先，可操控性的概念是合理的，把关注点放在操作者的能动性上却是错误的，因为"自由行动"就其概念自身而言并不必然与因果性相关；而一种更为客观的、非人类中心主义的可操控性因果理论所关心的仅是原因变量被改变、介入（intervention）和干预，不管这种介入是不是由人类行动造成的。其次，"成功"与"不成功"总是相对于人类目的而言的，在非人类中心主义的视角下并无此概念，而只是强调结果变量"随着"原因变量的改变而改变，其特定的"跟随"模式在对原因变量的介入下保持不变。最后，可操控性因果理论并不必然要接受还原论纲领，但它仍然要力图避免让刻画因果性的概念与因果性本身陷入概念之间的恶性循环。

这样笔者已经大致勾勒出了所谓"介入主义的可操控性因果理论"，豪斯曼（D. Hausman）和伍德沃德是它的主要倡导者。他们采取非人类中心主义的视角，并不是要把因果性还原到非因果的存在上去，而是刻画为介入之下的不变性[4]。显然这里需要澄清"介入"与"不变性"的概念，这是以下两小节的任务。

二、介入的概念

与很多哲学概念一样，"介入"有着诸多复杂的面向，在不同的语境中，对它所作的概念澄清也往往大异其趣。在这里，从可操控性因果理论的角度对"介入"所作的理解，就与新实验主义、科学实践解释学的"介入"概念[5]很不相同；因为后者是把它置于和"表征"相对照的语境中理解的，焦点在于介入之非表征性的意义；而前者设定的语境则是使其与"人类中心主义"的视角相互反对，重点在于刻画出无"操作者"之"操作"。

如果仅关注于原因变量的改变，而无关乎其是否由能动性所导致，则"介入"也就丧失了某种特殊性，而沦为能够决定该原因变量的"另一个"变量，姑且称之为"介入变量"。由此"介入"概念的澄清端赖于"介入变量"的逻辑意义。伍德沃德正是由"介入变量"来定义"介入"[4]的：

I 是 X 相对于 Y 的介入变量，当且仅当 I 满足下述条件：

(IV)

I 1. I 因果地导致 X。

I 2. I 的作用对其他因果地导致 X 的变量来说就是一个开关。简言之，当 I 取某些特定的值时，X 就不再取决于其他原因变量的值，而完全只取决于 I 的值。

I 3. 任何从 I 到 Y 的有向路径①都经由 X。也就是说，I 并不直接因果地导致 Y，也并不因果地导致除 X 之外的 Y 的原因；当然，例外的情况是，如果这些除 X 之外的 Y 的原因本身就在 I-X-Y 这一路径上，那么 I 也是它们的原因。这种例外的情况有两类：

(a) 任何既是 Y 的原因又是 X 的结果的变量（亦即因果地居于 X

---

① "有向路径"是因果贝耶斯网方法的概念，这里可以近似地理解为"因果链条"。

与 Y 之间的变量）；（b）任何居于 I 和 X 之间的 Y 的原因，且它们不能独立于 X 而对 Y 施加影响。

I 4. 对于任一变量 Z，如果 Z 因果地导致 Y 但并不经过包含 X 的有向路径，那么 I（在统计上）独立于 Z。

······

在介入变量的概念前提下，介入可以被定义如下：

（IN）I 的某项取值 $I=z_i$ 是对 X 相对于 Y 的介入，当且仅当 I 是一个 X 相对于 Y 的介入变量，且 $I=z_i$ 是 X 取值的实际原因。

不难看到，尽管 IN 才是对"介入"的定义，但其实它的主要特征都是在 IV 中刻画的：每一项具体的介入不过是对介入变量取不同的值而已。I1～I4 可以看做是从非人类中心主义视角对"操作"的刻画，下面逐一分析其必要意义。

I1 是说，介入变量必须要能因果地导致待检验的原因变量（或可称之为"准原因变量"）。这似乎是显然的，如果介入项与被介入项之间不存在因果关系，那么任何所谓的介入、干预就都无从谈起。但是也必须注意到，承认这一点就意味着必须彻底放弃还原论纲领，因为这表明"介入"本身也是具有因果意义的概念，用这一概念对因果性的刻画就不可能是向非因果存在的还原[①]。

I2 进一步表明，介入变量不仅要能因果地导致"准原因变量"，而且还必须具有"原因唯一性"，即是说能够使原因变量仅仅取决于介入变量的值，而独立于该原因变量的任何其他原因。"开关"的隐喻意即在此。因为"介入"便意味着"中断"，介入变量的影响必须要足够大，以使得被介入系统的某些内生因果关联被迫打断，被介入项完全受介入变量的值决定，并将这一影响进一步传递给它的结果。这的确是"介入"的应有之义，舍此甚至称不上是一种"操作"。

I3 涉及一些更为复杂的因果性概念。如果介入变量对"准结果变量"的

---

① 与还原论纲领相反对的是因果实在论，即认为因果定律、因果关系不能还原为非因果意义的存在，因果性本身就已经是最基本的概念。伍德沃德认为可操控性因果理论应该具有实在论承诺。

因果影响实际上并不经过"准原因变量"，那么即便在介入下 Y 的值确实发生了改变，也不能由此说 X 就是 Y 的原因。考虑"安慰剂"的例子：医生对病入膏肓的病人常会开一些安慰剂，这些药品本身对病情并无实质帮助，但经病人服用后却的确能收到改善之效；我们当然不能由此说这些安慰剂能治病，因为"服用安慰剂"这一介入变量能产生"改善病情"（准结果变量）的效果，并不是通过"药效"（准原因变量）来实现的，而是由于服药给予病人的心理上的慰藉促使病情延缓。由此可见，如果是为了检验变量之间的因果关系，则必须保证介入变量与准原因变量、准结果变量处于同一个因果链条上。

I4 条件表明，介入变量既不能作为这样一些变量——它们处于被介入的系统之内，能够不经过准原因变量而影响准结果变量的结果；也不能和这样的变量有共因。由于 I3 已经说明，对于那些处于被介入的系统之内且又和准原因变量、准结果变量在同一个因果链条上的变量来说，介入变量都是它们的原因；那么综合起来可以推论得出：没有任何被介入系统之内的变量能因果地导致介入变量，介入变量也不与任何被介入系统之内的变量有共同的原因。在经济学模型中有所谓"内生（endogenous）变量"与"外生（exogenous）变量"的区分，介入变量对被它介入的系统而言就是纯粹的外生变量[4]；它能够对被介入系统施加因果的影响，而本身却并不受来自该系统的变量的影响。应该说介入变量的这个特质也是符合直观的：在"外"者才能"入"。任何操作的着眼点始终应当是系统的外生变量。

显然，以上对"介入"概念的刻画是非人类中心主义的，四个条件的规定性完全着眼于系统的内生变量与介入变量的关系，而没有预设任何人类的能动性。它们也是非还原论的，用来刻画"介入"的仍然是具有因果意义的概念。但是，非还原论的刻画也仍然要避免概念的恶性循环：既然可操控性理论要用"介入"来刻画因果性，而"介入"本身又要用因果性来刻画，这是不是一种循环定义呢？伍德沃德认为，这里的确存在着循环，但它并不是"恶性的"：我们试图用介入来检验的是准原因变量与准结果变量之间的因果性，而用来刻画"介入"的却是介入变量与被介入系统的诸多内生变量之间的因果性——我们并没有用待检验的因果性反过来再刻画"介入"[4]。毋宁说，可操控性因果理论表明，在现实中我们并不是从非因果意义的信息中获得因果知识，而只有在已知因果知识的背景下才能推断出新的因果关系。例如，实验操作也只是在大量因果信息背景下才能揭示出未知的因果关系。

三、不变性的概念

如前所述，可操控性理论要求结果变量对原因变量的"跟随模式"在介入下保持不变。在实际的因果推理中，"跟随模式"常常表现为包含结果变量与原因变量的结构方程组。下面对"不变性"（invariance）概念的阐释就以此为背景，这里借用豪斯曼和伍德沃德已经分析过的例子：

$$Y = aX + U \tag{1}$$
$$Z = bX + cY + V \tag{2}$$

把式（1）代入式（2），可以得到：

$$Z = dX + W$$

其中，$d = b + ca$，$W = cU + V$。 (3)

假设由式（1）和式（2）构成的方程组是对实在因果结构的正确表征，那么它所表达的是变量 X、Y、Z 之间的因果关系；U、V 被称为"出错项"（error term），代表所有未被明确表示出来的其他原因；a、b、c 是参数，它们具体刻画了结果变量对原因变量的"跟随模式"。因此所谓"不变性"也就体现在当变量 X、Y、Z 的值被介入改变时，方程组参数仍保持不变。

称式（1）是结构方程，意即方程右边是左边变量的原因。可操控性因果理论认为，"X 因果地导致 Y 的一个充分条件是，在一定范围内对 X 的介入伴随着 Y 的改变"[2]。如果在一定范围内改变自变量值的介入下，方程仍然保持不变，那么豪斯曼和伍德沃德[2]就称该方程是"水平不变的"（level invariant）。具体到式（1）来说，当 X 的值被介入改变时，参数 a 不变，那么它就是"水平不变的"。这是第一种意义的"不变性"。

现在将式（1）和式（2）合起来看，Y 在式（1）中是因变量，却又是式（2）的自变量；考虑 Y 的值在一定范围内被介入改变，那么根据上一节的 I2 条件，Y 将仅仅受介入变量的影响而完全独立于 X，则此时方程（1）已经被破坏，而式（2）如果要保持不变，则它就需要独立于方程（1）被改变这一情况，亦即参数 b、c 要独立于 a。这里就要求比"水平不变性"更强的不变性条件，它要求当结构方程组中的某个变量在一定范围内被介入改变时，只有以这个变量为其因变量的那些结构方程被破坏、改变，而所有其他方程都保持不变。这就是豪斯曼和伍德沃德[2]所说的"模块性"（modularity），满足这一条件的结构方程组就被称为一个"模块"（modular）。

模块性的要求并非不足道（untrivial）。尽管式（2）与式（3）在运算结果上是等价的，但它们所表征的因果结构殊异：在式（3）中，Y 完全被消去，只有 X 是 Z 的原因；然而当式（1）被破坏时，式（3）却无法保持不变，因为参数 d 不能独立于 a。因此，如果方程组（1）～（2）满足模块性条件，则式（1）～式（3）必不能满足，根据可操控性理论，表征真实因果关系的就应该是式（1）～式（2），而非式（1）～式（3）[1]。

综合起来，豪斯曼和伍德沃德给出了关于介入之下的不变性的一般规定（MOD）[2]：

> MOD 对变量集 V 的所有子集 Z 来说，Z 中的变量值存在着某个非空的值域 R，如果在 R 的范围内介入并设定 Z 中变量的值，则除了那些以 Z 中的某个变量为其因变量（如果有一个的话）的方程之外，所有方程都保持不变。

对于这一"不变性"概念还需要作几点说明和评论。首先，MOD 既蕴涵了模块性条件，也蕴涵了水平不变性的意义。它蕴涵模块性条件是显然的，毋庸赘述；而对于那些以 Z 中的变量为其自变量的方程来说，按照MOD，它们也是需要保持不变的，这正是水平不变性的意义。

其次，必须注意到这一"不变性"始终是有限范围之内的不变性。不论是在水平不变性还是在模块性的意义上，都明确强调了是"在一定范围"内介入、设定变量的值，而不是说方程在任意程度的介入下都绝对保持不变。例如，在一定范围内对弹簧长度的介入改变能够检验其与弹簧恢复力之间的

---

① 这个结论当然不是绝对的，因为这是在我们假设式（1）～式（2）满足模块性的前提下作出的；相反地，如果我们假设独立于 a 的是 d 而非 b、c，那么满足模块性的就是式（1）～式（3）了。正如豪斯曼和伍德沃德所说，我们不能仅从方程组的"句法形式"上判断它是不是模块，决定它能否满足模块性条件的仍然是介入之下发生的事实。参见文献 [2]。

因果关系；但如果介入的程度足够强，原有的不变性关系就可能被破坏，因而也就不再存在因果关系[2]。这一观念对社会科学的方法论讨论有十分重要的意义。

有趣的是，不变性概念的"有限程度"意义反过来引发了对"介入"概念的讨论。卡特赖特认为，伍德沃德的"介入"概念并没有排除模块性的丧失：它可以在改变被介入的因果机制的同时，也破坏了其他的因果机制。所以她建议对"介入"再作一项规定，即对 X 的介入使得"除了那些以 X 为结果、或以 X 的原因为原因、以 X 的结果为结果的定律之外，所有因果定律都保持不变"[6]。这一规定将会使 MOD 变成虽真却不足道（trivially true）的东西，因为它所主张的不变性本身就蕴涵在"介入"概念之中了。但这里的问题在于，它把"以 X 的结果为结果"这样的信息置于介入的前提之中，而介入的目的恰恰在于检验准结果变量究竟是不是 X 的结果，所以这样做有重新导致概念循环或乞题（begging-question）之嫌[7]。

最后，模块性要求方程（1）被介入破坏时，方程（2）的参数不受其影响，这实际上就是要求方程组的每个结构方程各自表征着相互独立的因果机制[4]。从直观上说，因果性概念本身似乎并不必然包含此种要求；然而从可操控性的视角来看，因果机制若不是相互独立的，则很难保证操作能不受干扰地实现。这一观念对可操控性因果理论提出的问题是根本性的，它贯穿于一般的因果概念和具体的因果推理方法，并事实上决定了这一理论的适用范围和有效性边界。

四、社会科学的定律与因果说明

反事实条件、因果性、定律本质与科学说明，这是经典科学哲学中相互联系、密不可分的永恒主题。亨普尔从实证主义的"律则性"理论来刻画因果性概念，从而认为社会科学与历史学中的说明也是应用定律的；但社会科学的定律无不是有例外存在的，且其所提供的大部分"说明"，在亨普尔看来都算不得真正的科学说明，而至多只是"说明概要"。因此，若依严格的实证主义标准，社会科学中并无真正的定律与科学说明。现在，既然这种主张"在一定范围内的介入下保持不变"的可操控性视角重新刻画了因果性概念，它也一定在定律本质与科学说明的概念上提供了不同于亨普尔的观念；笔者试图论证的是，可操控性的因果理论，较之于实证主义的观点，在刻画社会科学定律与说明的方面具有明显的优越性[8]。①

这种优越性在相当意义上源于不变性的"有限程度"概念。既然根据可操控性理论，所有因果定律都只是在"一定"程度的介入下保持不变，那么究竟在"多大"程度上保持不变，就可以作为该定律所具有的说明力的量度，亦即应用该定律的因果说明所具有的深度②。这样就为不同理论法则之间的比较、评价提供了方法论标准。

一个典型例子是经济学中卢卡斯对菲利普斯曲线的批判[9]。菲利普斯曲线是凯恩斯主义宏观经济学模型的代表，它表明在其余情况均同的条件下，失业率与通货膨胀率呈现负相关关系。这一模型曾被西方国家经济政策的制定者奉为圭臬，通过拉高通货膨胀率来降低失业。但这一策略却在 20 世纪 70 年代失效，高通胀率与高失业率并存，经济陷入滞胀状态。这表明原有的相关关系并没有在新的介入下保持不变。卢卡斯所提供的解释是，"经济人在部分信息下的短期行为，不同于完全信息下的长期行为"[10]。人们在短期行为中容易被通货膨胀造成的名义工资上涨所迷惑，此时应用菲利普斯曲线的介入就是有效的；但从长期来看，消费者和厂商对价格与工资的预期都是理性的，最终会破除"货币幻觉"，"随之整个菲利普斯曲线将发生移动，于是沿着原曲线增加就业的努力受挫"[10]。可见，卢卡斯从个人选择和理性预期的角度，不仅解释了宏观经济变量——例如通货膨胀率、失业率之间的相关关系保持不变的原因，也解释了其在新的介入下被破坏的原因；所以较之于凯恩斯主义的宏观经济定律，他所运用的经济人理性选择定律就具有更大程度的不变性[4]，因而也就具有更大的说明力。

对卢卡斯的例子还有几点需要说明的地方。

首先，在可操控性的视角下，理性选择定律也只是不变性范围更广、鲁棒性（robustness）更好一些而已，它也并不是在任何介入下都绝对不变的。

---

① 当然这并不等于主张"可操控性"概念对于刻画因果关系的唯一合理性。

② 伍德沃德指出，实际上比较因果定律之间的不变性程度，并不纯粹是一个量的问题，还要看它们是不是在科学家们关心的方面保持不变的，这就因具体学科领域不同而各异了。例如，经济学定律可能在生物学层面是很难保持不变的，但这对于经济学家显然是无关紧要的。参见文献［4］。

例如，在有些实验中就会出现使理性选择定律失效的"偏好逆转"（prefer-ence reversals）的情况[11]。这就表明，满足不变性要求的定律未必符合实证主义对自然定律的"无例外性"要求。社会科学的"定律"大都是有例外情况存在的，若要采用实证主义标准，则必然认为"社会科学并无真正的定律"。然而这并非社会科学发展落后的标志，反而是实证主义观[4]点不足以刻画社会科学定律的明证。而可操控性理论不仅包容了例外的存在，而且在此前提下也仍然给出了方法论评价的标准，因而是一种更有教益的社会科学哲学。

其次，可操控性理论对社会科学定律与因果说明的理解，必须与"其余情况均同"（ceteris paribus，CP）的概念区别开。在上面的例子中，菲利普斯曲线所表达的负相关关系只有在其余情况都相同的前提下才成立。CP定律的概念可以看做是实证主义的律则性概念面对社会科学的妥协，然而却又弱化太多：首先，CP从句是不精确的，什么时候满足、什么时候不满足仍是不清楚的，且似乎只有在理想状态下才能完全达到CP要求，因而它虽然证明了社会科学有定律，却是以牺牲"定律"的实质意义为代价的；另外，CP定律概念试图把社会科学定律界定为"软性"定律，以区别于严格无例外的、无CP从句的物理学定律[12]。但这一区分很可能是虚假的，因为真正不含任何CP从句的定律即便在最精确的物理学中也是凤毛麟角。

CP定律概念的本意在于解释社会科学的定律如何在有例外存在的情况下仍能提供说明，但只要它仅是对律则性概念做小修小补，它就不能成功。实证主义的错误在于认为社会科学定律的说明力也来自于其某种程度上的——或多或少的——普遍性；实际上，对经济学家们来说，关键的问题并不是菲利普斯曲线在何种程度上是普遍的、无例外的，而是在如此这般假设的政策干预下，它所表述的关系能否仍然成立[4]。所以，透过立足于反事实条件和可操控性视角的科学说明概念，CP定律所真正想表达的东西才能从其不合时宜的实证主义语境中被拯救出来。

还有一种CP定律概念的解释本质上超越了实证主义：在CP前提下成立的相关关系可以看做是从某个复杂整体的因果网络中隔离出来的部分机制。皮多斯基和雷认为，CP定律只有在从其他独立存在的因素中抽离出来的封闭系统中才成立[13]。金凯德论证说，社会科学的CP定律之所以能提供说明，是因为它们找出了实际发挥着影响的"趋势"（tendency）[14]。这其实是一种耳熟能详的观点。小穆勒早在19世纪就指出，经济学定律所表述的只是复杂因果过程中的趋势，而非全部原因[15]。卡特赖特则从CP定律的普遍性出发，将这一解释发展为一般的因果性形而上学："能力"（capacity）和"本性"是比因果定律更为根本的、真正实在的东西，众多不同的能力、本性只有被整合到"律则机器"（nomological machine）中才可能表现出实证主义所关心的律则性①。

这一"趋势实在论"解释是与可操控性理论相融贯的：如果对X的介入能有效地改变Y，那么根据外展推理（abduction）可知，X应在存在论上具有影响Y的能力。但可操控性理论并不认为能力、本性是超越于定律的形而上学存在，而是主张从反事实条件的角度重新理解能力与定律之间的相互依附关系。能力、本性不能不随附（supervene）于定律而存在，亦不能脱离具体的经验检验条件而存在。因为可操控性视角的非还原论特征表明，所有因果推理都不能不基于有关变量之间的因果关系、概率相关关系的背景知识展开；而在任何具体推理中，背景知识总不可能是完全充分的。因此每增添一项背景信息就有可能彻底推翻先前被认为确定无疑的推理，所有已经被确认的因果关系都不能免于进一步的修正甚至颠覆。

因果推理的这一不确定性表明，我们不能纯粹先天地界定因果性的形而上学；但还原论纲领的失败又说明，我们也不能纯粹经验地把因果性界定为观察到的律则性。因此，"我们有一个问题需要解决，这就是如何使卡特赖特的观点与罗素的观点相互妥协——前者是主张因果作用在有效策略理论中的必要性，后者则强调因果概念在物理学中的作用是有限的。这可能就是因果作用的形而上学中的核心问题"[18]。合理的因果性概念只能走极端的实在论与极端的经验论之间的中道。笔者认为，可操控性的因果理论正是循此中道而行的。

---

① 卡特赖特认为，"CP，C因果地导致E"的意思是"C具有产生E的能力"，只是由于其他能力的干扰（即CP条件不满足），C可以不表现这一能力。参见文献[16]，第4章。实验探究其实是聚集实在的本性、搭建律则机器的过程，定律是在这个过程中被"拼凑"而非"发现"的。在社会科学方面，她的"律则机器"主要是由研究所采用的模型提供的。参见文献[17]，第4章。

参考文献

［1］徐竹. 因果性的反事实条件分析：大卫·刘易斯及其批评者. 自然辩证法通讯，2010，(5)：1-8.

［2］Hausman D，Woodward J. Independence，invariance and the causal markov condition. The British Journal for the Philosophy of Science，1999，50 (4)：533-545.

［3］Menzies P，Price H. Causation as a secondary quality. The British Journal for the Philosophy of Science，1993，44：187.

［4］Woodward J. Making Things Happen. New York：Oxford University Press，2003：125，242，98，96，104-105，328，262，264，228，264.

［5］吴彤. 科学实践哲学视野中的科学实践. 哲学研究，2006，(6)：85-92.

［6］Cartwright N. Hunting Causes and Using Them. Cambridge：Cambridge University Press，2007：101.

［7］Hausman D，Woodward J. Manipulation and the causal markov condition. Philosophy of Science，2004，71：850.

［8］徐竹，吴彤. 科学哲学中的社会科学因果性争论述评. 哲学动态，2008，(11)：76-81.

［9］Lucas R. Econometric policy evaluation：a critique//Lucas R. Studies in Business-Cycle Theory. Cambridge：MIT Press，1982：104-130.

［10］吴易风，王健，方松英. 市场经济和政府干预：新古典宏观经济学和新凯恩斯主义经济学研究. 北京：商务印书馆，1998：142，141.

［11］Steel D. Methodological individualism，explanation，and invariance. Philosophy of the Social Sciences，2006，36：440-463.

［12］Armstrong D. What is a Law of Nature? New York：Cambridge University Press，1983：147.

［13］Pietroski P，Rey G. When other things aren't equal. The British Journal for the Philosophy of Science，1995，46：81-110.

［14］Kincaid H. Philosophical Foundations of the Social Sciences. New York：Cambridge University Press，1996.

［15］Mill J S. On the definition of political economy；and of the method of investigation proper to it//Backhouse R E. The Methodology of Economics：Nineteenth-Century British Contributions (Vol. 1). London：Routledge/Thoemmes Press，1997：120-164.

［16］ Cartwright N. Nature's Capacities and their Measurement. New York：Oxford University Press，1989.

［17］ Cartwright N. The Dappled World. Cambridge：Cambridge University Press，1999.

［18］ Field H. Causation in a physical world//Loux M，Zimmerman D. The Oxford Handbook of Metaphysics. Oxford：Oxford University Press，2003：443.

第二部

科学方法论

从贝耶斯主义的观点看科学推理 *

一、科学方法论：贝耶斯主义的兴起

近 20 年来，在归纳和科学推理的领域中，贝耶斯主义是一个影响巨大的研究途径。可以说，科学方法论的研究，在经过了 20 世纪四五十年代的假说演绎（亨普尔）、六七十年代的证伪主义（波普尔）之后，贝耶斯主义是目前看来最有优势的研究纲领。

贝耶斯主义的思想萌芽可以追溯到概率概念的创始人如伯努利、贝耶斯和拉普拉斯等人那里。这个思想中包括两个方面的直觉，一是归纳推理或者进一步说科学推理与演绎推理的不同之处在于，它是一种不确定推理，即前提的真并不蕴涵结论的真，它只是对结论提供了某种支持。二是归纳推理的这种不确定性，也就是前提对结论的支持程度可以用概率来衡量。直到 20世纪 30 年代，由于概率的形式系统的出现（科尔莫哥洛夫）和蓝姆塞(F. P. Ramsey)、德芬内蒂（B. de Finetti）、萨维奇（L. Savage）给出形式的概率概念一种主观主义的哲学解释，贝耶斯主义才有了一个完整的思想框

＊ 本文作者为胡志强，原题为《科学推理：从贝耶斯主义的观点看》，原载《自然辩证法通讯》，2005 年第 27 卷第 1 期，第 37～44 页。

架。从 30 年代到七八十年代，贝耶斯主义主要在两个方面得到了发展。一是主观概率的哲学解释被反复推敲，有了更为严格的基础。在这方面作出贡献的主要有杰弗里（R. Jeffrey）、哈金（I. Hacking）、勒维斯（D. Lewis）、特勒（P. Teller）、斯基尔姆斯（B. Skyrms）、范·弗拉森（B. C. van Fraassen）、戈登斯坦（M. Goldstein）、阿蒙特（B. Armendt）等人。另一方面，贝耶斯主义在统计推理中的大量应用，使贝耶斯统计学派有了与由费希尔、内曼、皮尔逊发展的经典统计学派相抗衡的地位。在这方面作出贡献的有萨维奇、林德利（D. V. Lindley）、古德（I. J. Good）和大批贝耶斯统计学家。

除了在统计学领域外，贝耶斯主义对其他许多具体的科学领域有着广泛的影响，包括经济学、政治科学、心理学、决策论等。特别是在 90 年代后，贝耶斯主义的学术影响力更是发生了引人注目的变化，对于这一现象，柯菲尔德（D. Corfield）和威廉姆森（J. Williamson）甚至使用了一个极富编史学色彩的名词——"复兴"。按照他们两人的统计，在 Web of Science 科学论文数据中，以"bayes"为主题词的文章，在整个 80 年代，每年维持在 200 篇左右。而在 1991 年，突然上升到 600 篇，到 2000 年，接近 1400 篇。他们在英国图书目录（British Library Catalogue）所检索到的专著的状况也大致表现出同样的趋势。老牌贝耶斯主义者杰恩斯（F. T. Jaynes）甚至生造了"贝耶斯教"（Bayesianity）这个词来形容贝耶斯主义者的热情。贝耶斯主义的思想活力远远超越了统计学和决策论这个传统地盘，在人工智能（AI）的研究中，贝耶斯统计技术，特别是贝耶斯网络的应用也是成果斐然[1]。

在七八十年代后，一大批哲学家开始把贝耶斯主义从统计推理领域延伸到更为一般的归纳推理和科学方法论的研究中，试图用贝耶斯主义的框架来分析科学方法论中的一些基本概念如确证、证据、接受，参与科学哲学热点问题的争论，如蒯因-迪昂的整体主义、理论的作用和实在论问题等，解决长期困扰科学哲学家的难题，如渡鸦悖论、古德曼悖论等，形成了科学推理研究的一种综合性纲领。其中赫斯（M. Hesse）、西蒙尼（A. Shimony）、罗森克里兹（R. D. Rosenkrantz,）、多灵（G. Dorling）、霍维奇（P. Horwich）、富兰克林（A. Franklin）、胡森（C. Howson）、乌尔巴赫（P. Urbach）、马耶尔（P. Maher）、开普兰（M. Kaplan）、伊尔曼（J. Earman）、乔依斯（J. M. Joyce）等人作出过重要贡献。

80 年代，伦敦经济学院的胡森和乌尔巴赫在其合著的《科学推理：贝耶斯主义的途径》中，就希望在贝耶斯主义的基础上，对科学推理的各种方面提供综合的理解[2]。90 年代，伊尔曼在研究贝耶斯主义的专著 *Bayes or Bust?* 中，将其称为"综合地、统一地研究归纳、确证和科学推理的最有希望的途径"[3]。2000 年，在伦敦国王学院召开了"贝耶斯主义 2000"的学术会议，该校哲学系的柯菲尔德和威廉姆森在其为他们编辑的会议文集《贝耶斯主义的基础》所撰写的导言"走向二十一世纪的贝耶斯主义"中，认为贝耶斯主义已成为基本的方法论（radical methedology）[1]。作为这些评价的标志，贝耶斯主义科学推理理论已被收录到科学哲学综合性教材之中（如 80 年代为人们熟知的《科学究竟是什么》的作者查尔默斯在该书的新版中，加进了许多介绍贝耶斯主义的篇幅）。而在英国和北美大学的科学哲学专业的研究生课程中，贝耶斯主义也占了相当的内容。

二、贝耶斯主义纲领：概念与框架

贝耶斯主义品牌有许多款式。在文献中，我们常常看到主观贝耶斯主义、逻辑贝耶斯主义和经验贝耶斯主义这样的标签。不同的作者有可能把不同的人物归到贝耶斯主义者的阵营。但总括起来，贝耶斯主义纲领的核心思想至少包括三个方面：①合理信念度是一种**概率函数**；②信念度的合理改变遵守条件化原则；③证据对假说的归纳支持，也就是证据与假说之间的确证关系，可用合理信念度的函数来测度。其中①、②依赖于对信念度的哲学分析，而③取决于对归纳推理的性质的看法。

证明合理信念度是一种概率函数，是贝耶斯主义者的一个首要任务。在柯尔莫哥洛夫的概率公理系统中，概率函数 Pr () 是一个形式的概念。如果用 P_t () 表示某个人在特定时刻 t 对某个命题的信念度，这个任务就是证明：

$$P_t\ (\ ) = Pr\ (\ ) \tag{1}$$

在柯氏的公理系统中，概率函数 Pr () 需要遵守以下公理：

1）Pr (A) $\geqslant 0$；

2）Pr (T) =1，如果 T 是一个逻辑真理（在经典逻辑系统中）；

3) $Pr(A \lor B) = Pr(A) + Pr(B)$，如果 A 和 B 在逻辑上不相容。

A，B 为任意两个命题（在柯氏的公理系统中有一些条件限制）。其中 1）称为非负性条件，2）称为正则性条件，3）称为有限加和性条件。要证明式（1），要求证明信念度 $P_t(\ )$ 至少满足条件 1）、2）、3）。

从哲学上来看，如何提供这样一种证明，是贝耶斯主义纲领中最关键的部分，也是贝耶斯主义中主观贝耶斯主义、逻辑贝耶斯主义和经验贝耶斯主义分野最核心的地方。最早也是目前看来最成熟的，是由蓝姆塞-德芬内蒂开创的荷兰赌论证的思路和由萨维奇-杰弗里开创的决策论论证的思路。① 荷兰赌论证和决策论论证的特征是对信念度的实用主义解释，即把信念度看成是一个人的心理状态，一个人的行为能够将这种心理状态揭示出来。特别是在荷兰赌论证中假定，一个人的信念度恰好由这个人在打赌中开出的赌率揭示。这两种论证表明的是，概率论公理是任何合理的人的信念度应该满足的条件。这种信念度的合理性条件最终来源于人对其行为进行选择时需要满足的一贯性条件。这种对信念度的实用主义解释是主观贝耶斯主义的基础[4]。

在柯氏的公理系统中，绝对概率是基本概念。条件概率是用绝对概率定义出来的一个概念。如果用 $Pr(A \mid B)$ 表示给定 B，A 的条件概率，它被定义为

4) $Pr(A \mid B) = Pr(A \cap B) / Pr(B)$

与此相仿，蓝姆塞和德芬内蒂也引入了一个条件信念度的概念，即在我们知道证据 B 的条件下，我们会对 A 所持有的信念度，这种条件信念度可用 $P_t(A \mid B)$ 来表达。德芬内蒂对条件信念度的解释是，它表示一个人在时刻 t，对以 B 为条件针对 A 的条件赌的打赌率。所谓条件赌就是，如果 B 为真，则针对 A 的赌进行下去，如果 B 为假，则针对 A 的赌取消。在这个解释下，用荷兰赌论证可以很容易证明

$$P_t(A \mid B) = Pr(A \mid B) \qquad\qquad (2)$$

需要注意的是，这样解释的条件信念度 $P_t(A \mid B)$，是在时刻 t 时，一个人如果有了证据 B，会对假说 A 持有的信念度（在时刻 t 尚没有得到证据

---

① 文献中还有第三条路径，是考克斯（R. T. Cox）、古德、西蒙尼、特勒曾采用的方式，即直接开列出主观相信度应该满足的一些直觉条件，并以此出发，证明相信度是一种概率函数。

B)。它并不代表一个人在之后（即时刻 t＋1）实际获得了证据 B 时的合理相信度 P_{t+1}（A）。虽然蓝姆塞已经注意到这一点，但这个重要而又微妙的区别在相当长的时间内被哲学家们忽略，而在统计学家那里又总是暗暗地把这两者当做同一的概念在使用。直到 60 年代，哈金才明确地指出，用 P_t（A｜B）来表示一个人在获得证据 B 后对 A 的相信度，是一个需要证明的假设，他称之为动力假设，即

$$P_{t+1}（A）＝P_t（A｜B） \tag{3}$$

式（3）在以后的文献中一般称为条件化原则。这个原则实际上是无法用荷兰赌论证来证明的。因为 P_{t+1}（A）、P_t（A｜B）涉及的是不同时刻的两个赌，即使这两者并不相等，也不存在荷兰赌所揭示的那种不一贯性。勒维斯、特勒、斯基尔姆斯、阿蒙特提出了一种历时的荷兰赌论证。这个论证假定人们是按照一定的规则来改变自己的信念的，然后证明，如果这个规则不是条件化原则，庄家就有可能安排一个历时的系列赌，使得赌徒净亏[5]。因此，条件化原则是信念改变的合理性条件，它源于信念变化规则的一贯性要求。

在柯氏的公理系统中，很容易证明贝耶斯定理：

$$Pr（A｜B）＝Pr（A\cap B）/Pr（B）＝Pr（A）Pr（B｜A）/P（B） \tag{4}$$

这样，在证明了式（3）后，再加上式（1）、式（2）和式（4），我们就能够得到，一个人在实际获得证据 B 后，他对 A 的信念度：

$$P_{t+1}（A）＝P_t（A｜B）＝P_t（A）P_t（B｜A）/P_t（B） \tag{5}$$

其中，P_t（A）、P_t（B）为在证据没有实际得到前对 A、B 的信念度，也称先验概念。P_{t+1}（A）是在证据 B 实际上获得后对 A 的信念度，也称后验概率。P_t（B｜A）称为在条件 A 下 B 的似然（likelihood）。

在贝耶斯主义归纳理论看来，式（5）正是归纳推理的核心。归纳推理和演绎推断（inference）不同。演绎推断常常和论证（argument）或证明联系起来，指的是命题间存在着逻辑结构关系，使我们可以从作为前提的命题导出（detach）作为结论的命题。而归纳推理是在证据的驱动下从一个信念状态达到另一个信念状态的过程。信念的合理性原则，包括概率论公理和条件化原则，也就是归纳推理的规则。在合理信念度的实用主义解释下，这两个合理性原则实际上是合理信念的一贯性（coherence）条件。

归纳推理的典型情境是：在任何一个时刻 t，任何人都在其背景知识 K 之上提出一个假说集 $\{H_1, \cdots, H_n\}$，并赋予这个假说集合理信念度的分布 $P_t(H_i)$ $(i=1, \cdots, n)$。如果在时刻 t 与 $t+1$ 之间，通过观察和实验收集到证据 E，这个人在 $t+1$ 时刻对假说的信念度从 $P_t(H_i)$ $(i=1, \cdots, n)$ 改变为 $P_{t+1}(H_i)$ $(i=1, \cdots, n)$。这种信念的变化必须满足式（5），如果再考虑到背景知识 K，并加上全概率定理 $P_t(E|K) = \sum P_t(H_i|K) P_t(E|K\&H_i)$，式（5）也可以写为

$$P_{t+1}(H_i) = P_t(H_i|E\&K)$$
$$= P_t(H_i|K) P_t(E|K\&H_i) / \sum P_t(H_i|K) P_t(E|K\&H_i) \qquad (6)$$

除了一般的归纳推理规则外，归纳理论，特别是科学推理理论特别关心如何评价证据对假说的支持程度的问题。按照亨普尔的术语，这种支持程度称为确证度（degree of confirmation）。从式（6）中可以看出，在证据作用下，信念度合理变化的结果，即后验概率，既包含了先验概率的作用，又包含了证据的作用。因此贝耶斯主义者需要一个确证理论来刻画证据对假说的支持程度。

定义确证度有许多方式。相当一部分贝耶斯主义者认为，获得证据之后的信念度 $P_{t+1}(H|K)$ 与获得证据之前的信念度 $P_t(H|K)$ 之间的差，就反映了证据在促使我们改变信念中的作用。如果用 $c(H, E)$ 表示证据 E 对假说 H 的确证度，最自然的定义为

$$c(H,E) = P_{t+1}(H|K) - P_t(H|K) = P_t(H|E\&K) - P_t(H|K) \qquad (7)$$

按照式（7），证据和确证的条件为如果 $c(H, E) > 0$，则 E 是 H 的证据，E 对 H 有确证；如果 $c(H, E) < 0$，则 E 是对 H 的反证（disconfirm）；如果 $c(H, E) = 0$，则 E 与 H 不相干（irrelevance）。$c(H, E)$ 的大小反映了 E 对 H 的归纳支持的程度[3]。

在贝耶斯主义框架下定义的确证度与亨普尔、卡尔纳普对确证度的设想很不相同，后者关心的是，证据的命题内容对假说的命题内容的支持程度，而前者关心的是，证据在多大程度上驱使科学家的信念发生改变，而贝耶斯主义者认为，证据的作用正在于此。

式（6）、式（7）可以看做是各种类型的归纳推理的统一模式，因为其

中对证据命题 E 和假说命题 H 的形式并没有什么特别的限定。比如，证据 E 可以是对科学事实的单称描述，而 H 是具有概括语句形式的科学定律，这时就是通常所说的 E 对 H 的证实推理；证据 E 可以是对过去的事实的描述，而 H 是对未来将会发生的事实的描述，这时称为单称预言推理；证据 E 可以是对样本的概率分布的描述，H 是对总体的概率分布的描述，这是我们熟知的统计推理的形式；E 也可以是对样本的概率分布的描述，H 是对样本中个体性质的描述，这就是所谓的直接推理。

三、贝耶斯主义：科学方法论的新综合

贝耶斯主义的重要任务之一，就是对科学研究中各种推理活动进行说明，包括假说评价、解释、预言、理论系统化等。它是否能够很好地完成这一任务，也是检验贝耶斯主义合适性的重要地方。霍维奇、胡森和乌尔巴赫、伊尔曼分别在他们具有代表性的专著中对此有集中的论述。特别是伊尔曼，甚至用"成功的故事"作为相关一章的标题。在他们看来，作为科学推理的一个综合性的理论，贝耶斯主义至少具有三个方面的优势：①传统科学方法论，如假设演绎和证伪主义所把握到的重要直觉能够被涵盖在贝耶斯主义的体系中；②传统科学方法论所导致的困难能够在贝耶斯主义的框架下得到克服。如假设演绎法带来的无关合取问题、渡鸦悖论问题、理论推理问题等；③传统科学方法论中无法处理的难题能够在贝耶斯主义的纲领中得到解决，如蒯因-迪昂问题、古德曼悖论等。虽然他们可能在解决相同的问题时用了不同的技巧和甚至差别很大的假定，虽然这些解答是否合适也仍然存在争论，但我们还是能够看出，贝耶斯主义的完整框架和概率论强大的形式工具，在对科学推理中各种复杂多样的情况进行精细的处理时，所体现出的概括力和洞察力。

（一）概括推理与统计推理

在自培根以来的研究科学推理的哲学家那里，大多关心的是从经验证据到具有概括语句形式的科学定律的推理。而在 19 世纪末和 20 世纪发展起来

的数理统计学，关心的是如何从经验证据到统计定律的推理。越来越多的科学哲学家注意到，如果没有对包括实验设计、数据统计、误差分析、假说检验的分析，就不能完整地理解科学中的推理。虽然如亨普尔、波普尔这些经典科学哲学家也曾谈到统计推理，但都非常粗浅，而贝耶斯主义有非常自然的框架使这两种类型能够得到统一[2]。

在处理概括推理问题时，有一个问题必须得到克服，那就是全称概括语句的先验概念必定为零这个问题。波普尔和卡尔纳普都曾从不同的角度得到这个结论。波普尔以此反对归纳主义，而卡尔纳普则以此反对概括推理。在贝耶斯主义者中，德芬内蒂的论证影响最大。在荷兰赌论证中，概率被等同于合理打赌率，而一个赌之能够成为赌，其打赌的命题的真假原则上应该能够得到判定，而由于概括语句涉及无穷个体域，不可能存在一种方法能够在有限的时间内证明其为真或假，因而如果不把概括语句的概率赋值为零，则会出现荷兰赌。从式（6）可以看出，如果这个论题成立，则科学定律不可能得到证据的确证。贝耶斯主义者对这三个论证都提出了反驳[2,3]。

在涉及统计推理时，也会出现一个问题。假设在式（6）中的 H 一个统计定律，它一般描述的是总体分布的情况，比如，这枚硬币在抛掷时出现正面的概率为 0.6。这个统计定律中出现的"概率"应如何解释呢？一些贝耶斯主义者，如德芬内蒂，坚持只有一种概率，就是主观概率，统计定律中出现的概率可以归约为主观概率。但相当多的哲学家认为，统计定律中出现的概率与主观概率不同，它描述的是世界的某种客观性质（或者是无穷总体中的频率或者是某种倾向）。如果是这样，这两种概率之间的关系如何呢？如果没有规定这个关系的原则，那么在统计推理中，从总体分布到样本分布的推理，比如从"这枚硬币在抛掷时出现正面的概率为 0.6"推出"这枚硬币下一次抛掷时出现正面"的合理信念度应该为 0.6，就没有任何根据。勒维斯提出并论证了所谓的 PP（principal principle）原则，在贝耶斯主义框架下奠定了解决这个问题的基础[2,3,6]。

（二）假说演绎与证伪主义

对确证的最初也是最直观的定义是从假说-演绎法出发的。按照假说-演

绎法，如果我们能够从假说 H 和背景知识 K 出发演绎出后承 E，并且如果观察和实验确实肯定 E，那么 E 就是对 H 的确证。贝耶斯主义能够包容这种确证定义（在下面的叙述中，在不至于引起误会的情况下，我们省略了表示时间的下标，有时也省略了表示背景知识的 K）。假定：① (H, K) ⊨ E；② $0 < P(H|K) < 1$；③ $0 < P(E|K) < 1$，其中①就是假说-演绎法所要求的条件，从①可得到 $P(E|H\&K) = 1$，再按照贝耶斯定理，$P(H|E\&K) = P(H|K)/P(E|K)$，从条件②，可得到 $P(H|E\&K) > P(H|K)$，因此按照上面对确证度的定义，E 是对 H 的确证。但是假说-演绎法对确证的定义面临许多为人们熟知的问题。如"无关合取"问题，即是说，如果 (H, K) ⊨ E，那么 (H&I, K) ⊨ E，这里 I 可以是任何完全无关的语句，按照假说-演绎法，E 确证 H&I，而从直觉上讲，E 是与 H&I 无关的。贝耶斯主义则可以避免这个问题。如果 $P(H\&I|K) > 0$，按照贝耶斯主义的定义，E 确证 H&I，但 H 和 H&I 从 E 收到的确证度的大小与它们各自的先验概率成比例：$P(H|E\&K) - P(H|K) = P(H|K)\{[1/P(E|K)] - 1\}$，$P(H\&I|E\&K) - P(H\&I|K) = P(H\&I|K)\{[1/P(E|K)] - 1\}$，一般来说，$P(H\&I|K) < P(H|K)$，所以加上无关的假说 I 后，会降低对 H 的确证度。亨普尔为了避免无关合取问题这样的悖谬，提出了所谓的例证确证定义，同样可以为贝耶斯主义的确证定义所涵盖。贝耶斯主义还能够对由亨普尔确证定义引出的渡鸦悖论提出解决方案[2,3]。

从式 (6) 和式 (7) 还可以看出，虽然贝耶斯主义是归纳主义的系统，而且贝耶斯主义者对波普尔的多种反归纳的论证提出了反驳，但波普尔对假说证伪的思想仍然可以包容在贝耶斯主义的框架中。如果 (H, K) ⊨ E，那么观察到 ¬E，是对 H 的证伪。从式 (6) 中可以得出，$P(H|\neg E\&K) = 0$，这意味着当 H 被证伪时，它也在最大程度上被反证。而且正如证伪主义方法论所说的，一旦 H 被证伪，除非背景信息的一部分或用以证伪的证据被取消，那么不可能再有进一步的证据能够对 H 有所确证[3,7]。

证伪主义方法论关于科学推理活动的一些重要的论点，在这个系统中也能得到解释。比如按照波普尔的理论，证据 E 越是不可能，它对假说 H 的确证度越高。从式 (6) 可以看出，假说 H 的后验概率，因而其确证度是依靠 $P(E|K)$，即在背景知识 K 下，科学家对证据 E 的信念度。$P(E|K)$ 越

小，后验概率和确证度越高。借助全概率公式，可以得到，$P(E|K) = P(E|H\&K)P(H|K) + P(E|\neg H\&K)P(\neg H|K)$，证据 E 的不可能性程度依赖于 $P(H|K)$、$P(E|H\&K)$、$P(E|\neg H\&K)$ 等要素。波普尔关于假说检验的严酷性和特设性假说的思想，也能在贝耶斯主义的框架下得到较好的说明[3,8,9]。

（三）枚举归纳与消除归纳

长期以来，归纳推理是以枚举为基础还是以消除为基础，一直是有争论的问题。贝耶斯主义可以将枚举归纳的考虑和消除归纳的考虑纳入同一个框架之中。从直觉上看，同类证据的重复（简单枚举），能够增加对假说的确证，但增加的程度会越来越少。而不同种类的证据（包含了消除归纳的因素）比同类证据的单纯重复对假说的确证度要大得多。贝耶斯主义能够对这一直觉给予满意的说明。假定 $(H, K) \models E$，并且假定 E 是 $E_1 \& E_2, \cdots, E_{n-1} \& E_n$，其中 E_i 是指同一个实验的重复的结果，或是指一系列不同实验的结果。可以证明，$P(H|K\&E) = P(H|K)/P(E_1|K)P(E_2|E_1\&K), \cdots, P(E_n|E_1\&E_2, \cdots, E_{n-1}\&K)$。如果 $P(H/K) > 0$，显然 $P(E_n/E_1\&E_2, \cdots, E_{n-1}\&K)$ 在 n 趋于无限时接近于 1，这个式子表示在背景知识 K 和以前的 $n-1$ 次预言都已经被证实的条件下，H 的第 n 次预言成功与否的概率。E_1，$E_2, \cdots, E_{n-1}, E_n$，这些证据在种类上差别越大，这个概率趋近于 1 越慢，$P(H|K\&E)$ 表达式中的分母越小，后验概率 $P(H|K\&E)$ 越大，确证度越高。而如果 $E_1, E_2, \cdots, E_{n-1}, E_n$ 只是相同证据的重复，那么 $P(E_n|E_1\&, \cdots, E_{n-1})$ 很快就会趋向 1，它对以上表达式中分母的影响，因而对 $(HI|K\&E)$ 的变化的影响会越来越少[3,8,10-12]。

（四）经验定律与科学理论

以前的归纳理论大多关心的是，经验证据如何确证经验定律的问题。而从直觉上看，一个成熟的科学理论应该也能增加经验假说的确证度。普特南曾经举了一个著名的例子：假设你第一次检验原子弹爆炸的预言，你的假说是，当两块 U_{235} 不完全结晶物质相互撞击，并形成一个超临界物质时，会发

生原子爆炸。这个假设是完全用经验词项表示的。这个假说无法从观察到的证据来得到确证，因为在此之前还没有发生过原子弹爆炸。但显然你对这个假说有相当程度的确信。普特南认为正是原子理论 T，使我们对这个假说予以了一定程度的确证。解释理论的确证作用，曾经对亨普尔的确证理论构成了很大的挑战。格莱莫尔在亨普尔的确证度的基础上曾经给出了所谓的"靴带解释"（bootstrapping theory）。而贝耶斯主义的解释是：由于你拥有原子核理论 T，从 T 可以导出假说 H。对全部观察证据 E&E*，应用全概率原则，可以得到 $P(H|E\&E^*) = P(T|E\&E^*) + P(H|\neg T\&E\&E^*) P(\neg T|E\&E^*)$，因此对 H 的信念度至少与对 T 的信念度同样大。而 E* 是表示确证 T 的其他方面的实验结果，E 和 E* 的联合使你在一定程度上相信 T。$\neg T$包括了其他也能够导出 H 的理论，并且 E&E* 也使你对这些理论有某种程度的相信，也就是说 $P(H|\neg T\&E\&E^*)$ 和 $P(\neg T|E\&E^*)$ 必定大于零，所以结果是你对 H 有更大程度的相信。理论的确证作用来源在于，理论 T 有其他方面的证据 E* 的确证[3]。

（五）解释推理和预言推理

按照假说-演绎法，假说的预言和解释都遵守同样的逻辑结构，但大多数科学家都清楚，假说 H 能够预言在提出 H 之前未知的事实，比假说 H 能够解释已知的事实这一点，对假说的确证程度更大。这个直觉得到相当多的哲学家如培根、惠更斯、惠威尔、皮尔斯、迪昂、波普尔和库恩的支持，马耶尔将其称为预言主义者的论点（pedictivist thesis）。虽然对这个论点的准确含义和这个论点是否成立仍然有许多争论，但一些贝耶斯主义者如马耶尔试图表明，预言与解释对假说确证的这种不对称性，能够在贝耶斯主义的框架中得到恰当的处理[8,13,14]。

（六）归纳支持与接受

通过式（7）就可以得到证据对假说的支持程度。但这是否是归纳推理的全部内容，还是一个有争论的问题。一部分人将归纳看做是类似于演绎的一种推断模式，认为归纳推理是从前提正确地导出（detach）结论，归纳规则就是导出规则，它要表明我们在什么样的前提下可以接受什么样的结论。培根、密尔的归纳理论主要采用的是这样的思路。20 世纪经典统计学派的代表人物如费希尔、内曼、皮尔逊也是如此构造统计检验的图式的。而另一条思路则是把归纳推理看做是对证据给予假说的支持程度的评价，归纳规则是评价归纳支持的规则。卡尔纳普和杰弗里就持这种观点，杰弗里称为极端概率主义（radical pobabilisim）。按照后一种观点，我们对任何一个命题只有信念度的评价，所谓接受是一个既不清楚，又不必要的概念，确证度是归纳推理的全部内容。而按照前一种观点，我们对假说的评价最终是希望解决它能不能作为真的被人们接受下来的问题，归纳推理除了要评价证据对假说的支持外，更需要一个接受规则。有一种方案似乎能够很容易地解决他们之间的冲突，即只要假说的后验概率或确证度足够高，我们就可以将它作为真的接受下来。但众所周知，高概率标准会面临"抽彩悖论"。以莱维为发端，包括开普兰、马耶尔等人，将接受看做是一个按照某些认知价值选择的认知行为，然后在贝耶斯决策论的框架下，用认知效用最大化原则来分析接受问题，形成了接受的认知决策学派[15-17]。

四、贝耶斯主义：争论中的问题

贝耶斯主义在解决各种科学推理中的问题时，其本身也留下了一些需要解决的问题。对于反贝耶斯主义者来说，这些问题构成了贝耶斯主义纲领的"反常现象"，是对其整体框架的挑战，而对于贝耶斯主义者来说，这些问题只是纲领所要解决的"疑难"，对这些疑难的研究将会导致贝耶斯主义纲领的进步。

（一）旧证据与新理论问题

在科学研究中存在这样一种境况，在新的科学理论提出后，新理论能够解释在此以前为人们所知的事实。从直觉上讲，这些事实对新的理论应该构成确证。但是，格莱莫尔指出，贝耶斯主义将会给出反常的答案。例如，在1915 年，爱因斯坦提出广义相对论后，他表明新的理论能够解释在此之前被人们认为是反常的现象，即水星近日点进动。这个现象在 1915 年之前被许多天文学家研究过。水星近日点进动因此是广义相对论的旧证据（old evidence）。在 1915 年之前（t），P_t（E）＝1。按照贝耶斯主义对确证度的定义，在 1915 年（t＋1），E 对广义相对论 H 的确证度为 P_{t+1}（H）－P_t(H)＝P_t（H｜E）－P_t（H），但因为有 P_t（E）＝1，则 P_t（H｜E）＝P_t（H），E 对 H 的确证度应该为零[18]。

许多贝耶斯主义者发现，在这个例子中，不但存在旧证据问题，而且还存在所谓的新理论问题。1915 年爱因斯坦第一次提出广义相对论后，物理学家如何对待这个假说呢？按照贝耶斯主义，P_{t+1}（H）＝P_t（H｜E）＝P_t（H）P_t（E｜H）/P_t（E），那么这就要求在 1915 年之前广义相对论的先验概率 P_t（H）存在，但广义相对论中包含了过去的物理学所没有的概念，在 1915 年之前的物理学语言还根本不能把它表述出来，这个先验概率也没有意义[19,20]。

对旧证据和新理论问题，贝耶斯主义者已经提供了许多方案来回应挑战。这些解答把贝耶斯主义引向更为深刻的哲学层面。比如说，盖博（Garber）、杰弗里和尼尼罗托（Niiniluoto）认为，虽然在 1915 年前，科学家已经知道水星近日点进动（E），所以 E 在 1915 年不能增加对广义相对论（H）的后验概率。但在 1915 年，科学家们有了新的知识，那就是 H 逻辑上蕴涵 E。正是这个新的知识对提高 H 的后验概率，因而对 H 给出确证度作出贡献。但这一点会与贝耶斯主义所蕴涵的逻辑全知者假定相冲突。从柯氏的公理（2）中可以看出，如果 T 是一个逻辑真理，对它的合理信念度必须为 1。也就是说如果发现了一个逻辑或数学真理 T，对于其他命题的信念度不会有任何改变。而盖博、杰弗里和尼尼罗托认为逻辑全知者假定是不合适的，因而试图建立一个能够包容逻辑学习的贝耶斯主义的框架[3,12,21]。

（二）简单性问题

在科学家的研究实践中，在选择假说时，除了证据外，假说的简单性也是一个需要考虑的重要因素。贝耶斯主义如何能够将这个重要的方法论原则纳入其中呢？最明显的办法是，把对简单性的考虑体现在对假说的先验概率的分配上。杰弗里斯曾经建议，越简单的假说，所赋予的先验概率越大，他称之为简单性假设。假说的简单性有许多含义，如果只集中在假说的函数形式上，从直觉来看，在 H_1：$Y = \alpha_1 + \alpha_2 X + \sigma U$ 和 H_2：$Y = \beta_1 + \beta_2 X + \beta_3 X^2 + \sigma U$ 这两个假说中，H_1 比 H_2 简单，因为 H_2 中需要确定的参数更多，因而 H_1 应分配更高的先验概率。但从逻辑上看，H_1 蕴涵 H_2，因为如果 H_1 为真，则 H_2 在某些情况下（$\beta_3 = 0$）必定为真。根据概率论的公理，逻辑上越强的命题，概率应该越小。这个结论与简单性假设显然发生矛盾[22]。反贝耶斯主义者索贝尔（Elliott Sober）将简单性问题称为贝耶斯主义的"阿喀琉斯的脚跟"。

（三）理想化问题

有一些人注意到，科学理论中大多包含了理想化的假定。虽然这些理想化假定并不一定明确表述出来，但一个科学定律实际上是讲的是，在某个理想化的条件下，事物各种属性之间的关系。因此，如果一个通常的定律是 I，那么，严格的表达应该是 A＞I，即如果 A，则 I 成立，其中 A 是理想化条件。需要注意的是，这里的"如果……则"是一种虚拟条件句（所以用＞来表达）。考虑到理想化的因素后，假说的后验概率应表达为 P_{t+1}（A＞I）＝ P_t（A＞I｜E）＝ P_t（A＞I）P_t（E｜A＞I）/P_t（E），萨夫（Michael J. Shaffer）指出，这就要求其中的虚拟条件句 A＞I 的先验概率 P_t（A＞I）有意义的定义。最自然的定义是勒维斯给出的，即把 P_t（A＞I）定义为 P_t（I｜A），但勒维斯本人及其他人后来发现，这个定义是不合适的。萨夫表明，勒维斯本人及其他人的改进也不合适[23]。

（四）测度敏感性问题

在上面的介绍中，我们引用了确证度的一种测度，即后验概率与先验概率之差。正如菲特尔森（Branden Fitelson）所指出的，在贝耶斯主义者中间，实际上应用了多种确证度的测度函数，比如：

$$r(H｜E\&K) = \log[P(H｜E\&K)/P(H｜K)]$$
$$l(H｜E\&K) = \log[P(E｜H\&K)/P(E｜\neg H\&K)]$$
$$s(H｜E\&K) = P(H｜E\&K) - P(H｜\neg E\&K)$$
$$\tau(H｜E\&K) = P(H｜E\&K)P(K) - P(H\&K)P(E\&K)$$

菲特尔森表明，用这些测度函数计算出来的确证度并不相等，即使在序数的排列上也不相同。他还表明，贝耶斯主义者在解决科学推理的各种问题，如非相关合取问题、古德曼悖论、渡鸦悖论、证据种类问题时，其解决方案和所选择的确证度的测度函数有相当大的关系。问题是，这些测度函数中，哪一种是最合适的？可依据什么样的原则来选取测度函数?[24]

（五）客观性问题

贝耶斯主义受到质疑最多的是它的主观性。在贝耶斯主义的眼里，归纳推理实际上是一个人在证据的驱动下如何合理地修改自己的信念的过程。但对于许多人来说，科学推理应该是在证据的基础上对假说的客观的评价。主观性问题特别反映在先验概率的分配上。从式（6）和式（7）可以看出，假说的后验概率和确证度与先验概率有关，而每个科学家个体对一个科学假说的主观概率的先验分布完全是任意的，只要就他自己的分布而言满足概率论公理就行，没有任何其他合理性原则能够规定先验概率的分布。其结果是，拥有相同证据的科学家，对于科学假说的确证度的评价不相同。这种主观性正是萨尔蒙、凯伯格和格莱莫尔这些人反对贝耶斯主义的主要理由[18,25,26]。

强硬的贝耶斯主义者一般从三个方面来回答这样的指责：首先，科学推理中本身就包含了科学家的主观判断，而且与贝耶斯主义相竞争的其他关于科学推理的理论，如经典统计学、卡尔纳普的归纳逻辑等同样包含主观判断的因素。其次，约束科学家主观判断的合理性条件，包括概率论公理和条件化原则都是客观的。最后，贝耶斯主义者证明了好几种会聚（convergence to certainty 或 merger of opinion）定理，表明在开始时采用不同先验概率分配的人，在证据积累到一定时候，他们的观点将会趋于一致。也就是说，这两个人在先验概率中体现出的主观因素会被"洗掉"（wash out）[2,3]。

更多的贝耶斯主义者开始从主观贝耶斯主义撤退。前面我们曾提到过，信念的实用主义分析以及由此引出的荷兰赌或决策论论证是主观贝耶斯主义的根源。因此，在保留贝耶斯主义的基本框架包括概率论公理和条件化原则的同时，提出一种"去实用主义化"的信念分析和辩护方案，将是没有主观性的贝耶斯主义的重要工作[27]。目前来看，有两个方向引起较多的注目，一个方向是以杰恩斯（Edwin Jaynes）为代表的逻辑贝耶斯主义，他们试图寻找一些逻辑原则（最大熵原则）来约束先验概率的分配，因而开始向凯恩斯、卡尔纳普的逻辑主义接近。另一个方向是所谓的经验贝耶斯主义，其主要思想也是来源于蓝姆塞，那就是人们对其信念状态的合理性的评价要根据他们的信念的现实的精确性。信念度的合理改变要以经验频率作为校准（calibration）。范·弗拉森、乔依斯在这个方向上做过一些开拓[1]。

参 考 文 献

[1] Corfield D, Williamson J. Foundations of Bayesianism. Dordrecht: Kluwer Academic Publishers, 2001.

[2] Howson C, Urbach P. Scientific reasoning: the bayesian approach. Open Court, Chicago and La Salle, Illinois, 1993.

[3] Earman J. Bayes or Bust. Cambridge: MIT Press, 1992.

[4] 胡志强. 作为认识论研究纲领的贝耶斯主义. 待发表.

[5] Zynda L. Old evidence and new theories. Philosophical Studies, 1995, 77: 67-95.

[6] Lewis D. A subjective's guide to objective chance//Jeffrey R. Studies In Inductive Logic and Probability. Vol. 2. Berkley: University of California Press, 1980.

[7] Gillies D. Bayesianism versus falsificationism. Ratio III, 1990: 83-98.

[8] Horwich P. Probability and Evidence. Cambridge: Cambridge University Press, 1982.

[9] Howson C. Bayesianism and support by novel fact. The British Journal for the Philosophy of Science, 1984, 35: 245-251.

[10] Franklin A, Howson C. Why do scientists prefer to vary their experiments? Studies in History and Philosophy of Science, 1984, 15: 51-62.

[11] Fitelson B. Wayne, Horwich, and eviential diversity. Philosophy of Science, 1996, 63: 652-660.

[12] Wayne A. Bayesianism and diverse evidence. Philosophy of Science, 1995, 62: 111-121.

[13] Howson C. Accommodation, prediction and Bayesian confirmation theory. PSA,

1988，2：381-392.

［14］Maher P. Howson and Franklin on prediction. Philosophy of Science，1993，60：329-340.

［15］Kaplan M. Decision Theory as Philosophy. Cambridge：Cambridge University Press，1996.

［16］Levi I. The Enterprise of Knowledge. Cambridge：MIT Press，1980.

［17］Maher P. Betting on Theories. Cambridge：Cambridge University Press，1993.

［18］Glymour C. Theory and Evidence. Princeton：Princeton University Press，1980.

［19］Earman J. Old evidence，new theories：two unresolved problems in Bayesian confirmation theory. Pacific Philosophical Quarterly，1989，70：324-340.

［20］Maher P. Pobabilities for new theories. Philosophical Studies，1995，77：103-115.

［21］Eells E. Problems of old evidence. Pacific Philosophical Quarterly，1985，66：283-302.

［22］Forster M R. Bayes and Bust：simplicity as a problem for a probabilist. approach to confirmation. The British Journal for the Philosophy of Science，1995，46：399-424.

［23］Shaffer M J. Bayesian confirmation of theories that incorporate idealizations. Philosophy of Science，2001，68：36-52.

［24］Fitelson B. The plurality of Bayesian measures of confirmation and the problem of measure sensitivity. Philosophy of Science，1999，66：362-378.

［25］Kyburg H E. The scope of Bayesian reasoning. PSA，1992，2：139-152.

［26］Salmon W C. The Foundations of Scientific Inference. Pittsburgh：University of Pittsburgh Press，1967.

［27］Christensen D. Dutch book argument de-pragmatized. Journal of Philosophy，1996，93：450-479.

还原论和整体论之间的必要张力 *

在 20 世纪六七十年代，当代西方科学哲学经历了从逻辑主义向历史主义的转变，到 20 世纪末，又面临着从历史主义向后现代主义的转变。然而，值得深思的是，当代西方科学哲学的这两次重大转变，不但没有使科学哲学从根本上摆脱理论困境，反而促使科学哲学逐步从兴盛走向衰落甚至趋于解体。导致当代西方科学哲学陷于困境的根源究竟是什么？本文从方法论的角度探讨了这个问题，认为无论是逻辑主义、历史主义，还是后现代主义都没有正确地处理好还原论和整体论的辩证关系，使之保持必要的张力，这是导致现代西方科学哲学陷于困境的一个重要根源。

一

逻辑实证主义的科学哲学的方法论实质上是一种还原论的方法论。这种还原论的方法论不仅体现在逻辑实证主义的纲领之中，而且还体现在它的根本原则和累积式的科学进步模式之中。

首先，逻辑实证主义者关于科学知识"合理重建"的纲领是一个还原论

* 本文作者为孟建伟，原题为《还原论和整体论：必要的张力——对当代西方科学哲学方法论的反思》，原载《哲学研究》，1997 年第 8 期，第 32～38 页。

的纲领。他们所谓的科学知识的"合理重建"，就是试图揭示科学知识和感觉经验的逻辑关系：表明科学概念可以还原为感觉经验的概念，科学理论可以还原为基本的经验命题。

其次，逻辑实证主义的根本原则，即"经验证实原则"显然是以还原论为前提的。因为逻辑实证主义者假定科学理论可以还原为基本的经验命题，所以他们认为科学是一种独特的文化，科学与其他文化之间存在着一条截然分明的界线，可将"经验证实原则"作为区分科学与非科学的划界标准。为了使"经验证实原则"贯彻到底，维也纳学派的主要代表人物卡尔纳普还主张一种关于科学语言的还原论的观点，即物理主义的观点。在他看来，"物理学语言是科学的普遍语言，这就是说：科学的任何领域内的语言可以保存原来的内容翻译成为物理学语言。因此可以作出这样的结论：科学是一个统一的系统，在这个系统之内并无在原则上不同的对象领域，因此自然科学与精神科学并不是分裂的。这就是统一科学的论点"[1]。

再次，就科学发展模式来说，逻辑实证主义的"中国套箱"式的直线累积发展模式，同样也是还原论的。因为在逻辑实证主义者看来，"每一门科学都是一个知识体系，即真的经验命题的体系"[2]，旧的理论一旦曾经得到证实（或确证）就再也不会被否定或抛弃，而只能被归化到内涵更广或更全面的新理论当中去。于是科学完全成了一项累积性的事业，科学进步只是意味着"真的经验命题"的积累、扩大或归并。

毫无疑问，逻辑实证主义者采用自然科学中的还原论方法，尤其是数学与物理学的方法，力图使科学哲学做到概念明确、分析严密、具有高度的确定性，使之成为一门类似自然科学那样的精密学科，这种尝试当然是雄心勃勃的，而且这对于深化科学哲学乃至整个认识论的研究，的确起了极其重要的作用。但是，逻辑实证主义的还原论的方法论至少存在着以下几个方面的重大困难：

第一，尽管科学哲学的研究对象是自然科学，但是它的内容广泛地涉及人、社会历史和文化，因而属于人文学科。像这种性质的学科，在方法论上，将还原论贯彻到底，完全排除整体论显然是行不通的。即使是自然科学（例如生物学）也不能完全排除整体论的思想和方法，如达尔文的进化论就不能离开整体论的思想和方法。对于人文学科来说，整体论的方法就显得更为重要了。

第二，历史主义者用强有力的证据表明"观察渗透理论"，从而否定了逻辑实证主义者强调的观察语言和理论语言的截然区分及其纯粹的观察或经验基础。这就是说，不但并非所有的科学理论都可以还原为基本的经验命题，而且将经验命题或观察语言看做科学知识的唯一根基这一主张也是站不住脚的。于是，逻辑实证主义的"经验证实原则"遭到了普遍的怀疑。

第三，逻辑实证主义者所描绘的直线累积发展的科学进步模式并不符合实际的科学发展的历史，他们只看到了科学发展的连续性和渐进性的一面，忽视了科学发展的间断性和革命性的另一面。事实上，在科学发展过程中的确存在着比连续性和渐进性更为深刻的变化，即旧理论不断地被推翻、被新理论取而代之的革命性的变革。这一点在逻辑实证主义的还原论的视野当中显然是难以看到的。

由此可见，逻辑实证主义所遇到的重大困难及其之所以最终被历史主义取而代之，都与狭隘的还原论的方法论密切相关。

二

历史主义的科学哲学显然将方法论的重心从还原论移到了整体论那里，使得整体论的方法论占据主导地位：

首先，历史主义者将研究重点"放在哲学研究与历史考察的相关性上"[3]。在他们看来，"理论如同人类社会和生物种群一样，是历史的实体。它们特殊的个体性（更不必说它们的理性评价）都要求一种深入的历史考察。这种考察的更广泛的意义在于它揭露了对理论进行的传统解释的缺陷"[3]。

其次，历史主义者十分注重对科学理论作"整体的评价而不是单个理论的评价"[3]。他们将"范式"（库恩）、"研究纲领"（拉卡托斯）、"研究传统"（劳丹）或"背景理论"（费耶阿本德）这样的"大理论"当做分析科学的基本单元，强调"特定理论是更大的传统或'大理论'的部分，而后者以往的成功或失败关系到特定理论在经验上能否妥善建立。没有这些更大单元的历史进化知识，我们就无法妥当地评价它们的次级理论"[3]。由此可见，历史主义者的整体论的方法论与逻辑实证主义者的还原论的方法正好相反：前者对理论的评价主要是诉诸该理论所属的"大理论"，依靠"大理论"来评定该理论的好坏；而后者则是通过将理论还原为经验命题，依靠观察或经验来证实或确证理论。

再次，与整体论的方法论相关的是，历史主义者更多地注意到科学与其他文化的联系。在他们看来，科学与非科学之间并不存在一条明确的界线，理由是"习惯上被视为科学的活动和信念都具有明显的认识异质性，这种异质性提醒我们注意，寻找分界标准的认识形式可能是无效的"[4]。因为人们无法找到可以当做划界标准的某种"认识的不变量"，因此，分界问题是一个虚假的问题。

最后，历史主义者提出的一系列科学发展模式也是整体论的。他们不仅将"范式"、"研究纲领"、"研究传统"或"背景理论"当做评价科学的基本单元，而且还将它们视为科学变化的基本单元。于是，在历史主义的模式中，科学进步不但是非累积性的，而且甚至是不确定的。最典型的是库恩的范式转换模式：在库恩那里，"范式"是一个包括理论、方法和价值标准在内的不可分解的整体，科学家在不同的范式之间作出选择，如同宗教皈依一样，是"一种不相容的集团之间的不同生活方式的选择"[5]，在这里并不存在一种可依据的客观的合理的标准。

显然，历史主义者采用整体论的方法，将哲学研究和历史考察联系起来，强调科学与其他文化的联系，强调科学的时代性或历史性，强调科学活动中人们的价值取向及其作用，这些见解无疑是深刻的，而且其视野要比还原论者宽阔得多。但是，历史主义的整体论的方法论也至少存在着以下几个方面的严重困难：

第一，历史主义的整体论大大削弱甚至否定了科学的客观性和真理性。因为在历史主义者看来，科学理论最重要的依据并不是事实，而是包括该理论的高层理论或劳丹所说的"大理论"，也就是说，处于高层理论或大理论的核心并代表该高层理论或大理论的价值观念或价值标准，对于特定理论在经验上能否确立起着根本性的作用。劳丹甚至明确地指出，科学的目的并不是为了解释事实、探求真理，"科学在本质上是一种解决问题的活动"[6]。这样一来，科学竟成了一种与客观性和真理性无关的活动！

第二，历史主义的整体论的一系列科学发展模式难以摆脱相对主义的困境。库恩的"格式塔转换"式的范式转换模式被广泛地指责为相对主义和非理性主义。为了纠正库恩模式的缺陷，劳丹接连提出了两个科学进步模式，但是，他的第一个模式，即解决问题的科学进步模式是以牺牲科学的客观性和真理性为代价的；他的第二个模式即关于科学合理性的"网状模式"，虽然大大地精致了库恩的范式模式，但劳丹所说的科学进步依然是相对于范式的价值标准而言的。即使对于比较注重经验基础的拉卡托斯的科学研究纲领方法论模式来说，实际上经验基础对研究纲领的进步或退化也起不到多大作用，以致费耶阿本德认为拉卡托斯的模式还是采用了"怎么都行"的立场。

第三，由于上述原因，历史主义的整体论的模式是否能恰当地描述科学的本质及其发展规律也同样存在着很大的疑问。事实上，例如，库恩的范式及其变化理论更适合于描述人文文化，如各种艺术流派的形成、冲突和变迁。库恩自己也承认，他的《科学革命的结构》一书"在讨论到科学中的创造性革新的发展模式或性质时，书中论述了这样一些论题，如竞争中的各学派以及不可比的各种传统的作用，变化中的价值标准以及改变后的感觉模式的作用。像这样一些论题对于艺术史学家早已成为基本因素，但是在科学史著作中却极少提到"[7]。但是，尽管科学与艺术存在着许多相通的东西，然而，科学与艺术毕竟是两个完全不同的门类，存在着巨大的差异。如果将科学与艺术二者，以及它们各自的发展模式混为一谈，显然是很不恰当的。

当然，历史主义的科学哲学的方法论并非完全是整体论的，例如，拉卡托斯依然强调经验基础对于科学理论的重要性；劳丹则试图通过计算解决问题的多少及其重要性程度来评定一个理论或研究传统是否进步，所有这些都多少带有明显的还原论色彩。值得注意的是，历史主义者还常常用还原论的方法去解决历史性的问题，例如，劳丹对真理问题的否定，所依据的只是对诸如"近似真理"、"指称"和"成功"这几个概念的逻辑分析，并没有把真理问题真正看成是一个历史的问题。这种方法论的错位使得科学哲学增添了更多的困难。

三

如果说历史主义的科学哲学还没有摆脱分析哲学的框架，还保留着一些还原论色彩的话，那么后现代主义者则彻底抛弃了还原论，采用了一种比历史主义者更加宽泛的整体论的方法论。

首先，后现代主义者竭力反对基础主义的还原论，而主张一种没有二元区分的整体论。在他们看来，自然科学"不过是文化中告诉我们如何预见和支配将会发生的事情的那个部分。这是值得去做的事。但预见和支配的成功并不表明，较之在政治思考和文学批评中的成功，我们更'接近于实在'或更'受硬事实制约'"[8]。"与其提出任何像观念一事实，或语言一事实，或心灵一世界，或主体一客体的区别，以说明我们关于有些东西存在于彼岸，它们该对事物的产生负责的直觉，倒不如抛弃这样的直觉。"[8]于是，"实用主义者愿意放弃对客观性的期望，即想与一个不只是我们自己认同的共同体的实在接触的期望，而代之以对某个共同体的亲和性的期望"[8]。

其次，把整个文化看做是经验研究的基本单位，反对将科学与整个文化区分开来。后现代主义者的整体论要比历史主义者的整体论更加宽泛。如果说，历史主义者的经验研究的基本单位是整个科学的话，那么后现代主义者将它推广至整个文化。罗蒂明确指出："蒯因和许多其他整体主义者坚信，科学与非科学的区分在具有哲学意义的地方把文化切开了。"[8]"如果我们放弃这样的区分而接受蒯因的整体论，我们就不会力图使'科学的整体'从'文化的整体'中区分开来了，而将把我们所有的信念和愿望看做是同一个蒯因式的网络的一部分。对不起蒯因的是，这样的网络将不会划分成描述实在的真实结构的部分和并不描述这样的结构的部分。因为把蒯因贯彻到底就要走向戴维森：拒绝把心或语言与世界的其余部分的关系看成是模式与内容的关系。"[8]

再次，在后现代主义的整体主义和模糊主义的视野当中，科学不再具有区别于其他非科学文化的任何特点。罗蒂将"客观性"归结为"主体间性"，将"理性"弱化为"有教养"，将"方法"化解为"对话"，强调要将一切文化都放在一个认识论的水平上，或者说摆脱"认识论水平"和"认知状态"

的观念，使得"对人类合作研究的价值的说明只有一个伦理的基础，而没有任何认识论的或形而上学的基础"[8]。于是，在"后现代文化"或"后哲学文化"中，"无论是牧师，还是物理学家，或是诗人，还是政党都不会被认为比别人更'理性'、更'科学'、更'深刻'"[8]。换句话说，科学与一切非科学文化一样，或者同样地具有"客观性"、"方法"和"合理性"，或者同样地不"客观"、无"方法"和非"理性"。

毫无疑问，后现代主义者将科学看做是整个人类文化的一部分，强调科学与其他文化的关联，反对纯粹用自然科学或认识论的观点来审视和评判别的文化，这些见解是值得令人深思的。但是，后现代主义的整体论及其后果显然是不可接受的：

第一，对科学的客观性和真理性的彻底否定。正如前面所说的，绝大多数历史主义者毕竟并没有完全否定科学的经验基础，而且像拉卡托斯、劳丹等人毕生都在孜孜不倦地探寻着科学进步和科学合理性模式，努力避免库恩理论可能导致的相对主义和非理性主义。然而，作为"左翼的库恩主义"的后现代主义者则彻底否定了科学的客观性和真理性：在他们看来，"客观性就是主体间性"，而"真理只是对一个选定的个体或团体的现时的看法"[8]，"它可以同等地运用于律师、人类学家、物理学家、语言学家和文学批评家的判断"[8]。

第二，使相对主义合法化。在后现代主义者看来，"到处都有人类之蛇的足迹"[8]，关于"价值的客观性"和"科学的合理性"都是不可理解的。由于不存在任何独立于我们的普遍适用的永恒的、非历史的标准，所以我们不应当从某个不可比的绝对命令和范畴体系出发，而应当接受一种"种族中心主义"的观点，即从我们自己出发，从我们自己的种族出发，我们自己现在的信念就是"我们用来决定怎样使用'真'这个词的信念"[8]。

第三，对科学哲学的解构。由于后现代主义的整体主义彻底模糊了科学与艺术、政治甚至宗教的区别，在他们看来，"科学只是一种文学"，这样一来，不但科学已经失去了自身的特点，而且，以科学作为研究对象的科学哲学显然也就变成多余的了，完全可以用"文学批评"来取而代之。

四

综上所述，当代西方科学哲学之所以陷于困境，与片面地运用还原论或整体论的方法论密切相关。逻辑实证主义者采用还原论的方法论、排斥整体论的方法论的结果是使得科学哲学面临不可解脱的困境；历史主义者将方法论的重心从还原论移到了整体论，结果为相对主义敞开了大门；而后现代主义者索性抛弃还原论的方法论，采用更为宽泛的整体论的方法论，结果使得科学哲学即将走到崩溃的边缘。由此可见，要使科学哲学摆脱困境，在方法论上必须正确地处理好还原论和整体论的辩证关系，使得两者之间保持必要的张力。

首先，还原论的方法论对于科学哲学来说是绝对不可缺少的。尽管逻辑实证主义提出的将科学理论还原为基本的经验命题这一主张存在着绝对化的倾向，但是它的基本思路还是应当肯定的。毕竟，自然科学探究的是自然界的客观规律，科学的客观性和真理性需要由客观的经验基础来保证。即使退一步讲，如罗蒂所说的，自然科学"不过是文化中告诉我们如何预见和支配将会发生的事情的那个部分"，也仍然回避不了关于如何"预见和支配将会发生的事情"这样的经验问题。毫无疑问，要使这种"预见和支配"取得成功，显然并不是靠纯粹的"意见"，而是需要有客观的依据。这就是说，需要将科学理论在一定程度上甚至在最大限度上还原成经验命题，然后通过观察和实验来加以确证。

其次，整体论的方法论对于科学哲学来说同样是必要的。尤其是对于解决历史主义者提出的如何理解科学的历史发展和后现代主义者强调的如何理解科学与其他文化的相互关系问题更是如此。正如历史主义者指出的，科学的历史发展，既涉及本体论（默认某种自然的本体论）的变化，又涉及方法论（接受某一组具体的关于如何研究自然的规则）的变化，还涉及价值论（坚持某一套有关自然探究的认知价值或目标）的变化。毫无疑问，要恰当地把握多种因素、多个变量的复杂关系及其变化，光靠还原论显然是无能为力的，必须要具备整体论的思想和方法。关于科学与其他文化的关系问题也一样。科学与其他文化的关系是极为复杂的：科学从一开始就同哲学、宗教、艺术等文化不可分割地联系在一起，近代科学的产生和发展也同非科学文化有着密切的关系，科学发展到今天又存在着同人文、社会科学相互借鉴、相互渗透的整合化趋势。要正确地把握科学与其他文化的关系，无疑同样需要运用整体论的思想和方法。逻辑实证主义者用还原论的方法试图在科学与其他文化之间划出截然分明的界线显然是不成功的，也是不恰当的。

最后，还原论和整体论两种方法论需要相互补充和相互制约。

一方面，还原论的思维方式和方法，有其自身不可克服的狭隘性，它需要用整体论的思维方式和方法来弥补。即使是关于逻辑实证主义者们所从事研究的像科学理论的结构这类分析性很强的课题，还原论的方法论也存在着很大的局限性，尚需要整体论加以补充。例如，亨普尔关于理论"安全网"的构想，蒯因对"还原论的教条"的批评和玛丽·赫西提出的网络模型都带有很强的整体论色彩，表明"我们关于外在世界的陈述不是个别地而是仅仅作为一个整体来面对感觉经验的法庭的"[9]。

另一方面，整体论的思维方式和方法，也有其自身难以克服的模糊性，有必要用还原论的思维方式和方法加以澄清。例如，历史主义者十分强调将"范式"这样的大理论看做是科学变化及其评价的基本单元，然而，"范式"概念是一个十分模糊的概念，尽管后来劳丹在他的《科学与价值》一书中将"范式"的内容明确概括为本体论、方法论和价值论三个层次，但人们还可以进一步追问科学的主要价值、目的和方法究竟是什么？然而，劳丹最终还是回避了这个问题，他说："读者也许期望我最终不负众望，表明科学的中心价值、目的和方法是什么，或者至少说明它们应当是什么，但恐怕任何这样的期望都可能会落空。"[10]由此可见，历史主义者往往只是停留于空泛地谈论科学的价值、目的和方法及其变化和作用。进一步说，他们之所以难以摆脱相对主义，这与他们的整体论的模糊性有很大关系。其实，强调价值在科学及其变化中的作用，并不必然会导致相对主义，因为事实上科学的认知价值目标的选择和确立并不是任意的，首先必须以客观性或客观性程度（广度和深度）为准绳。毫无疑问，在科学上，离开了客观性，无论多么"简单"、多么"优美"的理论都无济于事。历史主义者陷于相对主义的根源之一就在于他们将科学的认知价值同科学最根本的价值即客观性要求割裂开来，而抽象地谈论科学的价值目标及其作用，并错误地将科学的价值目标同宗教的或其他别的非科学的价值目标混为一谈。还有，科学的经验基础究竟在科学及其变化中还占有多大分量？它与"范式"等这样的"大理论"的关系应当如何协调？诸如此类的问题在历史主义者那里都是含糊不清的。

至于后现代主义的整体论抹杀主体与客体、观念与事实的区别，抹杀科学与非科学的区别，强调将一切文化都放在一个认识论的水平上，无疑将模糊主义推到了极端。这从反面告诫人们，离开还原论作为必要补充的那种极端的整体论，不仅可能导致彻底的相对主义，而且还有可能将人们拉回到原始思维的水平上去。

参 考 文 献

[1] 洪谦. 现代西方哲学论著选辑. 北京：商务印书馆，1993：490.

[2] 洪谦. 逻辑经验主义. 北京：商务印书馆，1989：8-9.

[3] 劳丹 L. 历史方法论：一种立场和宣言. 自然科学哲学问题，1986，（4）：28-34.

[4] 劳丹 L. 分界问题的消逝. 自然科学哲学问题，1988，（3）：13-21.

[5] Kuhn T. The Structure of Scientific Revolutions. Chicago：University of Chicago Press，1962：93.

[6] Laudan L. Progress and Its Problems. Berkeley：University of California Press，1977：11.

[7] 库恩 T. 必要的张力. 福州：福建人民出版社，1981：334.

[8] 理查德·罗蒂. 后哲学文化. 黄勇编译. 上海：上海译文出版社，1992.

[9] 威拉德·蒯因. 从逻辑的观点看. 上海：上海译文出版社，1987：38-39.

[10] Laudan L. Science and Values. Berkeley：University of California Press，1984：138.

萨弗尔"归因模型"中的科学偏见 *

　　科学偏见，一般指在科学争论中，争论双方指责对方在某些问题或方面，持有先入为主的或论题论据无法证实的观念。迄今为止，关于科学偏见的研究并不多，特别是从认识论角度探讨什么是科学偏见（以下称偏见），以及它在科学推理中起什么作用的研究更少。许多哲学家认为关于科学偏见的研究应归属于心理学。但是，这一看法忽略了一个重要的哲学问题，那就是：我们根据什么标准来判定科学偏见，并据此更正它。历史上，关于科学偏见有两种对立的观点：一是逻辑实证主义的观点，即认为"偏见"是指那些相互构成一个体系的观念，而这些观念却不能由证据直接断定。能否为证据直接断定是判定一个偏见的标准[1,2]。另一观点是反逻辑实证主义的观点，即认为逻辑实证主义所判定为"偏见"的观念非但不是不必要的，而且是科学活动中不可缺少的，但是反逻辑实证主义并未提出其他用以判定某些观念为"偏见"的标准[3,4]。

　　这里，"偏见"一词并无贬义，它指科学研究与科学争论中不可缺少的一部分观念，这些观念为争论一方所利用，而为另一方所排斥。近年来，在西方科学哲学界流传一种被称为"方法论的客观主义"（mathodological ob-

---

　　* 本文作者为尚智丛，原题为《论科学偏见——萨弗尔"归因模型"评介》，原载《自然辩证法研究》，1997年第13卷第6期，第19～23页。

jectism）的观点。这一观点同样存在很多局限性。萨弗尔（Nancy E. Shaffer）批判了这一观点，并据此提出其"归因模型"（the attribution model of bias)[5]。

一、方法论客观主义的观点

方法论客观主义者认为在探求科研成果的客观性方面应有明确的方法论规则，广义地来说，偏见就是以某种方式偏离了这些规则，更为重要的是这些规则在科学活动与判断过程中充当判定偏见的标准[6]。在科学研究中使用了与这些规则相背离的某些规则，将导致或至少可能导致错误的结论。由于方法论客观主义者确信这些规则是用以追求科学目标的，因而，科学家们对其的约定就被看做是合理的、正确的。这样，在科学研究中对这些规则的系统的偏离将无法找到科学方面的解释，而只能从那些介入科学活动的而对科学真理并无建树的其他因素中探求原因。造成偏见的原因是各种各样的，可能是无知或其他未知因素，但在很多情况下，被认为是研究者的先入之见或特殊利益。

客观主义者的观点使人想起逻辑实证主义者以"某一观念是否由证据直接断定"来判定偏见的这一规则，但是，客观主义的方法论规则并不仅限于这些，它泛指在成功的科学活动中使用的一切规则，包括特定的实验技巧、统计方法、计算方式等，而这些规则不容研究结果有任何含混与歧义。这种客观主义观点事实上假定了自然界是有其客观规律的，并且世界是分立的单元的集合，这些单元相对独立，又相互有联系[7]。基于客观主义的观点，在科学活动中任何有歧义的、含糊的判断都是趋向错误的信号。科学活动者之间的观点的一致是客观的方法合理运用的更重要标志。

二、关于科学活动的结构主义的观点

关于科学活动规则方面的研究，近年来在西方出现了结构主义的观点（the contextualism）。这种观点深化了逻辑实证主义在科学研究规则方面的理论，而且对客观主义的方法观点作了一定分析[8]。这一观点提出：在科学共同体内部或共同体之间要达到观点的一致（包括对理论与方法的选择两个方面），不仅要求遵循"证据断定"规则，而且：①要求使用外部经验原则（extra-emperical principles）[9]；②可能要求共同体内或共同体之间科学家的争论及最终明确地达成一致[10]。外在经验原则［以下称"原则"（principles）或"判定原则"（judgment principles）］包括：以往对特定理论的约定、一般的信条、形而上学的论断、实用的方法论规则、诸如简单性等应用上的规则以及个人或社会价值观念，比如反对种族歧视等。结构主义者认为这些原则是科学活动中不可缺少的，单独使用"论据断定"规则不能产生任何结论，也不能产生其他的假设或方法论规则[11]。

根据结构主义的观点，社会环境是科学家取得其外在经验原则的重要来源。这里社会环境所指，一是科学研究传统；二是科学家所处社会的各个方面。当然，这并不在于强调与认识论价值相对立的社会利益与价值在科学活动中时时起作用，而在于强调科学家之间由于所处环境不同而会在所取原则上产生各种差别，这些差别表现在认识过程、运用过程以及各种社会联系之中。在某一共同体内，某些共同的原则将为其成员想当然地使用，而另一些则作为科学活动中的冲突、讨论以及最终达成一致的部分基础。很明显，这一观点与方法论的客观主义相对立，因为后者强调科学家达成观点的一致是使用客观方法的结果。

三、对方法论客观主义的批判

结构主义认为科学活动中观点的一致都是一定局限内的一致，这对于说明科学中何以出现偏见是极有意义的。因为从不同判定原则来看，在某一科学活动中被判定为合理的一些方法、陈述或活动方式就会被确认为带有偏见。由于在不同的共同体之间，原则有所差异，因而，对偏见的判定也有所差异。这种差异正是方法论客观主义所力图避免的。因为只要能够找到理想的方法论规则，那么，在共同体之间就会避免原则上的差异，进而避免偏见上的差异。但是，非常遗憾的是，在实际的科学活动中，这种偏见与原则上的差异却不能以"不正确"、"不相关"等理由轻易消除。

影响科学共同体选择原则的因素很多。其中一个最重要的因素是科学活动中的许多现实限制条件，诸如时间、财力、现有的理论与实验知识、人的认识与感知能力限制等。自然界的存在是多方面的，任何人都不能同时把握所有的方面。同时，人类也不可能在一次认识中取得关于某一方面的完全、彻底的描述或理论认识。在实际的科学活动中，科学家不可能明确地掌握所有的事实；一个研究模型在某些方面的精确描述是以牺牲其他方面的精确性为代价的。科学要进步，研究就必须作出这样的牺牲。科学家必须选择在一个现象中，哪些方面要进行研究，哪些详细数据需要取得，而哪些方面可以忽略。

同样，人类在认识与感知能力方面的局限使我们没有理由相信，我们可以取得客观主义所期望的客观方法规则。这并不是说这种"纯粹客观"的方法不存在，而只是说我们没有理由相信我们已全面把握了它。实际的科学活动中的方法原则仅仅是最实用的原则。实用性是非理想环境下达到某一目标的潜在方法原则，但是某些有用的方法原则也会导致错误。例如，以前人们认为丛林中的喧闹是由动物捕食造成的，这一观念高估了捕食者的数量，以某种方式简化了丛林中生物活动的模型，同时也高估了生存斗争的作用。在科学活动中，实用主义提高了科学活动者分析复杂的自然与社会环境的能力，使他们可以利用已有的合理或部分合理的命题与技巧来选择数据、假设及研究方法等[12]。

决定某一共同体选择其原则的另一个重要因素是共同体的"理想"。这里，"理想"指一种特殊的方式。这一方式使共同体在其核心目标、价值观、各种研究计划及其成功的研究工作，都显示出一种特有的风格。原则就是其共同体在特定环境下为达到这一理想而选出的。以往科学家和哲学家都认为科学研究的理想是纯粹认识论的。在科学研究中，遵循某些信条与方法，可能引发某些实际的社会后果，但这与科学研究的本质是无关的。但是，事实上，在科学活动中都存在着非认识论的目标。这些非认识论目标使研究者不得不放弃纯粹认识论的理想，而采取二者兼容的理想[13]。这种理想并不是不合理的，它是研究者据以构造其研究模型的重要的、合法的标准。那些对整个研究理想有益的（至少是无害的）因素才能被选入来构造模型。

理想在实际的科学活动中的作用是不可忽视的。任何科学家都可以有社会、伦理道德及政治等方面的目标。我们并不能说，只要这些非认识论的目标一旦进入科学研究，并在科学判定中起到作用，那么，这项研究就是错的、不可取的。事实上，只要其另有选择，科学家绝不会为追求社会利益而将社会理想置于认识论理想之上。但是，在实际的科学活动中，社会理想的作用却不可忽视。例如，伦理的限制使某些科学家在医学研究中反对使用对照组实验；社会利益促使某科研项目得以资助，使某些现象被认为是需要加以研究的，某些科学观察、科学解释被认为是比其他的更合适等。在后一情况下，社会利益起到了外在经验原则的作用，充当了科学研究中的判定原则。

四、萨弗尔的归因模型

（一）归因模型

萨弗尔依据结构主义关于科学外在经验原则的分析，提出其关于科学偏见产生的归因模型。她认为方法论客观主义设定一个先在的、绝对独立的、至上的标准，作为判定科学偏见的依据，这种做法与现实的科学活动相背离。在现实的科学活动中，科学家使用着具体的科学方法标准，而这些标准都会因具体科学活动的不同而有差异。在实际的科学活动中，科学偏见的提出，必然涉及争论的两方，其中一方归因（attribute）另一方持有偏见，前者被称为外在方（external），后者被称为内在方（internal）。一个严格的科学偏见实质上就是外在方依据其方法论标准与理想对内在方的价值判定。被判定为偏见的命题或行为从根本上背离了外在方的标准与理想，因而，这种背离也是一种系统性的背离，偏见不能与外在方的任何原则相协调。在这一点上，归因模型是不同于方法论相对主义的。相对主义认为，任何一条方法规则的背离都会产生偏见，背离并不是系统性的背离。归因模型认为争论中任何一方的原则都是其信条、假设、操作规则及理想的网络系统。操作规则往往被认为是用以实现理想的保证，而理想恰恰是用以判定偏见的最根本依据。如果一个命题或行为与理想相悖，共同体（或科学家）会据此判定其为偏见。

以上是归因模型的主要内容。归因模型以争论中现实的实用的标准取代了先在的、至上的、不变的标准，说明了争论中双方所持原则的不同，以便理解科学活动的复杂性。这一模型解释了争论的一方何以只承认某些假说与操作规则而否定其他的假说与操作规则，这一模型回答了方法论客观主义无法回答的问题：何以外在方的标准应当或不应当应用到内在方的研究中？

（二）对人格研究中偏见的分析

在心理学对人格的研究中存在因素论（factor theory）与社会认知论（social-cognitive theory）两派之间的争论。社会认知论（外在方）指责因素论（内在方）忽视大量说明人的行为随具体情况大幅度变化的证据。这种做法是科学偏见。萨弗尔对此依归因模型作了分析[5]。

因素论认为个体人格是由一些分立的、稳定的个体特点组成的集合。大量的英语词汇可用来描述这些特点，如 agreeable，stingy，curious。然后，对这些特点分类，形成更一般的因素（factor），如 extroversion（外向），emotional stationary（情感稳定）等。依据这些因素可以预见个体特点在具体环境下的表现。正如社会认知论学者所指出的，大多数因素论者都是产业或组织行为学者。其研究目的在于确定与控制个体的工作表现。在实际的工作中，被试者的表现确实应了研究者的预见。

社会认知论者认为因素论者违背了许多已确立的方法论原则。首先，因素论者混淆了因果性与相关性。用语词描述个体特点，然后依据其语义加以分类，形成一般的语词。这一语词被用来描述因素。因素论者据此赋予它以因果的效用，认为由因素可以决定特点。这是错误的[14]。其次，社会认识论者认为因素研究的实验并不能决定被试者的反应，这反映了其稳定的性格或决定因素。例如，被试者在被要求描述其自身时，可以有意将其描述为某种人[14]。再次，因素论模型过于简化了行为的因果关系。第一，将描述个体特点的名词分类，忽略了对个体行为描述上的细微差别，限制了研究范围。第二，被试者的个体特点以因素模型加以描述，可以在特定环境下适用。而这样的环境大多事先预定了某些目的（如工作表现好）高于其他目的。这意味着，同一被试者可以在不同环境下可以表现出完全不同的行为。而这一情况完全被忽视了[15]。

社会认知论的批评反映了方法论客观主义的观点：他们设定在心理学研究中有某种确定的理想，同时存在达到这一理想的明确的、不变的方法论标准。因素论学者的研究之所以偏离这些标准是因为在研究中引入了非科学的社会利益。尽管社会认知论学者指出了因素论研究的错误，但我们不能据此认为社会认知论的心理学观点就是正确的。社会认知论学者的出发点是他们的理想、假说与实用的操作规则，这些构成了其外在经验原则。社会认知论者从人的行为都是有目的的这一假定出发，他们的理想就是寻求证据以证实个体行为具有随情况的具体要求而变化的多变性，并进而以个体的认知过程、情感过程及具体社会环境的需要三者之间的相互作用来说明这种多变性。

社会认知论对因素论的归因反映了因素论模型系统地偏离了社会认知论的理想。如果像社会认知论那样假定心理学研究的理想就是建立一个因果模型，以便能从经验上充分说明具体环境下的个体行为，那么，因素论的模型确实过于简化，并且，其所选择的研究数据是有偏见的。同样，社会认知论着重强调在全面说明个体行为时必须充分考虑环境的全部变化情况。社会认知论的研究是针对目的性行为的研究。首先，将认知任务或体能任务依其效果分出难度等级，然后观察被试者在完成任务过程中的表现是否达到预期效果；其次，通过被试者对不同难度任务的选择来考察其对自身能力的预期认识，通过对其完成任务过程中付出的努力，以及任务完成后被试者对其自身能力的再评价，来最终确定被试者的人格[15]。被试者对其个体能力与表现的评价是其对同一任务的多次重复试验中的不同之处的自我评价。这是社会认知论取得认知与情感活动数据的方法。例如，社会认知论模型中，认知过程就是个体以以往的经验及个人或社会行为标准来评价一个新异环境，并据此调整其行为来达到个人目的[16]。

基于以上的分析，从关于科学偏见的归因模型出发，可清楚地看到：因素论与社会认知论的理想是完全不同的。因素论的理想不是寻求可观察行为的原因，而是预见在特定环境下的个体行为，特别是工作表现与个人选择。因素论者承认其研究模型设定几个基本行为因素确定系统地简化了用以描述个体人格的许多特点。但是，这种统计学的、一般概括的因素模型却比复杂的模型更有效地预见了个体在特定环境下的工作表现。因为心理学家可以追求不同的理想，所以，他们就可以为达到不同理想而使用的不同的假设与操作规则。因素论与社会认知论之间的争论并不限于其假设与操作规则的不同，更进一层，是其理想之间的差别。因素论者以预见特定环境下个体行为为其理想，而社会认知论则以探求个体行为中目的性认知过程的因果关系为理想。这两种理想并不绝对排斥，因而，可以在同一研究过程中得以实现，也可以分开来追求。这样，两个学派之间的争论也并不是真正的对立。

五、结　　论

科学争论广泛存在。在科学争论中不可避免出现科学偏见。归因模型指出了科学偏见产生的根源，说明了方法论标准的可变性，批判了方法论客观主义在科学方法标准上的先在观、绝对观。归因模型更贴近现实的科学研究活动，认识更深一层。它容许在科学争论中提出科学偏见，但强调：明确争论双方各自坚持的外在经验原则的局限；评价外在方利用内在方法标准而得出的各种严格的结果，即对内在方的指责；双方可以在其科学活动中追求自己的理想。归因模型为正确认识科学偏见并推进科学研究提供了理论与方法工具。

参考文献

［1］ Carnap R. Logical Foundations of Probability. 2nd ed. Chicago：University of Chicago Press，1962.

［2］ Reichenbach H. The Rise of Scientific Philosophy. Berkeley：University of California Press，1966.

［3］ Garver E. Point of views，bias，and insight. Journal of Thought，1988，23：139-155.

［4］ Paul R，Rudinow J. Bias，relativism，and critical thinking. Journal of Thought，1988，23：125-138.

［5］ Shaffer N E. Understanding bias in scientific practice. Philosophy of Science，1996，63：89-97.

［6］ Tversky A，Kahneman D. Judgement under uncertainty：heuristics and biases//

Kahneman D, Slovic P. Tversky A. Judgement Under Uncertainty: Heuristics and Biases. Cambridge: Cambridge University Press, 1982: 3-20.

[7] Porte T. Objectivity as standardization: the rhetoric of impersonality in measurement, statistics, and cost-benefit analysis//Megill A. Rethinking Objectivity. Durham: Duke University Press, 1994: 197-237.

[8] Galison P, Stump D. Disunity and Contextualism: New Direction in the Philosophy of Science Studies. Stanford: Stanford University Press, 1995.

[9] McMullin E. Values in Science. PSA, 1982, 2: 3-28.

[10] Galison P. How Experients End. Chicago: University of Chicago Press, 1987.

[11] Duhem P. The Aim and Structure of Physical Theory. Princeton: Princeton University Press, 1954.

[12] Kuhn T. The function of dogma in scientific research//Crombie A C. Scientific Change. New York: Heinemann Educational Books Ltd. , 1963: 347-369.

[13] Foley R. Some different conceptions of rationality//Mcmullin E. Construction and Constraint: The Shaping of Scientific Rationality. Notre Dame: University of Notre Dame Press, 1988: 123-152.

[14] Kroger R, Wood L. Reification, "faking", and the big five. American Psychologist, 1993, 48: 1297-1298.

[15] Cervone D, Williams S. Social coginitive theory and personality//Caprara G V, Van Heck G L. Modern Prersonality Psycology: Critical Reviews and New Directions. New York: Harvester Wheatsheaf, 1992: 200-252.

[16] Bandura A. Self-efficacy: toward a unifying theory of change. Psychological Review, 1977, 84: 191-215.

逻辑经验主义的统一科学纲领 *

　　"统一科学"是逻辑经验主义科学哲学的核心主题之一。在后现代文化思潮中，统一科学纲领频频遭到诟病和批评。在一些后现代科学哲学家看来，逻辑经验主义的统一科学纲领忽视了科学知识的地方性和多样性，仅仅依据逻辑哲学和语言哲学的形式分析，构造了一个脱离科学实践和文化实践，因而对科学和文化都影响甚微的理论体系。然而，自21世纪以来，随着语境论对史学研究的影响日益深远，哲学史家结合逻辑经验主义所处时代的人文语境，对其统一科学的理论与实践进行了重新审视，纠正了学界以往流行的诸多误解。本文将结合西方哲学史的新近研究成果，重新考察和评价逻辑经验主义的统一科学纲领。

一、统一科学的理论辩护

　　传统的西方哲学家往往从本体论的层面来为科学的统一性辩护。然而，对于逻辑经验主义者来说，他们强烈的反形而上学态度无法接受源自本体论的理论辩护。弗兰克就明确表示，虽然马赫的要素一元论为逻辑经验主义的

---

　　* 本文作者为郝苑、孟建伟，原题为《论逻辑经验主义的统一科学纲领》，原载《华南师范大学学报》（社会科学版），2010年第4期，第99～104页。

统一科学纲领提供了重要依据，但是，该要素一元论绝非传统形而上学，而是建立在广泛的心理学、生理学和物理学等自然科学基础上的"科学一元论"。马赫留给逻辑经验主义的重要思想遗产恰恰是"通过清除形而上学来统一科学"[1]。

事实上，逻辑经验主义统一科学纲领的理论依据直接关联于当时哲人科学家从科研经验中提炼出的科学思想，这主要包括以下三方面：

第一，思维经济原理。该原理主张，科学最起码的任务是"用最少的思维消耗尽可能完全地表现事实"，或者说在逻辑上用最少量的概念标示事实[2]。思维经济原理在19世纪末20世纪初的科学界和哲学界中具有较广泛的影响，马赫、基尔霍夫和彭加勒等著名哲人科学家普遍赞同思维经济原理。在逻辑经验主义者看来，科学研究所推崇的思维经济原理充分反映了科学知识走向统一的趋势："科学持续努力地以尽可能少的普遍定律来表征所有现象……科学假说的所有结构将最终导向减少特殊性质数量的方向，除非这些特殊性质被还原至最少的数量，人类对说明的需求就始终得不到满足。"[3]

第二，约定论。逻辑经验主义虽然以经验论立场著称，但是，它并非不承认经验以外的要素在科学中的重要地位。事实上，逻辑经验主义恰恰奠基于经验论和约定论的综合。约定论主张，科学定律中抽象术语的意义并不完全由经验决定，而是带有一定的人为约定性。历史中科学基本概念原理的取舍，在很大程度上取决于它是否满足人类思维适应环境的便利要求。在逻辑经验主义者看来，约定论表明，不同学科中的基本概念原理并非不可修改和彼此孤立的先验真理，而是科学家为了适应不同学科智识环境而约定的思维工具。为了便利科学家的沟通与协作，完全可以根据科学实践的具体情况，将不同学科的理论语言翻译和构造成为统一的科学语言。

第三，整体论。法国哲人科学家迪昂的整体论深刻影响了纽拉特、弗兰克和卡尔纳普等逻辑经验主义者。整体论断言，在科学史上，经验事实并不足以决定竞争性科学假说系统的取舍。记录经验事实的初始记录句若与一个科学理论抵触，科学家可以推翻或放弃该理论，但也可拒斥与理论相冲突的初始记录句，或者通过修正理论中概念与命题的意义乃至相应的逻辑规则来使观察与理论重新一致。在科学实践中，科学家研究和检验的并非孤立的概念和理论，而是整个概念网络结成的理论体系。而每一个有关自然事物的理论陈述"渗透着各种假说，它们最终导源于我们整个世界观"[4]。科学家取舍科学理论的根据，并非仅仅依靠逻辑和经验事实，而是需要辅之以历史、社会和文化的考虑因素。换言之，科学家本人未必会明确意识到的社会文化观念会潜移默化地影响到科学研究。因此，为了提升科学家依据具体情境做出合理抉择的实践理性能力，就有必要跨越自然科学和精神科学的沟壑，结合历史学和语言学等精神科学的知识与方法，揭示影响科学理论选择的社会文化观念。逻辑经验主义者相信，从整体的视角来综合整理自然科学和精神科学的现有知识成就，将有助于不同学科知识的交流与协作，从而促进科学与文化的全面发展。

因此，逻辑经验主义对统一科学的理论辩护并非基于抽象空洞的本体论或认识论教条，而是源出于科学实践并最终旨在服务于科学和人文的整体发展。然而，按照狄尔泰等哲学家的观点，自然科学与精神科学的研究对象不同，前者研究的是客观的自然现象，后者研究的是主观的社会文化现象。初看起来，这似乎为科学统一性带来了不少困难，但在逻辑经验主义者看来，这并非不可克服的障碍。虽然自然科学研究的是与自然有关的客观经验，但经验的内容是主观和私人的，事实上，自然科学真正研究的是经验之间的关系和结构。对于精神科学来说，虽然它涉及的人类体验内容是主观的，但是，精神科学主要揭示的也是人类体验之间的关系、结构和秩序。因此，无论自然科学和精神科学涉及的人类经验内容有多大不同，但它们研究的真正对象都是构成人类经验要素的相互关系和结构。自然科学与精神科学在研究对象上的共通性保证了两者能在统一科学纲领下有效地展开对话与合作。

二、统一科学的实现途径

逻辑经验主义实现统一科学的途径主要有五种，而这五种途径都在不同程度上与当时的科学实践和文化实践有关联。

第一，科学方法的统一。爱因斯坦、马赫和彭加勒等哲人科学家根据其研究经验，揭示出科学研究中的多元方法。后现代科学哲学家往往据此质疑科学方法的统一性。然而，逻辑经验主义绝非没有意识到科学方法的多样性，通过对"发现"和"辩护"的区分，逻辑经验主义承认发现科学事实或发明科学理论的方法的多样性。它所倡导的科学方法的统一，主要指的是在辩护或证实过程中所使用的理性和经验方法的统一性。可见，逻辑经验主义倡导科学方法统一，最终是要坚持科学证明和辩护的标准的统一性，从而克服形形色色的相对主义对科学理性探究的侵蚀。

第二，科学定律的统一。按照流行的说法，逻辑经验主义试图根据还原论的思想，将社会学、经济学、心理学和历史学的定律还原为生物学定律，将生物学定律还原为化学定律，将化学定律还原为物理学定律，由此，将整个科学构造成一个以物理学定律为基础、各门学科定律之间具有固定逻辑关系的金字塔式的知识体系。后现代科学哲学家批评金字塔式的统一科学模型忽略了不同学科知识的特殊性，并非所有学科知识都能还原为物理学定律，仅靠物理学定律也不能充分解释其他科学研究的现象。后现代科学哲学的上述批评无疑是有道理的，但是，首先对此模型提出质疑和批判的恰恰来自逻辑经验主义内部。作为逻辑经验主义统一科学纲领的首要倡导者，纽拉特很早就认识到金字塔式统一科学模型的问题所在。在纽拉特看来，科学知识并不存在绝对确定的基础，各门科学知识的定律之间也不存在固定不变的关系，各门科学主要是根据实践中的应用需要而彼此联系起来的。因此，绝不能为了迎合某种实证主义科学观而教条地构造金字塔式的统一科学体系[4]。此外，虽然金字塔式的统一科学模型有忽略学科知识特殊性和科学实践灵活性的缺陷，但是，该模型不仅有着科学实践的根基，而且对科学的发展也有积极意义。以生物学和生理学为例，虽然物理学并不足以解释所有的生物或生理过程，生物学和生理学中也存在大量物理学家不知道的自然定律，但是，物理学定律在自然现象中终究具有普遍性，生物学家和生理学家需要直接或间接借助物理学定律来深入研究有机现象。逻辑经验主义者认为，古老而神秘的形而上学二元论将自然与人类、有机界与无机界、身体与心灵人为割裂开来，严重阻碍了自然科学的发展。而还原论追求的科学定律统一，将成为克服形而上学二元论的解毒剂，从而有效推动人类利用物理学等基础自然科学的知识，拓展和加深对心灵、社会与生命等现象的系统理解与认识。

第三，科学语言的统一。逻辑经验主义主要运用"科学的逻辑"和"指号学"的方法，致力于将不同自然科学的语言统一于物理主义的语言。"科学的逻辑"指的是对科学概念、语句和陈述的逻辑分析，它包括语形学研究和语义学研究。在统一科学纲领的语境下，语形学是对诸科学共同具有或可能共同具有的语言结构形式的分析研究，语义学是对不同学科的语言指称对象关系的分析研究。"指号学"不仅包括语形学和语义学，还包括语用学研究，即对语言指号与科学家之间关系的研究。语用学研究囊括了"科学家如何工作、作为社会建制的科学与其他社会建制的关系以及科学活动与其他活动的关系"等重要实践问题，由此揭示出"不同科学在程序、目的和效用上的统一性"[5]。逻辑经验主义努力将科学语言统一成物理主义的语言，这并非是希望将所有科学知识都还原为物理学知识。物理主义语言也并非仅仅局限于物理学所使用的术语，而是明确标示出事件时空点的科学语言。在纽拉特看来，物理主义的语言既在最大程度上明确反映了不同学科在语言结构、指称对象和科学家研究旨趣等方面的共同点或相似点，而且具有自身的可修正性，可根据科学的发展而与时俱进。因此，物理主义语言适合成为统一科学纲领的通用科学语言。隶属于不同专业领域的科学家将以物理主义语言为中介，克服不同学科术语差异造成的理解和交流障碍，以便于有效实现不同科学领域的专业协作[6]。

第四，科学的社会建制的统一。信奉社会建构主义的后现代科学哲学家总是根据科学社会建制的地方性和多样性来反对科学的统一性，然而，他们在强调社会分工的同时，恰恰忽略了科学统一性在社会协作中的重要性。逻辑经验主义者主张，诸科学虽然存在因社会分工而带来的差异，但是，为了人类文明的整体发展，不同社会分工必然需要相互沟通与合作。同样，科学的专业分工也不能抹杀科学是一项集体的事业，合理社会建制所实现的科学统一将有力推动科学和文化的整体发展。逻辑经验主义者意识到，19世纪与20世纪的科学知识不断转化为技术发明，这加速了科学研究机构的工业化与社会化发展趋势。科学家的典型范例不再是独自单干的天才科学家，而是接受公共资助或私人资助的研究机构或部门中集体协作的科学家。科学的工业化过程反映了科学与经济社会因素的紧密关联，若要推动科学的健康发展，就需要创建一种符合理性原则的经济社会生活，使各门学科在其中实现最有效的合作。逻辑经验主义通过创办学会、举行国际学术会议等社会学术活动来积极推进科学的社会建制的统一。马赫学会是逻辑经验主义推进科学统一性的最为重要的社会组织之一，该学会力图向大众传播科学的世界概念，借此铸就出有效的思想工具来塑造理性的公共生活与私人生活。马赫学会通过营造有利于科学世界概念成长的社会氛围，来推动各门科学之间的积极互动和对话，而纽拉特等逻辑经验主义者自 1934 年以来筹备举办的 7 届"国际统一科学大会"（International Congresses for the Unity of Science）受到了诸如玻尔和杜威等著名科学家和哲学家的支持，在科学界和哲学界有着不小的影响，为不同学科的交流提供了重要的社会性的学术平台。

第五，科学的文化实践的统一。对于逻辑经验主义者来说，统一科学并不仅仅局限于自然科学中诸学科的统一，而是自然科学与人文社会科学的统一。在自然科学与人文社会科学之间并不存在绝对不可逾越的鸿沟，"全部知识在原则上构成一个统一整体"[5]。纽拉特强调，普及化和人性化（popularizing and humanizing）逻辑经验主义倡导的科学态度（scientific attitude），是关乎欧洲未来命运的重要事务[7]。卡尔纳普更是明确表示，严谨清晰的科学态度与哲学以外的"所有其他生活领域中颇有影响的思想态度之间有一种内在的亲缘关系"，科学态度在艺术特别是在建筑艺术的文化创造中，在为人类生活争取有意义而进行的文化实践之中，在服务于个人的自由发展和社会协作而展开的文化教化之中起着越来越重要的作用[8]。对于纽拉特等发起并积极参与统一科学运动的逻辑经验主义者来说，他们强烈希望以科学态度塑造新文化，以实现科学在更大范围内的统一。也正因为以上人文关切，逻辑经验主义已出版或计划出版的《国际统一百科全书》就包括了伦理学、历史学乃至美学等诸多人文社会科学的内容。

逻辑经验主义者并未停留于理论的口号，而是切实与不同领域的人文文化展开对话，积极以科学的态度来推进人文文化的发展。在伦理学方面，虽然大多数逻辑经验主义者否认价值判断的认知意义，不赞同僵死套用自然科学的方法来研究价值问题，但是，这并不意味着他们彻底否认自然科学对伦理学研究的启发意义。事实上，以石里克为代表的逻辑经验主义者相信，人的道德行为与其他行为一样，都遵循"避苦趋乐"的心理动机定律，而特定行为导致的当下快乐与未来享受之间往往存在矛盾。一个人的美德并非导源于传统形而上学的空洞说教，而是根据心理学和生理学等自然科学知识，权衡不同行为导致的心理后果，使当下的快乐与未来的快乐之间保持最大的和谐。因此，需要以科学的知识和方法来推进伦理学对道德现象的研究。

在艺术方面，尤其是在建筑艺术上，逻辑经验主义与德绍的包豪斯设计学院有着积极的联系和互动。逻辑经验主义倡导以科学的世界概念重建现代社会生活的观点在包豪斯建筑家的设计理念中找到了深刻的共鸣，他们将彼此视为支持科学、理性与进步的现代世界观的盟友。包豪斯的设计艺术理念充分体现了简约、朴素与实用的科学风格，设计技艺也大量吸收了同时代的科技进步成果。在逻辑经验主义者看来，包豪斯的建筑设计艺术为科学与艺术的积极融合提供了一个振奋人心的典范。

在文化教育方面，逻辑经验主义者继承并发展了启蒙运动的教育理念。教育的对象不能仅仅局限于少数精英，而是要面向大众。在现代社会中全面推行科学世界概念，促进文化的更新发展，就有必要对大量在幼年时因为贫困而失去教育机会的成年人进行继续教育。纽拉特、魏斯曼和克拉夫特等逻辑经验主义者积极参与了传播科学知识和启迪大众心智的教育事业，他们亲自到维也纳高等成人教育学校面向公众授课。纽拉特等逻辑经验主义者相信，统一科学能通过运用"科学的逻辑"，以物理主义语言澄清语言与思维中不精确的意义，纠正社会文化中对科学的误用和滥用，从而提高公众理性的思维能力。逻辑经验主义的统一科学实践有力地支持了成年人文化教育的开展。

此外，逻辑经验主义对社会学、政治经济学、历史学乃至心理学等人文社会科学也有着不同的影响。逻辑经验主义认为，虽然艺术、宗教、政治、经济和社会的文化实践与科学实践存在诸多差异，但是，这些文化实践深受相应的人文社会科学理论思想的指导，而人文社会科学只要还宣称自己是知识体系，那么就必然要借鉴自然科学成功的思维方法和研究经验。由此，科学就以诸多人文社会学科为中介，统领和推进人类不同领域的文化创造，实现科学在文化实践上的统一。

可见，逻辑经验主义实现统一科学的进路是多元的，虽然还原论在统一科学纲领中占据显著的地位，然而，只有科学语言与科学定律的统一进路需要特别预设还原论的立场，科学方法的统一进路与还原论关系不大，而科学在社会建制和文化实践上的统一进路奠基于关注生活方式多元化的实践需要，强调的是社会文化多样性之中的动态统一，所以几乎与还原论没有直接关系。逻辑经验主义发起的统一科学运动固然没有孕育出可与爱因斯坦和马赫等哲人科学家相比的科学研究成果，但也并不像费耶阿本德所说的那样毫无成效，而是切实推进了控制论、博弈论和生物物理学等交叉学科的发展。

三、统一科学衰落的原因

逻辑经验主义的统一科学运动虽然在自然科学与人文社会科学中取得了不少积极成果，但是，逻辑经验主义者最终还是没有实现他们的全部理想。纽拉特计划出版的 26 卷百科全书仅仅出完 2 卷。1973 年，逻辑经验主义在北美设置的统一科学研究机构被吸收入美国科学哲学协会之中，这标志着逻辑经验主义的统一科学运动全面走向衰落。逻辑经验主义的统一科学运动走向衰落的原因是多方面的，其中外在的历史文化因素起着不小的作用。

首先是来自政治方面的压力。倡导统一科学的逻辑经验主义者大多数都支持或同情社会主义，他们在欧洲和北美与左翼学术文化团体有着密切的交往。然而，当时美国社会深受麦卡锡主义以及冷战思维的支配，逻辑经验主义倡导的统一科学因其同情社会主义的政治立场而受到美国政治势力的压制[9]。

其次是来自保守宗教势力的阻碍。芝加哥大学是逻辑经验主义者移民至美国后建立的统一科学运动的学术中心，然而，以芝加哥大学的校长哈金斯 (Robert Maynard Hutchins) 和哲学教授阿德勒 (Mortimer Adler) 为首的天主教保守势力倡导忽视乃至无视现代人类知识文化成就，封闭于古典文献注疏的蒙昧教育。他们极力否认科学的人文价值，将科学丑化为导致现代虚无主义的思想根源，并以各种可能的方式抵制用科学解放人类心智的自由的启蒙教育[9]。天主教保守势力发起的反科学运动显然不利于逻辑经验主义统一科学运动的顺利开展。

最后是高校的学科设置。在北美高校的专业化学科设置中，逻辑经验主义者隶属于科学哲学 (philosophy of science) 的二级哲学学科。然而，按照逻辑经验主义的哲学理想，他们从事的是科学的哲学 (scientific philosophy)，也就是以科学的精神与方法来改造传统哲学，因此，逻辑经验主义者在欧洲研究的是一般哲学 (general philosophy)，其哲学问题包括以科学世界概念重塑现代社会的文化问题，而在北美为了迎合高校院系设置的教条，不得不将自身局限于有关自然科学的哲学研究之中，削弱了它对人文文化和生活世界的联系[10]。由于上述历史文化因素，逻辑经验主义的统一科学纲领也就放弃了有关科学在社会建制和文化实践上的统一性，主要集中于科学在方法、定律和语言的形式统一上。

然而，自 20 世纪 60 年代以来，科学在方法、定律和语言的形式统一也遭遇了诸多困难。首先，费耶阿本德等历史主义科学哲学家通过科学史研究表明：某门科学的方法论标准、说明标准和意义标准并不能轻易拓展到其他学科领域。科学家实际采纳的是"怎么都行"的多元方法论，科学方法的统一性不仅不符合科学史实，而且也不利于科学的自由发展。其次，科学定律与科学语言统一性所预设的还原论饱受争议。杜普雷等科学哲学家认为，科学史以往认定的还原论典型范例并不完善，生物学和心理学等科学的新近发展表明，这些科学的定律和语言并不能被完全还原为物理学等基础科学的定律与语言。最后，哈金、伽里森和卡特赖特等科学哲学家站在多元主义的立场上批评了统一科学的纲领。他们认为，为了避免科学在社会中形成话语霸权，有必要以科学在本体论、认识论和方法论上的多元主义来替代科学的普遍统一性，从而为其他人类文化保留必要的发展空间。逻辑经验主义的统一科学纲领一方面无法有力抵御来自学科外的政治文化压力，另一方面又无法非常有说服力地应对学科内提出的理论挑战，这也就导致了其统一科学纲领逐渐走向衰落。

四、统一科学的思想遗产

逻辑经验主义虽然最终没有完成它在统一科学纲领中承诺的使命，但它给当代统一科学运动留下了深刻的经验教训。逻辑经验主义的统一科学纲领没有成功的深层原因在于：除纽拉特和弗兰克等少数成员以外，大多数逻辑经验主义者的科学观与文化观仍无法超越某些实证主义和科学主义思想教条的禁锢，无法全面透彻地理解自然科学与人文科学在生存论意义上的深层关联，从而成为"导致科学与人文两种文化分离与对立的重要根源"[11]，妨碍了他们的统一科学纲领的合理建构与顺利实施。

进而，逻辑经验主义反形而上学的激进立场虽然意在清除德国学院哲学不利于科学与文化自由发展的保守教条，但恰恰没有充分意识到形而上学为统一科学运动提供的重要思想动力，没有将对科学发展有积极价值的形而上学与陈旧有害的形而上学教条区分开来。逻辑经验主义彻底拒斥形而上学的激进态度，恰恰使它倡导的统一科学运动的灵感源泉和发展动力走向枯竭。在消解了科学形而上的思想高度之后，统一科学纲领就注定无法完成其承诺的使命。

逻辑经验主义统一科学纲领的思想遗产并非仅仅是负面的经验教训，它还蕴涵着有关科学文化与人文文化的建构性启示。逻辑经验主义的统一科学纲领并非凭空杜撰出的哲学构想，而是与科学实践和文化实践有着密切的关联。

首先，逻辑经验主义者为统一科学纲领提出的理论辩护深深扎根于同时代的科学实践之中。虽然逻辑经验主义者并非一流的科学家，但是他们大多与诸如爱因斯坦等一流哲人科学家有着密切的学术交流。逻辑经验主义者积极吸收和运用哲人科学家根据自身研究经验总结出的思维经济原理、约定论和整体论等科学思想，为其统一科学纲领做出了有力论证。逻辑经验主义的统一科学纲领绝非脱离科学实践的理论空想。

其次，逻辑经验主义实现统一科学的五大主要途径也与科学实践和文化实践有着密切联系。科学方法、语言和定律的统一在不同程度上顺应了当时自然科学和逻辑学的发展趋势，而科学在社会建制和文化实践上的统一则顺应了当时"科学的世界概念"改造人文社会学科的发展趋势。若按今日的眼光看，逻辑经验主义在社会建制和文化实践上倡导的科学统一难免有些科学主义的色彩，然而，在当时的历史语境下，科学人文主义、实用主义和德国青年运动等多股人文思潮都充分肯定"科学世界概念"在克服传统人文学科封闭于文本的学术弊病，将创造精神注入人文文化中所起的积极作用。逻辑经验主义在社会文化实践中开展的统一科学运动，在推崇科学之进步价值的西方人文思潮中有着广泛而深厚的根基。

最后，逻辑经验主义的统一科学纲领不仅在控制论、博弈论和认知科学等自然科学实践中产生了积极的成果，而且也在社会学、政治经济学、教育学和美学等人文社会学科的理论实践中孕育出不少可喜的初步成果。应当承认，逻辑经验主义的统一科学纲领因忽略人文社会科学在诠释方法等方面的特殊性，而遭到狄尔泰、海德格尔与伽达默尔等人文学者的尖锐批评，但不可否认的是，逻辑经验主义推崇的实证研究方法仍在当今社会科学研究中占据中心的地位，并在解决诸多社会文化问题方面取得了大量显著的成绩。逻辑经验主义的统一科学纲领固然存在某些理论盲点，但这些理论盲点的严重程度迄今仍不足以抹杀它在自然科学与人文社会科学方面取得的诸多建树，更不足以构成全盘拒斥人文社会科学批判性地借鉴"统一科学纲领"的思想遗产的充分理由。

应当说，逻辑经验主义所论证、倡导和努力实现的统一科学纲领在一定程度上表明：科学与人文之间存在深刻的关联，促进自然科学与人文社会科学的统一将有助于科学与人文的共同繁荣以及人的全面发展[12]。

此外，逻辑经验主义提出的实现统一科学的主要进路，在当代统一科学运动之中也产生了深远的影响：

1）用以实现科学定律统一的还原论方法虽然遭到不少质疑，然而，正如当代著名物理学家温伯格宣称的，所有工作中的科学家实际上都是还原论者[13]。这一说法固然有夸大的成分，但不可否认的是，现在仍有大量科学家在还原论的指导下追寻着解释宇宙的"终极理论之梦"。

2）通过逻辑来实现科学方法和科学语言之统一性的进路固然遭到后现代科学哲学家的猛烈批判，但是，对于不少信奉逻辑分析的当代科学哲学家来说，逻辑经验主义者无法用逻辑实现科学的统一，这并不是因为他们错误选择了逻辑的方法，而是因为当时的逻辑学尚未发展到足以完成这一使命的程度，而欣提卡（Jaakko Hintikka）在认识论逻辑和博弈论语义学方面的创建性工作则为完成逻辑经验主义的统一科学纲领开启了新的可能性[14]。

3）对于另一些意识到知识与文化多样性的当代科学哲学家来说，科学在社会建制和文化实践上的统一性，为统一科学纲领提供了更宽广的思路。他们倡导用摒弃物理主义，承认文化实体与属性的真实性与不可还原性的本体论来为科学统一性的提供基础，从而抛弃科学主义和还原论的教条，根据学科建制与社会文化发展的实际需要来灵活地推进科学的统一合作[15]。

可见，时至今日，逻辑经验主义的统一科学纲领仍有诸多值得反思与借鉴的学术思想价值。通过统一科学纲领来推动科学与人文的对话、合作与共同发展，这对于新世纪的科学哲学来说，仍是一个极富学术前景和实践意义的努力方向。

参考文献

［1］Frank P. Modern Science and Its Philosophy. Cambridge：Harvard University Press，1950：89.

［2］石里克 M. 普通认识论. 李步楼译. 北京：商务印书馆，2005：130.

［3］Schlick M. Scientific and philosophical concept-formation//Schlick M. Philosophical Papers 1909–1922. Dordrecht：D. Reidel Publishing Company，1979：28.

［4］Cartwright N，Cat J，Fleck L，et al. Otto Neurath：Philosophy between Science and Politics. Cambridge：Cambridge University Press，1996：139，169.

［5］Morris C W. Scientific empiricism//Neurath O，Carnap R，Morris C. Foundations of the Unity of Science：Toward an International Encyclopedia of Unified Science（Vol. Ⅰ）. Chicago：The University of Chicago Press，1969-1970：69-70，73.

［6］Neurath O. The new encyclopedia//McGuinness B. Unified Science. Dordrecht：D. Reidel Publishing Company，1987：137.

［7］Reisch G A. How the Cold War Transformed Philosophy of Science：To the Icy Slopes of Logic. Cambridge：Cambridge University Press，2005：201.

［8］鲁道夫·卡尔纳普. 世界的逻辑构造. 陈启伟译. 上海：上海译文出版社，1999：3-4.

［9］Reisch G A. From "the life of the present" to the "icy slopes of logic"：logical empiricism，the unity of science movement，and the cold war//Richardson A，Uebel T. The Cambridge Companion to Logical Empiricism. Cambridge：Cambridge University Press，2007：60，65.

［10］Stump D J. From the values of scientific philosophy to the value neutrality of the philosophy of science//Heidelberger M，Stadler F. History of Philosophy of Science：New Trends and Perspectives. Dordrecht：Kluwer Academic Publishers，2002：153.

［11］孟建伟. 论科学人文主义. 自然辩证法通讯，2006，（2）：9-15.

［12］孟建伟. 科学与人文的深刻关联. 自然辩证法研究，2002，（6）：7-9.

［13］温伯格 S. 终极理论之梦. 李泳译. 长沙：湖南科学技术出版社，2003：52：7-10.

［14］Rahman S，Symons J. Logic，epistemology and the unity of science：an encyclopedic project in the spirit of Neurath and Diderot//Rahman S，Symons J，Gabbay D M，et al. Logic，Epistemology，and the Unity of Science. Dordrecht：Springer，2004：12.

［15］Margolis J. Culture and Cultural Entities：Towards a New Unity of Science. Dordrecht：Springer，2009：12.

第三部

科学合理性与科学进步

科学理论的发展 *

    科学理论经过评价和检验，会进一步向前发展。科学方法论研究的一个重要成果，就是人们发现，科学研究没有机械的程序和万无一失的方法[1]，科学理论的发展没有固定的单一模式。另一方面，有些学者，比如费耶阿本德，看起来是否定科学方法论的存在，但实际上是在倡导多元方法论[2]。某个科学理论发展的模式有局限性，只能说明该模式有一定的适用范围和欠完善之处，不能说明科学理论的发展完全就是不能认识和把握的。

    历史上，许多学者提出了自己的科学观，试图以一个单一的模式概括科学理论的发展过程。虽然这些科学观和科学发展模式都受到不同观点的责难和批判，但是它们均从不同方面概括和反映了科学理论发展的某种情况。本文将把科学理论发展的四个主要模式置于不同的角度，分别进行阐述。

    亚里士多德等提出逻辑实证主义精细研究的归纳-演绎模式，反映的是科学累积发展的情况。笛卡儿、孔德和波普尔等人提出的猜想-反驳模式，反映的是科学否证发展的情况。萨伽德等人倡导计算科学哲学，提出的概念革命模式反映的是科学理论认知框架的变化。库恩和拉卡托斯认识到科学理论的复杂性，提出的结构模式反映的是科学理论变化的历史性和社会性。前两个模式注重的是科学理论发展的逻辑一面，后两个模式注重的是科学认识

---

* 本文作者为任定成，原载《科学技术哲学研究》，2011 年第 28 卷第 4 期，第 9～16 页。

冷热认知的一面。

一、科学理论的累积式发展

累积科学观是关于科学理论发展的较早且较有影响的科学观。20世纪，围绕科学理论的发展，出现了一个又一个不同的理论。这些理论的出现，加深了我们对科学理论发展的认识。这些不同的理论的一个共同点，就是对于所谓传统科学观的批判。但是，我们在接受这些新理论的时候，不能否定一个基本事实，这就是，随着科学的发展，我们对自然界的认识增加了。就是说，就人类认识的总体而言，科学知识是在不断积累的。累积式科学观虽然受到许多理论的批判，但是，目前它仍然是科学界占重要位置的科学观。我们把它的适用范围限定在一定的方面，就可以看出它仍然能够反映科学理论发展的某些情况。

（一）科学累积发展的经典模式

能够体现累积式科学观的科学理论发展模式，是归纳-演绎模式。这个模式最初由亚里士多德系统论述，经过赫歇尔（J. Herschel）和惠威尔（W. Whewell）的发展，后来在逻辑实证主义那里得到更加精致的阐发。

亚里士多德模式认为，科学假说从经验事实中归纳得来，然后借助于演绎法推出预见，预见经受新的经验的检验。预见与新的经验如果不符合，则对假说进行修改；如果符合，则假说被证实[3]。这个模式的特点是强调归纳在提出原理中的作用以及演绎在解释和预见观察结果中的作用。这个模式可以表示为：

$$观察 \underset{演绎}{\overset{归纳}{\rightleftarrows}} 解释性原理$$

归纳-假说模式比归纳-演绎模式更加注重科学定律和科学理论的提出。这个模式是赫歇尔提出来的。这个模式认为，发现定律和理论有两条途径，这就是归纳和假说。科学理论的发现分为三个步骤：第一步是把复杂现象分解为有关方面；第二步是通过归纳和假说寻找有关方面之间的关系，形成自然定律；第三步是再次通过归纳和假说把有关的自然定律组合成为科学理论[3]。这个模式所说的假说实际上就是猜想。这个模式可以用以下图示表示为：

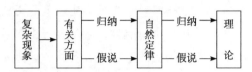

支流-江河模式把科学的发展看做是支流汇入江河的过程，认为科学就是把以前的成就逐步并入新的理论而进步的。比如，牛顿理论就把伽利略定律、开普勒定律综合了起来。提出这个模式的是惠威尔[3]。惠威尔提出，事实和观念的结合导致科学的进步。事实就是为新的定律和理论提供原料的知识，包括经验事实与被合并进新理论中的定律。观念就是把事实绑在一起的原理。这个模式认为，科学的发展经过三个步骤。第一是把事实分解为基本事实，同时阐明和澄清有关观念。第二是通过归纳把事实综合成为定律和理论。不过，这里的归纳不是归纳逻辑，而是用新的观点，通过试探，对事实作出冒险的概括。第三是从理论演绎出相同的事实（解释）和不同的事实（预言）。下图是这个模式的直观表示。

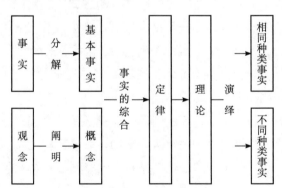

下面，我们进入逻辑实证主义的累积发展观。

（二）可证实性与意义

科学知识为什么不同于其他知识，比如哲学知识或者文学知识，从而能够累积发展呢？我们可以首先对科学知识的特点进行重构。这种重构不是历史重构，而是逻辑重构或者理性重构。就是说，不是通过科学的历史研究，去考察科学知识的特点，而是确定哪些知识应当是科学的，哪些知识不应当是科学的或者应当从科学中排除出去。

近代科学是从哲学特别是自然哲学中分化出来的。近代科学中包含了许多哲学命题。人们首先要从科学中排除的，就是形而上学的概念和命题。科学研究的是现象实体。形而上学实体不是现象实体或者观察实体，描述形而上学实体的形而上学术语不可能是观察术语，只可能是理论术语。但是，只有规定了把理论应用于现象的观察实验程序，以此描述现象的理论术语，才是科学术语。只有这样的理论术语，才可以成为科学理论术语。"物质"、"灵魂"、"上帝"等术语表示的就是形而上学实体，因此不是科学术语。形而上学术语无法与经验世界进行比较，在科学上是没有意义的。

科学上的命题如何与经验世界比较呢？人们提出了证实原则，把可证实性作为判定一个命题是否有意义的标准。将一个陈述与经验事实进行比较，如果该事实与经验事实一致，则该陈述就得到了证实。如果该陈述一时还没有得到经验的证实，但只要它有可能得到经验的证实，那它就具有可证实性。可见，证实与可证实性都是一个命题相对于经验而言的。证实原则是指一个陈述（命题）的意义是由它可能被证实的方式所决定的，而该命题的被证实就在于它被经验所检验。按照这个原则，能被经验证实的命题，就是有意义的，因而也是科学的。反之，不能被经验所证实的命题，就是无意义的，因而也是非科学的。由此可见，证实原则与意义标准是联系在一起的，是科学与非科学的一个分界标准。

但是，强调经验的证实，会遇到两个问题。第一个问题是，有些远离经验的理论实体比如电子，是无法直接观察的，表示这样的实体的术语是不是就应当排除在科学之外呢？第二个问题是，科学命题的普遍性如何能被个别有限的经验性所证实呢？一个特称命题，比如"有些乌鸦是黑的"，是对于现象的直接描述，可以直接与经验比较，就能够证实。但是，有些经验命题，比如"凡乌鸦皆黑"，是一个普遍性的陈述，或者叫做全称陈述，它所包括的个别事件无限多。对这类陈述，如何将其与经验进行比较来证实呢？这两个问题都涉及科学理论如何发展的问题。本节第三目讨论第一个问题，第四目讨论第二个问题。

（三）内在原理和连接原理

我们可以从科学理论内部的原理组成来分析理论命题与经验命题的联系。

表述一个科学理论，需要表征理论诉诸的基本实体和基本过程，并且假定与这些基本实体和过程相应的规律。起这种作用的原理叫做内在原理。同时，我们还需要指出理论所设想的过程如何与人们已经熟悉且理论能够解释和预言的经验现象相联系。符合这种目的的原理叫做连接原理[4]。

我们以气体分子运动论为例，可以明白这两类原理在科学理论中的作用。在气体分子运动论中，内在原理是关于分子的运动和碰撞假定，以及由这种运动和碰撞产生的分子动量与能量变化的各种规律，它们包括：内在实体（理想分子）、内在过程（分子的随机运动）、内在规律（统计规律）。连接原理有两个：气体的温度与其分子的平均动能成正比；不同气体直达容器壁的扩散率与该气体分子数量和它们的平均速度成正比。根据这两个连接原理，就可从气体分子运动论导出波义耳定律。理论通过连接原理接受经验的检验，连接原理把理论与经验联系在一起，使理论具有经验的内容。

但是也要注意，这并不意味着一定要把理论上不可观察的东西与实验上可观察的东西联系起来。我们可以分析一下玻尔氢原子结构理论。其中的内在原理是：氢原子由一个带正电的原子核和一个围绕它运动的电子组成；一个氢原子的电子只能得到一组量上确定的不连续的能级；每个氢原子的电子轨道对应着一个能级。连接原理是：氢蒸汽因电和热受激而发光，是原子中电子从高能级跃迁到低能级时释放能量的结果；电子跃迁放出的能量 ΔE 产生波长为 λ 的光。$\lambda = (hc)/\Delta E$。此处 h 是普朗克常数，c 是光速。根据这两个连接原理，就可以得出每条氢光谱谱线对应于两个能级之间的量子跃迁的结论来。由此，我们可以进一步推出计算氢发射光谱谱线波长的巴尔末公式来。至此，我们是不是就已经把玻尔氢原子结构理论中不可观察的实体，比如量子跃迁与直接可观察的量联系起来了呢？没有，因为我们这里只是把量子跃迁之类的理论实体与氢原子发射光谱谱线的波长联系起来了，而这种波长并非可直接观察的量。测量这种波长，还依赖于与光的波动理论在内的其他理论相联系的一些测量程序。而由光的波动理论推出的检验蕴涵，则是可以与经验直接进行比较的。在这种情况下，还要求理论的内在原理把该理论与相应的背景理论联系起来。只有这样，连接原理才会起作用。

（四）确证与归并

从前面的论述我们可以明白，理论命题通过经验检验才有意义，理论术语要由观察术语来定义。那么从这种意义上看，科学必须从观察开始，形成经验概括，才能发展成为理论。但是，科学发现过程是一个心理学过程，就是科学发现者也无法弄清楚自己是如何作出科学发现的。就是知道发现的过程，不同的科学家作出科学发现的方式也是不一样的。比如，科学史上，开普勒是通过圣父、圣子、圣灵三位一体的类比，把太阳比做圣父，把恒星比做圣子，把气和太空比做圣灵，提出他的行星运动理论的。经验验证和论证是他发表理论时采取的办法。于是，人们就把科学发现与科学论证和科学辩护分开来讨论。因此，从累积发展的观点看，我们讲科学发展的观察→经验概括→理论→观察这样的过程，是科学论证和辩护的过程，是科学理论发展的过程，而不是发现的过程。

科学理论无论是在提出的时候，还是在经受进一步检验的时候，都需要得到观察陈述的支持。由于理论命题多是全称陈述，而相应的观察陈述的数目是有限的，我们就不可能通过穷尽相应的观察陈述来为理论命题提供充分的证据和支持。因此，我们只能诉诸概率，用观察陈述对理论陈述的支持，说明科学理论的确证性程度。归纳确证法是说明和评价一个理论的重要方法。但是我们还应当看到，归纳法不是完全可靠的方法，它是一种概率意义上的确证，而不是最终的证明。这样，归纳法在证明的评价问题上，只需证明理论是否具有最大的正确概率就够了。按照这种概率论的归纳逻辑，一个理论得到观察陈述支持的概率越大，它得到确证的程度就越高。一种理论如果得到高度的确证，就应该得到承认和接受。科学发展就是这种得到高度确证的理论在新领域的扩展，或被归纳和合并到更全面的理论中。

从累积的观点看，科学理论在其发展过程中，有两种情况导致科学的进步。第一种情况是，某个理论在原来的范围内继续得到确证以后，其适用范围得到扩展。第二种情况是，若干个得到确证的理论，被新的理论所包容。这两种情况的一个共同特点，就是旧理论没有被抛弃，而是被归入更全面的理论之中。

第一种情况为什么表现出科学的进步呢？这是因为某个理论如果在它原来的范围内成功地经受住了经验检验，得到了确证，而且确证度比较高，那么它就很难在进一步的检验中被否证。如果这个理论在进一步的发展中遭遇到失败，也不能否证这个理论。为什么呢？因为它既然在原来的范围内得到了高的确证度，那么它就不大会在原来的范围内失败，而这种失败只可能来自后来发现的在原来的范围以外的不同于原来的现象的新现象。既然是新现象，就必须需要新的实验技术手段来检验，而新的实验技术手段就需要引进新的对应规则，有时候还需要引进新的原理。有了新的对应规则和原理，就意味着理论有了新的发展。如果该理论被否证，则否证的部分应当是原有理论扩展了的部分，或者说是新发展了的理论。如果该理论得到了确证，则原有理论的发展就得到了确证，科学就会向前发展。在这种情况中，原来的理论术语与新的理论术语的意义并不需要发生多少变化，变化的只是增加对应规则和原理。经典力学扩展到刚体力学，就是这种情况。第二种情况很容易理解。以开普勒行星运动三定律与牛顿理论的关系为例。开普勒三定律都可以从牛顿万有引力定律加上相应的边界条件和少量其他原理（如角动量守恒等）推演出来，开普勒定律成了牛顿理论的推论和特例。科学史上充满着这方面的实例。

两种情况的归化展示的科学累积发展的图景是：归纳使科学理论得到论证和确证。得到高度确证的理论在进一步发展过程中很难被否证，它们或者扩展到更广泛的范围，或者合并到更一般的理论之中。这就像中国套箱，小箱子外面套大箱子，箱子的数目不断增加。确证度高的理论不会被抛弃，而是不断被更全面的理论代替。因此科学成就不断得到增加，科学知识累积式地向前发展。这是科学理论发展的一种方式。

二、科学理论的否证式发展

科学理论发展的另一种方式是否证。否证主义科学观虽然是 20 世纪才出现的科学观，但是，与这种科学观相联系的科学理论发展的假说-演绎模式或者猜想-反驳模式的初步形态，是文艺复兴时期就出现了的。否证主义科学观有朴素的和精致的两种形式。本节把否证看做科学理论发展的一种形式而不是普遍的形式，并且综合两种形式的否证主义的思想来论述。

科学发展的否证形式是：科学始于问题，为回答问题提出猜想，根据猜想演绎出一系列的预见，再根据这些预见设计观察和实验方案，通过经验与预见的比较检验猜想，然后依据经验检验的结果来调整理论或假说。科学理论的发展就是不断经受否证检验的过程。这个过程可以简单表示为[5]：

$$P_1 \rightarrow TT \rightarrow EE \rightarrow P_2$$

其中，P_1 代表问题，TT 代表试探性理论，EE 代表排除错误，P_2 代表新的问题。

（一）否证与演绎

我们在上一节认识到，可证实性是科学知识的一个重要特征。但是，仔细分析起来，这种认识并不全面。从科学认识与经验的关系上看，我们可以把科学知识的特征更全面地概括为可检验性，就是科学知识与经验可以比较的性质。而这种可与经验比较的性质，包括可证实性与可否证性两个方面或者说是两种形式。在 20 世纪 80 年代美国阿肯色州关于"创世科学"与进化论的一场影响很大的立法官司中，科学知识的可证实性与可否证性就作为科学知识要满足的必要条件同时出现在检察官的证词中，并且这场司法诉讼的结果有利于进化论的传播。这说明，可证实性与可否证性作为科学知识与非科学知识划界的条件已经得到社会的赞同。如果说可证实性是从肯定的方面认识科学知识的性质，那么，可否证性就是从否定的方面认识科学知识的性质。二者不能互相代替。

可否证性指的是逻辑上可以被经验否证的性质。一个理论只有在逻辑上有可能被否证，才是科学的，否则，就是非科学的。根据这一原则，在逻辑上有可能被否证但至今尚未被否证的理论，如相对论和量子力学，是科学的。历史上已被否证的理论如地心说、燃素理论等，也是科学的，因为它们具有在逻辑上被经验否证的性质。而分析命题、数学命题、形而上学命题以及模棱两可的命题则是非科学的，不具有可否证性。

把否证原则作为科学与非科学的分界标准是基于全称陈述与单称陈述之间逻辑关系的不对称性。这个不对称性来自全称陈述的逻辑形式。因为，这些全称陈述不能从单称陈述中推导出来，但是能够和单称陈述相矛盾。我们不论看到多少只白天鹅，都不能证实"凡天鹅皆白"的理论，但只要看到一只黑天鹅就可否证它，这就是逻辑上的不对称性。这是否证主义科学观的逻辑起点。否证用的是演绎法，它是否定后件的推理，结论假必然要传递到前提上。因此，只要发现与全称陈述相矛盾的事例，就可否证该陈述。而证实用的是归纳法，证实难以实现，因为个别有限的单称陈述不能证明严格的全称陈述。"凡天鹅皆白"这个全称陈述，要证实它，就必须对世界上所有的天鹅进行检验，这显然是做不到的。如果从反归纳的立场出发，坚决反对借助概率演算来发展归纳推论的理论，那么使全称陈述从观察到确认的归纳推论也是根本不存在的。如果存在着归纳推论，则必然也存在着一种证明归纳推论的归纳原则。这种归纳原则应该是综合陈述，按照逻辑实证主义的要求，它作为综合陈述必须是由经验支持的。又因为这一原则是普遍陈述，所以这种支持并不是证实，而是确认。这样，这个归纳原则必定是用归纳方法得出的。为了证明这个归纳原则，就必须假定更高一级的归纳原则，于是就陷入了一种无穷的倒退。由此可见，严格的全称陈述有一个显著的逻辑特征，只能否证，不能证实。

否证原则不仅是科学与非科学的分界标准，而且还是推进知识增长的重要手段。科学的进步不仅有不断归纳、证实、积累的过程，而且还有不断否证、不断批判旧理论，大胆猜测新理论的过程。没有否证就没有科学革命，就没有科学知识的增长。

（二）科学知识增长的动态过程

科学始于问题。为什么呢？因为观察渗透着理论，观察事实的陈述和观察事实的确证都必须借助于理论，所以观察不是科学的起点。同时，理论也不是科学的起点，因为理论是为了解决问题而提出的。只有问题才是科学的起点。问题出现后，科学家们就要提出各种试探性理论用以解决问题。试探性理论不是从过去积累的经验材料中概括出来的，而是大胆猜想的产物。各种试探性的理论提出后，就要接受严格的批判和检验，即寻找反例进行反驳和否证。对一种理论的任何真正的检验，都是企图否证它或者驳倒它。当试探性理论被经验否证后，又产生了新的问题。这样，又从新问题到新理论，以及新理论再被否证，科学正是如此从旧问题向新问题的发展。这就是科学发展的否证模式。这一模式强调了科学知识的增长是一个动态的不断革命的过程，是与我们上一节所讨论的累积式静态模式不同的模式。

每一个理论的可否证性程度是不同的。容易被否证的理论其可否证性的程度就高，不容易被否证的理论其可否证性的程度就低。从逻辑上看，一个好的理论，应当是可否证度高的理论。理论表述的内容越普遍，它所提供的信息量越大，可否证度就越高；其次，理论表述的内容越精确，它的可否证度就越高。可否证度是理论评价的重要标准，但不是唯一标准，理论在接受逻辑检验以后，还必须接受经验的检验。只有当理论或由之推导出的预言经受了观察实验的严格检验，并得到了确认，才可称为真正进步的理论。当然，更重要的是可否证度，可否证度高的理论是有意义的和重要的，即使它遭到经验的反驳，也对科学的发展提出了问题，因而有助于科学的进步。

否证主义方法是一种对理论进行检验、进行批判和革命并最终把它否证的方法。这种方法强调批判，因为现代自然科学革命表明，科学的精神是批判，即不断推翻旧理论，不断作出新发现。

（三）科学的成长与进步

如果科学的发展仅仅是否证，那么科学如何成长和进步呢？

通过我们在前一章讨论的确证与否证的内容，我们可以想到，证实一个科学理论不可能，彻底否证一个理论也不可能。因为，第一，经验命题本身就负载着理论，而理论是可错的，理论的可错性传递给经验命题，那么，可错的经验命题对理论的否证就有了可错性。第二，我们看一看科学史，几乎所有的科学理论都曾经面临与经验命题的矛盾，但是，这些理论有很多都存活下来了，就是说，它们实际上（而不是逻辑上）并没有被否证掉。所以，在一个理论遇到反例时，人们并不会马上抛弃该理论，而是要对这个理论作一些修改或者新的辅助性的说明，把这个反例解释过去，以推动进一步的检验。

如果为了使某个科学理论免遭被否证的危险，对该理论进行修改或者增加一些新的假定，使该理论不具有可否证性或者可检验性，这样的做法称为对原有理论的特设性修改。特设性修改不会导致科学的进步，只会使一个理论堕落。伽利略用望远镜观察到月球表面的凸凹不平时，亚里士多德的信徒为了坚持一切天体都是完美球体的学说，提出月球上存在的不可检测的物质充满了凹处，使得月球仍然保持完美球体形状。这就是一个典型的特设性修改，它不仅没有导致新的检验，而且还逃避检验，其结果只能使亚里士多德学说在文艺复兴时期更加处于劣势。海王星发现的例子，情况正好相反。海王星的预言，提供了对牛顿理论的新的独立的检验，是非特设性的，它所导致的是科学的进步。从发现海王星的例子我们也可以看到，否证主义模式并不完全否定确证在科学发展中的地位。

科学的进步有两方面的标志。一方面的标志是理论的可否证度。增加理论的可否证度，就是增加了一个理论被否证的可能性，增加了该理论经验内容。经验内容的增加就是知识的增多，而知识的增多就是陈述的内容为真的可能性的减小。另一方面的标志是确证度的增加。高度可否证的理论如果得到不断的确证，那就使我们的知识经受住了否证的考验。所以说，可否证度是科学理论潜在的进步标准，确证度是科学理论的实际进步标准。

比较累积模式与否证模式，我们也可以看出，前者更加注重追求真理的证明或者可能的真理，后者更加强调科学的成长。在否证主义模式看来，确证的意义更在于它提供了证据表明被确证的理论有理由否证并且取代旧理论。

三、科学理论发展中认知框架的变化

科学也是一种认知现象和过程。所谓认知，就是智能实体（人、计算机）与其环境的相互作用。认知科学是人工智能、心理学、语言学、人类学和神经科学诸学科相互交叉，专门研究心智能力的结构、功能、过程、机制及其表达和实现的一门新兴学科。认知科学研究的主要现象包括诠释（包括视觉的产生、语音的辨识、语言的理解）、记忆、推理（包括学习、解题与计划）、创造力等。

随着认知科学的发展，人们试图借助计算机，对传统的科学哲学问题给出具体的答案，并尝试提出新的更加具体的问题。为了在计算机上实现这些想法，可以根据科学哲学、科学史和科学社会学诸领域达成的共识，把影响科学理论发展的因素分为理性因素和社会因素两大类。相应地，把科学认知分为热认知和冷认知两类。研究者的动机和情感因素在其中起作用的认知称为热认知；不包括研究者的动机和情感因素的认知叫做冷认知。人们已经用这种思想在计算机上系统处理了拉瓦锡氧理论、达尔文进化论、魏格纳大陆漂移说、哥白尼宇宙体系、牛顿力学、爱因斯坦相对论、量子力学等典型的科学革命案例中的冷认知过程[6,7]。

（一）对理论优劣的认知

对理论优劣的认知，就是面对两个相互竞争的理论，从中选出好的理论，抛弃不好的理论的过程。人们借助计算机来探讨这种认知的机制。

要在计算机里表达和研究两个理论的竞争机制，需要把两个理论系统解析成为能够输入计算机里的命题系统，还需要有一个共同的比较标准系统即经验命题系统。这样，总共就需要根据科学史实重建三个命题系统，即两个理论命题系统和一个经验命题系统。

为了研究命题之间的关系，萨伽德提出了解释一致性的计算理论。该理论提供了一套确立科学理论内部各命题之间关系的原则。如果两个命题彼此支持（hold together），它们就一致。令科学解释系统 S 由命题 P、Q 和 $P_1\cdots P_n$ 组成。解释一致性原则包括以下 7 项。对称原则：(a) 如果 P 与 Q 一致，则 Q 与 P 一致；(b) 如果 P 与 Q 反一致，则 Q 与 P 反一致。解释原则：如果 $P_1\cdots P_m$ 解释 Q，则 (a) 对于 $P_1\cdots P_m$ 中的每一个 P_i，P_i 与 Q 一致；(b) 对于 $P_1\cdots P_m$ 中的每一个 P_i 和 P_j，P_i 与 P_j 一致；(c) 在 (a) 和 (b) 中，一致度与命题 $P_1\cdots P_m$ 的数目成反比。类推原则：如果 P_1 解释 Q_1，P_2 解释 Q_2，P_1 与 P_2 类似，且 Q_1 与 Q_2 类似，则 P_1 与 P_2 一致，且 Q_1 与 Q_2 一致。数据优先原则：描述观察结果的诸命题都以它们自身为一个可接受度。矛盾原则：如果 P 与 Q 矛盾，则 P 与 Q 反一致。竞争原则：如果 P 和 Q 都解释命题 P_i，且如果 P 和 Q 是解释上不相联系的，则 P 和 Q 反一致。这里，如果具备以下三个条件中的任一个，则 P 和 Q 是解释上相联系的：(a) P 是 Q 解释的一部分；(b) Q 是 P 解释的一部分；(c) P 和 Q 一起是某个命题 P_j 解释的一部分。可接受性原则：(a) 命题 P 在系统 S 中的可接受性取决于它与 S 中诸命题的一致；(b) 如果许多有关的实验观察结果没有解释，则仅仅解释其中一些结果的命题 P 的可接受性就降低。

萨伽德等人设计了一个叫做 ECHO 的人工智能程序。在 ECHO 中，每个命题由一个单元即结（node）表示，单元之间的关系用连接（link）表示。如果两个命题 P 和 Q 一致，则在表示它们的单元之间有一个兴奋连接；如果 P 和 Q 反一致，则在表示它们的单元之间有一个抑制连接。假说的可取性用其结的活化度（degree of activation）表示。一个结的活化度要根据与之相连的其他结的活化度以及这些连接的兴奋与抑制权重进行校正。关于校正的细节，这里不作介绍。重要的是，概念系统的取代，就是兴奋连接导致整个假说子系统一起有活性而使之与竞争的系统失去活性。

如果把以上三个命题系统输入到计算机里，ECHO 程序根据这些输入运行，建立起相应的链接，并且调整了权重，获胜的理论命题就有了大于零的渐近活化，而失败的理论命题就成为无活性的了。粗略地说，两个相互竞争的科学理论，取胜的科学理论就是其理论命题与经验命题比较一致的理论。

（二）概念网变化

上一目处理的是一个科学理论何以代替另一个科学理论的问题。但是，一般说来，在一个新理论出现之前，人们总是相信一个旧理论。那么，在一位取得革命性突破的科学家的头脑里，新理论是如何在与之相反的旧理论的基础上形成的呢？

我们可以把理论的发展看做认知框架的变化。一个科学理论，就是由科学概念和这些概念之间的联系构成的一个网络。这里，我们用一个结（node）表示一个科学概念（注意不是上一目那样表示一个命题），用某些连接（link）表示科学概念之间的联系（注意不是上一目那样表示命题之间的联系是兴奋或者抑制)。连接共有5种,即种连接 (kind links)、例连接 (instance links)、规则连接 (rule links)、性质连接 (property links) 和部分连接 (part links)。例如,金丝雀与鸟之间是种连接,啾啾 (小鸟名字) 与金丝雀之间是例连接,金丝雀有黄颜色是规则连接,喙 (器官) 与鸟 (整体) 之间是部分连接,等等。反映在概念网的图上,人们用一个内标有概念名称的方框表示例概念结,其他结用椭圆圈表示;用连接不同结的带箭头的连线表示规则连接,用连接不同结的不带箭头的连线表示其他连接。这样就构成了一个概念网 (network)。概念网的变化,就是结和连接的增删。

从概念网的观点看,科学家头脑里科学理论从旧到新的变化,就是概念网中结 (概念) 和连接 (概念之间的关系) 二者的变化。结的变化有增生 (accretion) 和取代两种方式。增生就是在原有概念网中增加了新的结 (即新概念)。取代就是新的结 (新概念) 取代旧结 (旧概念)。增生和取代都可能伴随着连接方式 (概念之间的关系) 的变化。

四、科学理论发展的历史-社会结构

研究科学史,我们发现,一方面,有许多科学发现是不能确定何人在何时何地作出了何发现的。比如,关于氧的发现,至少涉及5位科学家的独立工作;19世纪40年代能量守恒定律的发现至少涉及12位科学家。另一方面,如果我们把历史上的某些科学理论中的错误和确证了的知识分离开来,我们就不能理解那些科学理论,去掉了错误的许多科学理论就不成其理论了。这说明,科学发现是有历史和社会结构的,同时也说明,仅仅从证实、否证和认知框架方面理解科学的发展是不够的。

库恩和拉卡托斯在上述认识的基础上,提出科学发展的结构理论[8,9]。本节,我们吸收综合他们两人的工作,特别是库恩理论的框架,对科学理论发展的历史-社会结构进行讨论。从科学革命结构的观点看,科学发展的模式是:

前科学→常规科学→危机→革命→新的常规科学→新的危机

这个模式认为,科学认识活动是由科学共同体进行的,在科学发展的社会史上可以分为几个时期:前范式时期,各种理论、观点、假说相互竞争,但没有一种在科学共同体中得到确认；常规科学时期，科学共同体在范式（已确立的科学理论）指导下不断积累知识的时期，常规研究是不断开拓与加深范式的内涵，为新观念、新理论的突破奠定基础；科学革命时期，出现了与范式所预期的不相符合的反常现象，当调整范式不能解决反常的问题时便出现科学危机，这时候原有的范式受到质疑，科学革命时期从此开始。

（一）范式与共同体

从历史-社会结构的观点出发，可以看到，仅仅把可证实性或者把可否证性作为科学的标志，都不能正确回答什么是科学。从科学的整体性来看，可以把范式作为科学与非科学的分界标准。所谓范式（paradigm），是指从事同一个特殊领域的研究的学者所持有的共同的信念、传统、理性和方法。范式是重要的科学成就，它有两个显著的特点，一是它可以把一大批坚定的拥护者吸引过来；二是它能指导这些拥护者进行解难题活动。因此，范式对科学研究者既有心理上的定向作用，又有实际工作上的指导作用。据此，可以把有无范式的存在看做区分科学与非科学的标志。范式是科学革命结构方法论中非常重要的概念，其重要性不仅表现在它是划界标准，而且还表现在新旧范式的更替是科学革命的标志。科学革命就是旧范式向新范式的过渡。

与范式紧密相连的，是"科学共同体"概念。"范式"一词无论实际上还是逻辑上，都很接近于"科学共同体"这个词。一种范式是，也仅仅是一个科学共同体成员所共有的东西。反过来说，也正由于他们掌握了共有的范式才组成了这个科学共同体，尽管这些成员在其他方面并无任何共同之处。要完全弄清楚范式，首先必须认识科学共同体。所谓科学共同体是指某一特定研究领域中持有共同观点、理论和方法的科学家集团。这一科学家集团的成员受到过大体相同的教育和训练，因而有共同的探索目标和评判标准。科学知识实质上是科学共同体的产物，因为范式的产生、形成以及更替，是与科学共同体成员的创造、拥护以及叛离活动联系在一起的。

前科学是尚未形成范式的时期。在前科学时期，科学家们各持己见，对某一问题的解释存在着众多相互争论的理论。例如，牛顿以前的光学就是这样。在牛顿提出光的微粒说以前，对于光的本质的见解众说纷纭，无所适从。有的人认为光是物体和眼睛之间介质的变化；有的人认为光是介质同眼睛发射物的相互作用；还有的人把光看做是从物质客体发射出来的粒子。直到 18 世纪牛顿提出了微粒说，认为光是物质粒子，为光学提供了第一个范式，光学也就从前科学进入到常规科学。

（二）常规科学及其危机

范式的形成标志着科学的成熟。有了一个范式，有了这个范式所容许的那类更具有小圈子性质的研究，这就是任何一个科学领域的发展达到成熟的标志。有了范式就意味着前科学进入到了常规科学。在常规科学时期，科学家们在范式的指导下进行解难题活动。难题不同于问题，因为难题有解，而有的问题可能根本不存在解。在范式指导下，科学家们满怀信心集中精力解决范式所规定的理论和实验两个方面的难题。解决难题是为了保护和发展范式，而不是否定范式。因此，随着难题的解决，范式的结构更加完善，内容更加丰富，范式在理论上和实验上与自然界更为一致。在常规科学时期，科学是渐进发展的，是一种累积的事业。

在常规科学时期有时会出现反常现象，即范式无法解决的难题。反常现象的出现并不表示"否证"了一个理论或范式，只是对它提出了一个反例。在常规科学时期，科学家们对反常现象并不介意，不是一出现反常，就抛弃理论，而是把反常现象看做是实验仪器的问题或自己对解决难题的无能。但是，随着反常现象的频繁出现，使范式陷入了危机，这时科学家对范式开始怀疑，对它的信念逐渐动摇，原范式的定向作用失效。于是，危机给科学共同体带来分裂，科学研究变得类似于前科学时期，各学派之间相互竞争。

（三）科学革命

要解决危机，必须进行革命，抛弃旧范式，建立新范式。要创建新范式，就需要批判精神与创造精神。在科学革命时期，科学的发展是突变和飞跃，是新旧范式的更替。科学经过一场革命后，新的范式诞生，新的共同体形成，于是科学便进入了新的常规科学，在新的常规科学之后又伴随着新的危机。科学就是按照这种模式不断发展的。

在常规科学时期，科学家的思维方式是收敛性的，收敛性思维具有保守性，这是科学家集中精力解决难题所需要的，同时也是维护和发展范式所需要的。在科学革命时期，科学家的思维方式是发散性的，发散性思维要求科学家具有思想活跃、开放的性格，这是建立新范式所需要的。由这两种思维方式形成的互相牵引的"张力"，决定着范式的发展和更替，这种张力是科学前进的动力。

革命在科学中具有重要作用。科学革命导致了新范式代替旧范式。由于新范式能消除反常现象，其解难题能力比旧范式强，因而显示出科学在进步。但是，这并不意味着新范式比旧范式优越。新旧范式之间是不可比的，不存在客观的合理的标准。新旧范式的更替是"格式塔"转换、世界观演变或宗教信仰的改变，因而没有在范式之间评判谁优谁劣的统一标准。理论的选择和科学进步的标准只能是因科学共同体而异。这就是所谓的"不可通约性"（亦译为"不可共量性"或"不可公度性"）。

参考文献

［1］邱仁宗．科学方法和科学动力学：现代科学哲学概述（第二版）．北京：高等教育出版社，2006：初版序，1．

［2］法伊尔阿本德．反对方法：无政府主义知识论纲要．周昌忠译．上海：上海译文出版社，2007．

［3］Losee J. A Historical Introduction to the Philosophy of Science. Fourth Edition. Oxford/New York：Oxford University Press，2001．

［4］Hempel C G. Philosophy of Natural Science. New Jersey：Prentice Hall，1966：262-265．

［5］波普尔．客观知识：一个进化论的研究．舒炜光，卓如飞，周柏乔，等译．上海：上海译文出版社，1987：255．

［6］Thagard P. Conceptual Revolutions. New Jersey：Princeton University Press，1992．

［7］任定成．科学哲学认知转向的出色范例——论保罗·萨伽德的化学革命机制计算理论．哲学研究，1996，（6）：48-55．

［8］Kuhn T S. The Structure of Scientific Revolution. Chicago：The University of Chicago Press，1970．

［9］拉卡托斯．科学研究纲领方法论．兰征译．上海：上海译文出版社，1986．

分界标准的二重性分析与理论进化模型的确立 *

　　分界问题是科学哲学的首要问题。以科学理论为对象的科学哲学的任意一学派，都必须就此问题给出回答，确立标准，界定范围，从而进行进一步的研究。然而也正是从这个问题开始，诸家学派各执一端，各陈己见，展开了长期的论辩与探讨，促成了科学哲学学科几十年来的理论发展。

一、分界问题的历史发展

　　进入 20 世纪以来，分界问题经历了一个从绝对化到相对化（或曰从强调到弱化）、从逻辑主义到历史主义的演变。这种演变客观地反映了这个问题上为两种潮流各执一端的二重性，也体现了科学哲学发展的内在机制和总体趋势。

　　逻辑主义包括逻辑经验主义和波普尔学派。逻辑主义者严格区别科学的发现范围和证明范围，认为发现范围属于认知心理学、科学社会学和科学史的研究领域，而科学哲学的中心任务是如何评价和证明作为发现产物的科学理论：这种据以评价或接受理论的方法论和认识论标准对不同时代和不同学科的理论都是普遍有效的，因此，严格的永恒的科学定义和分界标准是存在

　　* 本文作者为胡新和，原载《自然辩证法研究》，1988 年第 4 卷第 1 期，第 21、28～34 页。

的；任一理论的评价仅需考虑当时这一理论和有关证据的本身因素及逻辑关系，与这一理论的历史发展，其他相竞争的理论和背景知识及经验证据中的理论渗透无关。

逻辑经验主义致力于科学理论的结构分析和逻辑重建，它试图在观察陈述的基础上，通过对应规则构造起理想的科学理论的公理化模式。为了拒斥形而上学，澄清科学性质，逻辑经验主义者用经验论意义标准来解决分界问题，即以经验上有无意义来区分科学与非科学、假科学，而命题的意义在于它的可证实性条件，凡原则上可证实的就是有意义的，有意义的也就是科学的，因而原则上不可为经验证实的肯定是非科学的。

波普尔批评了逻辑经验主义的可证实性标准，指出理论的意义取决于它对事实的解释、预言能力及与其他理论的关系，而不是它的词语的意义；可证实性不能保证从观察陈述到科学定律和理论的可推演化性；它常常把一些很难在逻辑上归化为单称经验陈述的卓越理论从科学中排除出去，却把声称得到经验证实的假科学容纳进来；而被可证实性标准斥为没有意义而极欲排除的形而上学却在一定条件下可以转化为科学。因此可证实性标准非但未能解决分界问题，而且不利于科学的发展。有鉴于此，波普尔提出："可以作为分界标准的不是可证实性而是可证伪性。换句话说，我并不要求科学系统能在肯定的意义上被一劳永逸地挑选出来；我要求它具有这样的逻辑形式：它能在否定的意义上借助经验检验的方法被挑选出来：经验的科学的系统必须有可能被经验反驳。"[1]这就使得经验科学可以包括暂时无法证实的陈述，摆脱从单称陈述（观察）到全称陈述（理论）的归纳难题，通过演绎推理，从逻辑上由个别陈述证伪全称陈述。这种分界学说开始着眼于知识形成和科学发展的动态合理重建（对比逻辑经验主义对逻辑结构的静态分析），要求科学假说必须经受严厉的批评考查、剧烈的生存竞争和风险极大的证伪检验，从而保证消除错误和科学进步。可证伪性同时又是规范科学家行为的方法论准则，循此可把握科学发现的逻辑。

波普尔和逻辑经验主义者殊途同归，得出了相似或相近的结论，这就是：①存在不变的普遍有效的方法论规则和分界标准；②这种分界标准强调经验论据原则上证实或证伪理论的判决性作用。因此，可证实性或可证伪性或可观察性标准可统称为可检验性标准。

历史主义的各个学派对可检验性标准的绝对化形式和具体内容都给予了尖锐的抨击。历史主义者指出，如同逻辑主义的整体科学模型一样，它们的可检验性分界标准的致命弱点是使问题过分简单化，脱离或违背了科学史的实际，结果或者完全与实际的科学无关，或者将导致分界问题上的严重失误。历史主义者认为原则上不存在分界问题上不变的普遍有效的方法论和认识论标准，至少不能仅根据理论本身的结构、内容及有关观察证据来评价理论。他们强调科学哲学必须与科学史相符合。

先于历史主义的发难，蒯因就曾经提出科学的知识场模型以反对逻辑经验主义的可证实性原则。这种知识观的整体性使得知识场内的任何陈述都不能孤立地加以检验，可以通过对整个系统作剧烈调整，改变任何一个陈述以适应相反的经验。因此不存在"判决性实验"，不可能通过证实或证伪个别理论来解决分界问题。这就不仅不同程度地削弱了两种可检验性分界标准，而且"模糊了形而上学与自然科学之间的假想界限"[2]。

拉卡托斯对可证伪性标准的批判是击中要害的。首先理论是有韧性的，科学家是厚皮肤的，并非一两个观察陈述可证伪；其次证伪不可能是理论与经验二元的，必须考虑到理论的经历和与其他理论的比较评价，即至少三元关系[3]。在一个更好的理论出现前是没有证伪的。因此拉卡托斯把分界问题等同于理论评价问题，特别是理论系列的评价问题，把分界标准等同于评价规则，科学与否等于是否可接受。于是不存在独立的分界问题，科学与伪科学或非科学之间也常常由于进化和退化而相互转换，没有固定不变的界限[4]。但拉卡托斯在把分界问题相对化时，仍坚持认为自己的评价标准是超历史的、普适的，这就是要预测新的事实。

库恩和费耶阿本德是彻底的历史主义者。库恩尽管在常规科学中以确立范式解决疑难活动作为分界标准[5]，但在关键的科学革命时期，在科学共同体对不同范式的选择中，他却坚持范式的不可比性而否认存在超范式的评价标准，评价标准随范式而改变。而费耶阿本德更由其多元主义模型而把一切方法论规则和评价标准看做经验法则，认为事实上没有而且原则上不应当有任何普遍的方法论标准，"什么都行"[6]，从而完全否定了分界的必要性。非理性主义成为由极端历史主义走向相对主义的伴随物。

很难对上述三个历史学派的分界标准作一概括，因为其中极端者干脆认为不存在这样的标准。如果非要勉为其难的话，我们或许可称之为可接受性或不可比性标准。拉卡托斯把分界等同于评价，使分界标准中"科学的"变为评价规则中"可接受的"，库恩坚持范式的不可比而突出了科学共同体在选择中的社会心理学等外来因素，费耶阿本德则推进到个人间对理论的评价无优劣可分。可接受性标准反映了历史主义者认识到实际的科学史中随着科学的类型和内容的变化，科学方法和评价标准也发生着变化，科学不仅同它的逻辑结构和经验基础有关，也同科学家的思维定态和认知方式有关，不能离开动态的发现过程去评价静态的理论结构，不能离开认识的主体去分析已物化的书本知识。但在这种历史感、主体感渐次增强的同时，极端历史主义陷入了另一种片面性，即否定了可接受性中的逻辑性、客观性和合理性因素。他们否认科学方法和评价标准发生变化的内在原因，否认它们之间的相互联系和相互补充而坚持不可比性，这实际上就否认了科学的进步，得出了相对主义的结论。

正是历史主义的这些缺陷促成了新的历史模型的诞生。夏皮尔等人为代表的科学实在论提出以科学知识发展的合理性问题为中心，使分界问题为合理性问题所取代。在夏皮尔的科学模型中，合理性标准贯穿着全部科学发现和证明过程始终，而这种标准是由业已成功和当时不容置疑的科学信念和方法等构成的背景知识所决定的。他和历史学派一样，否认有普遍有效的合理性标准，但认为不同的合理性标准之间有着合理的发展链条，因而是可比较的；同样他也否认有永恒不变的方法，承认历史上方法的多样性，但认为科学只是因时因地因对象而采用和引进不同的方法和方法组合，而非全部并存保留，这就纠正了极端历史主义和极端多元主义的倾向[7]。夏皮尔认为，理论的检验与接受，取决于是否有科学上可以怀疑的明确理由，而这种理由是由科学信念和方法相互作用而塑造的，其本身就是科学事业的一部分。因此科学的理由是内在的客观的，科学自身含有合理发展的前提，无须求助于某种外在的超验的不变的合理性标准；同时随着科学的发展，科学的理由又是可变的、相对的，因而分界问题也不可能是先天的、绝对的[8]。这就既坚持了合理性标准，避免了相对主义，又强调了科学的历史发展，反对了预设主义，成为分界问题上现有的最佳答案。

二、分界标准的二重性分析

从以上回顾可以发现，逻辑主义和历史主义在分界问题上的不同倾向隐含着他们对这个问题的不同认识目的、认识角度和出发点，这也说明了分界问题的复杂性和分界标准的复合性。从逻辑主义到历史主义的演变，或称之为从可检验性到可接受性标准的转化，尽管由于引入了科学家的主体选择、更贴近真实的历史而体现了分界问题上的进步，但若将这种单一的、单层次的分界标准单向强调，则难免以偏概全，失之偏颇，违背科学的理性而陷入相对主义，难以自拔。这就需要我们逐对解析合成作用于分界标准上的二维要素，以图在此基础上明确它们的组合方式和作用机制。

（一）事实标准和价值标准

此指分界标准应当是什么和实际是什么之区分。康德曾用事实标准和价值标准区分科学知识（是什么）和道德知识（应当是什么）从而区分人类理性的两个对象，自然和自由[9]。然而实际上对每一个对象都存在着二重性标准，如自然是什么和应当是什么，只是侧重点不同。分界问题上的价值标准即所谓"二级标准"，科学哲学家由其科学模型而导出的规范，事实标准则致力于描述科学家在研究工作中的实际评价步骤，因此这对标准又可称为规范性标准和描述性标准，它们显然有不同的着眼点。这二者不可混淆，亦不应偏废，两大流派尽管各有偏爱，但规范基于描述，描述也离不了规范，问题在于如何使价值标准切近事实而又不失其规范性。

（二）标准的实在性和实用性

对分界标准的内容分析涉及实在性与实用性的对立，亦即标准的客观性和真理性程度问题。尽管除了费耶阿本德以外，似乎各个学派都不同程度地承认分界问题有标准，但对某一具体标准的看法却莫衷一是，众口纷纭。可检验性标准被逻辑主义奉为圭臬，盛极一时，被他们认为是客观的、普遍适用的，但历史主义却揭示了他们的唯一测试尺度——经验证据中渗透着理论，不存在中性的证实，同样通过证伪摒弃理论也是不符合科学发展实际的。可接受性标准注意到了理论评价中主体的选择作用，及科学家对分界标准的效用性的实际需要，但强调过分也有相对主义之嫌。如果折中一下，说标准即是实在的，又是实用的——实在的，但又是不断变化的，不是唯一的；实用的，但又相对稳定，并非任意择取的，这或许比较合理，这就涉及下一个问题。

（三）方法论标准的一元主义和多元主义

究竟存在不存在唯一不变的普遍适用的分界标准？自从历史主义兴起，一元论的教条似乎已被破除。"证伪主义"从波普尔的"素朴"到拉卡托斯的"精致"已是面目全非，"合理性标准"从拉卡托斯到夏皮尔也经历很大的发展，尽管人们继续试图对理论的分界或评价问题作出概括，但这种概括已无法再无视历史中的具体，概括本身的内容也将随科学发展而变化。但多元主义方法论也遇到了自己的麻烦。在一个科学模型里如何认识和处理各元之间的关系，使应用于具体的理论评价和选择（它们可能给出相互矛盾的答案）？在具体的评价和选择中是否有必要，又凭什么理由给某一元加权？在科学发展的具体某一阶段中（在当时的方法论传统下）究竟是一元还是多元标准在起作用？这都是有待具体分析、论证的问题。

（四）分界标准的绝对性和相对性

从逻辑主义到相对主义，分界标准经历了一个从绝对化到相对化的过程，一个弱化的过程。标准的绝对性和相对性有两层含义。前者认为标准是不变的，永恒的，普遍有效的；后者认为标准是可变的，发展的，有条件的。前者认为标准是逻辑的，客观的；后者则认为标准是历史的，主观介入的，其中不乏心理和社会因素。绝对性与相对性的对立，是最突出、最根本的对立，几乎可以概括前三组（规范性与描述性、实在性与实用性、一元论与多元论）对立，但与它们一样，如何消弭这种对立，仍然是悬而未决的问题。简单地把二者相加，来一个"对立统一"而不作具体分析，显然是教条主义且无济于事的。

历史的回顾给我们以这样的启示：逻辑主义到历史主义的演变，体现着科学哲学发展的趋势，从分界问题的角度看也是一个进步，因为它更切合科学发展的实际，也体现了认识主体在理论创造与选择中的作用。但这种观点推向极端也会走向反面，因为它否定了科学中的理性和进步，因而是违背科学的本性的。夏皮尔的新历史学派提出的合理性标准，是解决分界问题、统一诸组对立的较好模型，它的合理性标准的合理演变使历史和逻辑得以统一，重建了理性的科学史，否决了用以裁决演变合理性的更高一级永恒标准的存在，并把这种裁决权交还给科学实践、科学事业本身。应当说，从解决分界问题的二重性困难看，夏皮尔是最成功的，也是颇给人启迪的。

三、理论进化模型初探

本文最后试图简述理论的进化模型，以求从新的角度探讨解决分界问题的可能。

建构理论进化模型的缘由如下：

1) 波普尔早就提出了世界 3 的进化问题，主张一种通过试探和排除谬误，即通过类似于达尔文的选择而使知识成长的理论[10]；

2) 图尔明认为达尔文的变异和选择概念作为一种更普遍的历史解释形式，可以用于科学思想和实践的进化过程[11]；

3) 拉卡托斯坚持评价的单位应是理论系列，只有对理论系列才可以评价其科学与否，而否证取决于理论竞争[12]；

4) 夏皮尔以科学实践的进展作为合理性标准的合理演变的自足理由，启示着解决分界问题的方向[13]；

5) 在国内，1985 年 12 月第四届全国科学哲学学术讨论会上董光璧提出构造科学理论生态系统自主进化和选择的设想，以解决理论评价问题。

因此，理论进化模型的建构是客观上需要的，也是逻辑上可能的。借助于生物进化理论的若干概念，为了历史地、准确地把握理论的自在形式和自主进化，我们约定理论进化的主体是理论有机体，或理论有机体系列，相应的生态环境则由经验证据、背景知识和其他进行系列（如世界 2）诸因素组成。世界 1 因与世界 3 不发生直接的相互作用而不加考虑。

理论进化的三个重要概念是遗传、变异和自然选择。遗传和变异，是理论繁殖和演变中对立的两个方面。前者是过程中保留其特性的方面，反映理论的稳定和连续。而后者是过程中引起演变的方面，反映理论的可变与创新。二者的统一构成理论进化的基础，因为可遗传的变异和变异积累而形成的遗传对于讨论进化都是不可或缺的。自然选择，则是外界生态环境条件对理论的选择，由于外界环境条件亦即理论成长和进化的自然条件，因此这种选择称为自然选择。

自然选择是决定理论进化方向的力量，也是理论进化的机制。理论有机体内遗传和变异的对立统一、稳定性和变异性的对立统一是理论进化的根据或基础，但要实现进化，要变理论的变异提供的进化的可能性为现实性，还需要经过生存竞争，需要自然选择作为条件。物竞天择，适者生存，这同样是理论社会的法则。面临激烈的生存竞争，众多的理论假说中，只有那些其变异朝着适应外界环境条件的方向的，才能证明自身的生存价值，才处于有利地位，因而称为有利变异。自然选择，就是趋利避害，保存具有有利变异的理论，其他的大量假说则相应地被淘汰。选择的结果，筛选出具有适应优势（即与经验证据和背景知识匹配较好）的理论个体，并促进了理论内部适应机制的调节。

理论进化作为时空范围中的历史过程，是理论有机体与科学生态环境长期相互作用的结果。自然选择，是一种外部的或环境的选择压力，它驱使理论去适应外部环境，体现了环境对理论的作用机制。它是进化的主要动力。但把理论进化归之为跟着环境亦步亦趋，则又未免过于简单了。理论在适应和选择中并非总是处于被动地位，理论的本性和目的、理论的简单性完备性追求等等又构成了内部的选择压力，这种压力一方面直接触发大量各类型的变异，提供选择的可能性，同时又常常转化为理论的竞争力，表达理论对环境的选择意向，甚或诱发环境的某种趋同变化（理论预测为经验证据所支持），而从长远看，理论有机体的进化也促成了大量经典理论向背景知识转化，从而导致环境的改变。因此，理论也能动地反作用于环境，理论进化是理论主体与客体（环境）相互适应、相互选择和相互作用的过程和结果。

从纵向看，理论进化链总体是向上的、渐进的、不可逆的。向上，是因为只有理论中向上的变异对理论的生存和发展有利，经过选择容易得到保存和发展，进化总朝着适应能力强及潜在适应机制好的方向；渐进，是因为尽管由于环境选择和目的选择导致了若干次跃迁式的理论统一和高速演变，但相对于理论进化的大尺度时间坐标，进化基本上是均匀连续或匀加速的，不存在谱系的断裂或突变；不可逆，则是由于理论内部的遗传性状和机制与外部的环境条件都不可能回复到原始状态，因"用进废退"而退化了萎缩了的那些往昔的机体结构要素，如错误的概念和理论、某些形而上学信念及宗教等再也不能构成理论的一部分，发源于古老哲学的现代科学理论的进化，是单向的、无法作时间反演的。这里，我们已把理论的进向，向上，等同于其对环境变化的适应能力，等同于科学理性的发展和人类理解力的深化。

从横向看，进化之树上的理论系列在不断分化，不断综合，因而也不断丰富和发展着。不同的内外选择压力创造着不同的小生态环境，也就提供了各种理论有机体生存的可能。进化之树的繁衍扩散不断占据着新的空间，植根于古希腊哲学的理论谱系在以等比级数分化，以倒金字塔形成长，枝条茂密，发达兴旺；而另一方面许多理论又纠结到一起，综合到一起，理论的统一体现着对简单性、一致性等内在目的的追求和进化的另一趋势。不同理论系列的边缘，往往成为新理论、新系列的生长点，它的杂交优势表现为适应性强，统一程度高，兼具双方的选择优势。

不难继续对理论进化模型作一些生物进化论的类比。理论进化模型的构造，意在提供一个简要描述理论自然史的规范，以求效法夏皮尔，把分界标准或评价标准隐含在理论主体自身的历史发展中。

进化模型同样无法给出普遍的、不变的分界标准，因为时空中的环境不断变化，不可重复，不存在独立于进化的共同标准。况且所有理论在进化链中都是不可缺少的一环，都有自己的地位，可用"用进废退"的进化原则去判定其有用成分和归宿，而无须鉴别其科学与否。但进化模型并不拒斥理论评价，评价标准可称为适应性或可适应性（以包含其潜在适应机制）。可适应性的机制包括静态适应性和动态适应性，静态即既定理论与其环境的匹配，动态即理论调节自身或变动环境以求适应的能力，亦即理论的"韧性"。可适应性的对象除了外界环境，即观测数据、背景知识等外，还包括理论的本能追求——简单性、统一性、完备性等。因此，可适应性标准是动态的，复合的，它是历史的，又是客观的；是相对的，也是理性的；它取决于理论进化本身。

构造理论进化模型是一个初步的尝试。它还面临着如下困难和缺陷：

1）理论作为主体自主进化，科学家仅作为环境因素或其他进化系列施加影响，认识主体的选择和建构作用大大削弱了。

2）进化模型仅提供后验的描述，不能作为方法论规范，也无法预言，不能满足一些科学哲学家的雄心。

3）进化模型仅作为研究纲领的"硬核"，提供对理论发展和科学进步的大尺度把握。对于个别理论进化的案例分析暂时缺乏，对具体的进化问题如理论有机体和环境（经验证据、背景知识）的互相转化等也有待深入研究，至于对其他科学哲学中的重大课题如科学发现、科学说明和科学理论的结构等能否有所借鉴也尚无定论。

谨以上述设想就教于感兴趣的同行们。

参 考 文 献

［1］波普. 科学发现的逻辑. 查汝强，邱仁宗译. 北京：科学出版社，1986：15.

［2］奎因. 现代经验论的两个教条. 江天骥译//中国社会科学院哲学研究所现代外国哲学组. 当代美国资产阶级哲学资料. 第三集. 北京：商务印书馆，1979：9.

［3］拉卡托斯. 科学研究纲领方法论. 上海：上海译文出版社，1986：5，43.

［4］江天骥. 现代西方科学哲学. 北京：中国社会科学出版社，1986：170.

［5］库恩. 必要的张力. 纪树立等译. 福州：福建人民出版社，1981：271.

［6］Feyerabend P. Against Method. London：NLB，1975：295，296.

［7］Shapere D. The character of scientific change//Nickles T. Scientific Discovery, Logic，and Rationality. Dordrecht：D. Reidel Publishing Company，1980：64-68.

［8］Shapere D. The scope and limits of scientific change//Cohenet L J，et al. Logic, Methodology，and Philosophy of Science. VI. Amsterdam：North-Holland，1982：458.

［9］康德. 纯粹理性批评. 蓝公武译. 北京：商务印书馆，1982：570.

［10］Popper K R. Logik der Forschung：zur Erkenntnistheorie der Modernen Natur-wissenmschaft. Wien：Julius Springer，1935.

［11］Toulmin S. Foresight and Understanding：An Enquiry into the Aims of Science. New York：Harper，1961：109-115.

[12] Lakatos I. Falsification and the methodology of scientific research programmes// Lakatos I, Musgrave A. Criticism and the Growth of Knowledge. Cambridge: Cambridge University Press, 1970: 91-196.

[13] Shapere D. Reason, reference, and the quest for knowledge. Philosophy of Science, 1982, 49: 13.

科学理论检验的不完全决定性 *

科学理论的检验可以看做科学之所以成为科学的关键所在。科学理论只有得到事实上的检验，才能被科学家当做关于世界的正确描述接受下来，作为知识体系的一部分，并在此基础上继续开展研究活动。然而，科学实验对科学理论的检验是不完全决定的（underdetermined），需要我们进一步分析。下面的论述表明了这一点。

一、科学理论检验的基本模型

科学家们是怎样检验科学理论的呢？一般地，是通过假说演绎方法（简称 H‑D）进行的。这点我们可以通过玻义耳气体定律的检验加以说明。

玻意耳定律指的是：对于一定量的任何理想气体，当保持温度 T 不变时，压力 P 与气体的体积 V 成反比，也就是：$P \times V = $ 常数。根据这一定律，对于某一气体，如果它的最初体积是 1 升，最初压强是 1 个大气压，当压强增加到 2 个大气压，且温度保持不变时，该气体体积将减少到 1/2 升。上面的思路可以用假说‑演绎模式表示如下：

---

* 本文作者为肖显静，原载《科学技术与辩证法》，2003 年第 20 卷第 3 期，第 36～39 页。

（1）在一定的温度下，气体的压力与它的体积成反比（玻意耳定律）

气体的最初体积是 1 升

最初压力是 1 个大气压

当气体压力增加到 2 个大气压

温度保持不变时

气体体积将减少到 1/2 升

从上述推论中可以看出，待检理论玻意耳定律不是这个论证的唯一前提，只从它出发不可能演绎出任何观察预言。这里需要初始条件。它是完成实验的前提。由此，观察预言是由待检理论和初始条件演绎推论出的。如果用 H 代表待检理论，用 I 代表初始条件，用 O 代表观察预言，那么上述论证也可以概括为下面的形式：

（2）H（待检理论）

I（初始条件）

O（观察预言）

即如果待检理论 H 是正确的，并且初始条件 I 一定，那么观察预言 O 应该是能够观察到的。而现在我们有没有观察到这一结果呢？这就需要我们做实验。如果我们观察到这一结果，证明该理论是正确的。如果没有观察到这一结果，则待检理论是错误的。这是从观察预言开始到待检理论的一个逆向推理过程。可以表示如下：

（3）I（初始条件）

O（观察预言）

H（待检理论）

（4）I（初始条件）

非 O（观察预言）

非 H（待检理论）

不过，如果我们考察检验玻意耳定律的具体过程，就可发现，上述的检验处理过分简化了。在进行这一项实验的过程中，实际上我们并没有直接观察到容器内的气体的温度一直都保持不变，也没有直接通过我们的手臂而测定压力，我们是通过某种类型的温度计和压力仪的使用确定这一点的。这样一来，就需要一个或多个辅助性的假说 A 去说明这些仪器是可信的。几乎在所有的实验中，都需要辅助性假说。它是我们根据待检理论演绎推论出结论所需要的知识背景，离开它是不可能演绎得出观察预言的。根据这一事实，上述推论（2）～（4）应该扩展为下列形式：

（5）H（待检理论）

A（辅助性假说）

I（初始条件）

O（观察预言）

（6）A（辅助性假说）

I（初始条件）

O（观察预言）

H（待检理论）

（7）A（辅助性假说）

I（初始条件）

非O（观察预言）

非H（待检理论）

这就是科学理论检验的基本模型：如果待检理论 H、辅助性假说 A 正确，并且，初始条件 I 具备，所预言的观察结果 O 应该出现；而现在如果在初始条件 I 和辅助性假说 A 具备的情况下，进行实验，观察到了观察预言 O，那么，待检理论 H 应该是正确的；否则就是错误的。前者称为科学理论的确证，后者称为科学理论的证伪。

二、科学理论确证的复杂性

考察上述科学理论确证的过程，存在下述两方面困难。

（一）逻辑学上的困难

分析上面的确证过程，可以分为两个部分：一个是如果待检理论 H、辅助性假说 A 正确，并且，初始条件 I 具备时，所预言的观察结果 O 应该出现。这一论证过程是正确的。从前提到结论是一个有效的演绎过程，只要前提正确，结论肯定是正确的。但是，另一个逻辑论证过程就不是有效的了。在实验过程中观察到了由待检理论 H、辅助性假说 A、初始条件 I 演绎推得的观察预言 O，并不表明待检理论 H 一定是正确的。前提正确并不必然推得结论正确。这点正如天下雨，那么地变湿；而现在地变湿，并不表明天一定就下了雨。地变湿也可能是由其他原因引起的。因此，通过上述检验过程所检验的理论只可能是正确的。

针对上例，观察到了某气体的体积减少到 1/2 升，并不表明温度保持不变时，气体（任何）的压力与它的体积成反比，也许是其他原因造成了这种结果。实际上，这一实验只是表明该气体在该温度下，在气体所涉及的两种状态下，压强和体积之积相等。这就是说这一实验只是给了待检理论——玻意耳定律一次支持。一个 H-D 检验的成功对理论的真理性提供了一次支持，多次这样的成功将对理论的真理性提供多次归纳的支持。在这种情况下，如果我们要想对玻意耳定律正确性以强有力支持的话，那么我们就要针对同种或不同种的气体，在同样的温度或不同的温度下，用不同的压力和体积来对这种气体进行实验。检验的气体种类越多，初始条件设定越多，对待检理论的支持越多，该理论的正确性就越高。但是，由于该定律针对所有气体以及所有的这些气体在所有一定温度下的所有压力和体积变化的关系，因此，从理论上讲，需要我们进行无数次实验才能完全证明该理论。而这是不可能的。我们只能进行有限次的实验来对该理论加以归纳支持。由此出发，通常我们所说的"我们检验某一理论是正确的"，其实指的是：到目前为止，我们发现该理论是正确的。该理论并没有通过所有的检验保证为绝对正确，而只是受到了迄今为止的所有实验的检验，没有出现反例。

这表明，当科学实验与科学理论的预言相一致时，并不表明这一理论完全正确。观察到理论的一个正确推论并不演绎地、绝对肯定地证实该理论。只是表明这一理论被该实验证据支持，增加了该理论的正确性。但无论怎样，并不构成对待检理论的明确的不含糊的确证。实际上理论还是可能错误的。如此，我们不能指望用一次实验来确立科学理论，而应该用多个实验。如爱因斯坦的广义相对论并不将它的正确性寄托在一次推理预言上，它也做出了其他的解释和预言，如水星近日点的进动、光谱线的引力红移、光线弯曲等。这些给了广义相对论以归纳性的支持。

（二）多个竞争理论的困难

这一问题与科学理论的建构有关。建构理论的原则是所建构的理论能够解释用来建构科学理论的实验事实。这里以黄铜棒加热膨胀的理论建构为例加以说明。

黄铜棒的温度和它的长度之间有什么样的关系呢？首先要进行实验，然后在此基础上，建构选择科学理论来反映这种关系。

对于黄铜棒所进行的实验结果为：在室温为20℃时，棒的长度是1.000米，然后棒被加热，并且每隔5℃时，测量它的长度，得到下列一组数据。

实验序列/次	1	2	3	4	5	6
温度/℃	20	25	30	35	40	45
长度/米	1.000 0	1.000 1	1.000 2	1.000 3	1.000 4	1.000 5

如果我们用理论来描述这些关系，那就是要求这一理论与上述实验结果相一致。根据这一原则，应该有多个理论与一个实验结果相一致。如对于上面的实验结果，典型的能够解释它的理论有下面图示的三种[1]。

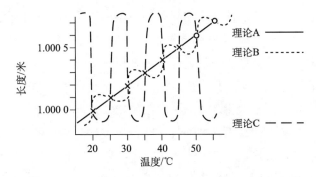

上图中，直线A表征的理论解释了所有的被观察现象，通过了所有的实验数据点，预言了将来的情况和可检验性。B、C也是这样。三种理论都成功地解释了实验数据。如果我们不嫌麻烦的话，还可以构建许多理论来解释这些数据。这表明，对于一个有限的实验数据点，可以有大量的理论所对应的曲线通过它们，并且能够解释它们。既然如此，当我们用一组实验数据确证了某一理论时，逻辑上也就同时确证了与这一实验数据相符合的无限多的与该理论不一致的其他理论。在这种情况下，我们怎么能够宣称所检验的那一理论是正确的呢？实际上，它在检验了某一理论正确的同时，也同时检验了其他理论的正确。

也许有人会说，我们可以进行更多的实验，获得更多的实验数据，然后根据理论是否与这一实验数据相符来逐一排除与实验数据不相符的理论。但是，从逻辑上说，与某一理论相符的实验数据是无限的，人们不可能进行无限的实验来获得无限的数据来检验该理论；而且，与一组或更多组实验数据相符的理论也是无限的，逐一排除是不可能完成的。实际上，我们只能在有限的实验数据的基础上构建有限的能够解释实验数据的理论，然后再继续进行实验，以进一步排除与新的实验事实不相一致的理论，以获得我们认为与更多的实验事实、更进一步的实验事实相一致的理论。

科学家们常常是这样做的。但是，他们并不总是这样做。原因一是在于这样做的非现实性；二是科学并不总是程式化的努力，科学家能够运用大量的方法，如观察、沉思、比较、直觉，甚至于梦想提出某一理论来解释一定的现象，并且能够根据科学理论的一些内在特征，如可检验性、简单性、逻辑一致性、系统性等来评价和选择理论①。如在一组实验数据可由多种理论解释的情况下，科学家们往往根据简单性原则来评价和选择理论。对于上面的科学史案例，科学家就是据此选择最简单的理论 A 的。这种选择有道理吗？从科学发展的历史看有一定道理。因为科学史上的很多理论就是通过这一原则确定的，由此带来了科学的巨大成功。但是，成功的获得并不意味着真理的获得。简单性原则肯定是一个实用的特征，但它不是一个支持真理的特征。从形式以及人们认识的方便看，理论应该是越简单越好。但是，越简单的理论并不意味着越正确。理论的是否正确取决于该理论与所研究的对象的本质内涵是否相一致。对应于上例，如果简单性是一条自然原理，那么，将简单性原则应用到自然界中就是合理的、正确的；如果简单性不是自然界的一条基本原理，那么，将简单性原则应用到自然界中只是科学家认识自然

① 这里是科学理论所具有的一些内在特征。只要对科学理论体系本身进行考察，就可确定它们是否具有这样一些特征。不需要做实验。相对应地，科学理论还应该具有外在特征。这是它的预言功能和解释功能。要考察这两点，就要走向自然，甚至进行实验检验，以明确科学理论的预言、解释与事实是否一致。

时所采用的一个认识论策略。虽然它的应用有时能够获得对自然的正确认识，但是，它不能保证对所有的自然，尤其是对自然中的复杂系统，都能够获得正确的认识。在复杂性系统中，简单性和真理性不是一回事，复杂性才与真理性有着更紧密的关联。为了获得对复杂性系统的真理性的认识，我们必须针对复杂性的具体情况，探索和应用特定的方法去认识它。即使在可以用到简单性原则的地方，也要对此考察、批判、论证，以保证我们正确地应用。

这就是说，根据多种原则所建构、评价和选择的科学理论不是唯一的，其正确性也不能保证。既然如此，我们又凭什么根据有限的实验就断言待检理论是正确的呢？

况且，由于经验证据并非中性，它必然渗透理论，从而使得观察术语与理论术语不可分、陈述命题与理论命题不可分。这样，由渗透理论经验证据去检验理论是否正确就有可能限制对"被检验理论起反驳作用的经验事实的暴露"[1]，增强了把本是错误的理论当成正确的可能性。

三、科学理论证伪的相对性

上面所论述的是观察（实验）的结果与理论演绎预言的观察结果相一致的情况。如果两者不一致时，是否就否证了该理论呢？一般认为，如果没有观察到这一结果，则证明待检理论是错误的。这是从观察预言、初始条件到待检理论的一个逆向推理过程。

从逻辑的角度看，这种演绎推理论证是正确的。上述论证等同于：如果一个理论是正确的，结果一定发生；但是那个结果没有发生，说明那个理论一定是错误的。这点正如：如果天下雨，那么地变湿；而现在地没有变湿，那么肯定天没有下雨。

人们把这种对科学理论的反驳叫做伪证。如果将它与科学理论的确证比较，将会发现它们之间呈现出明显的不对称。确证只是概率性的证明，而证伪则是肯定性的反驳。无数次确证也不能完全证明一个理论的正确；而一次反例，就证伪了该理论。也许正因为如此，科学哲学家波普尔把证伪看做科学理论的本质特征，看做是科学演化最关键的一步。

但是，证伪的上述考虑太简单了，它忽略了科学检验真实过程中的关键细节。与确证的模型相似，是待检理论 H、初始条件 I 和辅助性假说 A 一道演绎推论出观察预言 O。如果现在没有得到观察预言 O，并不表明待检理论 H 是错的，而只是表明待检理论 H、初始条件 I、辅助假说 A、实验操作中至少有一个是错误的。至于到底错在何处，还需要进一步思考和检验。只有在排除了后三者错误的情况下，我们才能说，当一个理论的预言与观察实验的结果相违背时，该理论是错的。

例如，现代的太阳系理论表明，太阳的质量为 2×10^{33} 克，比地球质量大 3 万倍。由于恒星的质量比行星的大得多，万有引力的收缩使得其内部具有很高的温度，使热核反应得以持续进行。在太阳内部高温、高密和高压的条件下，氢核通过碳的催化或者直接聚变为氦。在这个过程中，大约有 1/100 的氢转化为能量。根据爱因斯坦 1906 年提出的 $E = mc^2$ 的质能关系式，这些很少的质量损失会产生巨大的能量，与此同时，也产生了大量的中微子，并且理论预言了某些中微子在地球上应该被检测到。

在关于检测中微子的实验中，如果关于太阳的聚变理论是正确的，那么在地球上肯定存在可检测的太阳中微子。在这里，理论的正确性是通过寻找中微子而检验的。但是，在太阳中微子理论提出的很长一段时间，人们所做的大量实验没有检测到任何中微子，或者是没有检测到与理论预言相近数目的中微子。这是一个失败的结果。天文学家和物理学家都把它看做是太阳中微子难题。在这样的情况下是否就应该抛弃这一理论呢？不是这样。不能观察到预言的结果，并不能看做是理论错误的证据，总有其他原因去寻找，可能是实验本身出了差错；可能是辅助性假说出了问题；可能是初始条件有问题，我们总能够依据一定的策略，保持这一理论。

按照上述的讨论，否定性的证据并不一定把矛头直指科学理论，它指向与理论及其检验有关的全部整体，体现了迪昂-蒯因整体论命题的本质内涵。它表明，科学实验并不确定性地证明某一个理论是错误的。

也许正因为如此，当科学家们遇到某一理论与实验事实不符时，常常并不急于抛弃该理论，而是对实验和该理论作进一步的考察，在确认实验正确性的基础上，修改完善该理论。例如，古典量子论诞生前的原子理论，绕核旋转的电子按古典电动力学因不断辐射能量而将落到核内，这当然与事实不符。玻尔并没有将它抛弃而是作了改进，遂使量子论得以发展。况且，一个理论在新出现时或在萌芽状态时总不完善。如果不符合就抛弃，最好的科学理论也难发展起来。例如，万有引力在问世之初，曾经由于对月球轨道的观测而被认为是错误的。经过 50 年后，人们才知道这不是由万有引力引起的，而是由其他原因引起的。

四、对科学理论检验的正确态度

从上面的分析可以看出，以可观察的证据为背景的科学理论的检验，既不能够产生确定的证实，也不能够产生明确的证伪。这是科学理论检验的不完全决定性。它对判决性实验的存在是一个打击，也给反实在论提供了依据。如工具主义就认为，理论的特征不是正确的或错误的，而是有用的或没有用的，可应用的或不可应用的。理论只是科学家理解和解决问题的工具。科学家们经常发明这种智力的工具帮助人们理解事物，为预言未来的现象以及组织观察实验服务。因此，科学理论评价的标准就是服务的标准和应用的标准，而不是真理的标准。理论化的目的是经验的适当性——现象的充分组织和成功预言。平等的、经验适当的理论是平等的、可接受的。没有理由将试图作为经验的适当使用的理论作为真理看待。

社会建构论者更进一步。巴恩斯（Barnes）坚持观察渗透理论和整体主义的原则。他认为，观察的渗透理论使得不可能明确区分证据与理论，由此也使得"无数的理论能够保持与一组特定的数据相一致"[2]。并且，他认为，迪昂-蒯因命题是有效的，因此，"通过应用和解释的合适策略，任何理论都能够保持与任何发现相一致"[3]。这就是说，任何一个理论可以和无数的实验事实相一致；无数的理论可以和任何一组实验事实相一致。一句话，任何理论可以和任何实验事实相一致。这就完全否定了理论确证和证伪的可能性和有效性，完全否定了科学理论的真理性。而且，这一观点也被社会建构论的科学事实的社会建构和科学理论接受的社会性所加强。

这些都是走向了极端。不可否认，观察是渗透理论的。观察的渗透理论使得观察具有可说明性，从而给予证据以不同的解释。观察的渗透理论增强了把本是正确的理论看做是错误的，或把错误的理论看做是正确的可能性。

但是，正确的理论的渗透加强了观察的正确性和观察检验理论的正确性。"理论通过观察被理解和检验，而观察也是通过理论证明和理解的。"[4] 两者相互加强，增强了两者的正确性。迪昂-蒯因的整体主义，也是一把双刃剑。它虽然导致科学理论检验的相对性，但是，它也告诉我们，科学实验并非是检验和巩固科学理论的唯一方式，科学理论的系统性、简单性、内在的逻辑一致性等也是检验和评价科学理论正确性的方式。也许正是整体主义原则在科学理论检验中的运用加强了某一理论的正确性。也正因为这样，上述单纯从逻辑学角度得出的策略和结论在自然科学的实践中就没有得到广泛应用。在科学研究的实践中，现实可行的仍然是：对于一组数据，只能是有限的理论与之相一致，并且可以根据进一步的工作以确定哪一个理论更正确。

如在 19 世纪，牛顿的引力理论（或者更准确地说是假说，因为它是一个正被检验的理论）预言了月食、彗星以及彗星的行为，还有行星的轨道。这些预言得到了观察实验的检验，但是，在当时的条件下，运用它所预言的天王星的轨道位置与实际被观察到的位置不一致。既然如此，我们是否应该抛弃牛顿理论呢？不一定。为什么呢？牛顿理论并不单纯与它所预言的天王星的轨道有关。它富有解释性和有效性，对宇宙中正在发生的许多事情做出了很好的解释，抛弃它将迫使我们重新思考和理解物理世界。与此相反，太阳系的行星构成模型并不如此重要，它与宇宙的理论理解相联系，很容易被推翻。也许正是由于这一原因，勒威烈假定有那么一颗还没发现的行星导致了天王星运行的"异常"，如果将这颗行星考虑进去，按照牛顿万有引力理论，它的运动就不显得异常了。并且据此反推出这颗新行星的位置。根据他的预言，其他科学家在 1846 年发现了这颗行星，称之为海王星。海王星的发现支持了牛顿万有引力理论的正确性。

当然，这是一个复杂的问题，应当另文论述。不过，可以得出的一般结论是：观察的渗透理论、整体主义、科学事实的社会构建等并不能完全否定科学理论检验的有效性，科学理论的真理性。实际上，科学实在论随理论的经验适当性和理论的真理性而移动。它认为两者有明确的特征，意味着不同的事情。不是经验的适当性或理论的实用性就是真理的标准，而是经验适当性或理论的实用性是真理的一个表现。正因为如此，它不是让我们不去追求科学理论的可靠性，而是让我们在相信没有绝对的根据去相信科学理论解释检验的基础上，充分利用科学理论的内在特征、外在特征以及各种社会因素去检验、评价理论，确立科学理论的真理性，追求更大的可靠性。

另外需要说明的是，这里说到科学理论检验的有限性只是表明理论检验的相对性、复杂性、多样性，并不表明科学理论可以不通过这样的检验过程去进行，更不表明科学理论所涉及的所有的定律和对象都是不可完全检验的。对于有些理论可以被完全检验。如果理论不是全称性的规律，而是特称规律，那么该理论是可以完全证实的。例如，"存在一些乌鸦是黑的"。我们只要经过若干次观察就能证实这一"存在陈述"为真。还有就是如果理论只涉及有限的或可数的对象，那么该理论也是可以证实的。例如，"夸克都带有分数电荷"这一命题，我们可以完全检验。因为通过物理学，我们知道只有六种夸克。对于上述命题，只要分别检查每一种夸克所带的电荷就可得到确证或证伪。

参 考 文 献

[1] Kosso P. Reading the Book of Nature. Cambridge：Cambridge University，1992：44，154.

[2] Barnes B. T. S. Kuhn//Skinner Q. The Return of the Grand Theory in the Human Sciences. Cambridge：Cambridge University Press，1985：86.

[3] Barnes B. On the "hows" and "whys" of cultural change. Social Studies of Science，1981，11：493.

[4] Franklin A. The epistemology of experiment//Gooding D，Pinch T J. The Use of Experiment：Studies in the Natural Sciences. Cambridge：Combridge University Press，1989：441.

科学进步的模式 *

在当代西方科学哲学中，存在着多种不同的科学进步模式。如果以它们所刻画的科学进步的确定性程度来划分，笔者认为，可以将这些模式概括为四种类型：①确定型模式；②弱确定型模式；③弱不确定型模式；④不确定型模式。本文试图对这四种类型的模式作较为深入的分析、比较和评价，并在此基础上就科学进步理论的困境和出路问题作一简要探讨。

一、确定型模式

最为典型的确定型模式，是逻辑经验主义的累积式科学进步模式和波普尔证伪主义的科学进步模式。尽管两者采取了不同的科学进步标准，但是，在他们的模式中，科学进步则是十分确定的。

众所周知，逻辑经验主义的科学进步模式是传统的"中国套箱式"的直线累积发展模式。逻辑经验主义者坚持从经验论的角度来理解科学，他们认为理论应当接受经验检验，只有被经验证实，或至少是概率很高的理论，才是可接受的理论。因此，高概率成了科学进步的标准。科学的目的就是为了

---

* 本文作者为孟建伟，原题为《科学进步模式辨析》，原载《自然辩证法研究》，1995 年第 11 卷第 5 期，第 1～7 页。

提高理论的概率，概率越高，也就是越来越被经验确证的理论。在他们看来，科学完全是一项累积性的事业，旧的理论一旦曾经得到确证就再也不会被否定或抛弃，而只能被归化到内涵更广或更全面的新理论当中去。科学进步的过程，实质上就是新理论不断合并、归化旧理论的过程。

相比之下，波普尔的证伪主义比逻辑经验论者更增添了一层浓厚的实在论色彩。与逻辑经验主义相反，在波普尔看来，科学需要的是一种有趣、大胆和内容丰富的理论，而不是一种平庸的理论。理论的内容与概率两者是相反的：内容越增加，概率则越降低，反之亦然。因此，科学的目的不是要提高理论的概率，得到概率越来越高的理论，而是要求理论具有"丰富的经验内容或者高度的可检验性"[1]。波普尔认为，可证伪度或可检验度就是理论潜在的进步标准，而确认度就是理论实际的进步标准。这就是说，一个具有高度可证伪性的理论一旦经受住严格的检验，它就不仅是潜在进步的理论，而且是实际进步的理论。

在波普尔的视野里，科学进步的过程不再是累积的过程，而是不断地"试错"、不断地"猜想与反驳"的过程。因此，科学的发展是间断的、跳跃的和突变的。本来，从突变论的观点来看科学的发展，对于科学进步的确定性来说，无疑是一种威胁。但是，值得注意的是，波普尔却是一个十分坚定的关于科学进步的确定论者，他说："科学必须增长，也可以说，科学必须进步。……科学知识增长并不是指观察的积累，而是指不断推翻一种科学理论、由另一种更好的或者更合乎要求的理论取而代之。"[1]为了论证科学进步的确定性，波普尔甚至将他的可证伪度的科学进步标准与逼真性概念联系起来，强调我们所得到的越来越好的理论，既是可证伪度越来越高的理论，又是逼真度越来越高的理论。

二、不确定型模式

最为典型的不确定型模式，是库恩的范式转换模式和费耶阿本德的多元主义科学发展模式。与确定型模式相反，这两个模式从历史主义的观点出发，向人们展示了一种关于科学变化的复杂图景，表明科学进步是不确定的。

库恩的范式转换模式，对逻辑经验主义的累积式科学进步观和证伪主义的突变式科学进步观作了某种程度的综合，并且取消了他们所坚持的诸如"高概率"或"可证伪度"这种超时代的普遍有效的科学进步标准。在库恩看来，只有在同一个范式之内，才谈得上科学进步的确定性，而在两个范式之间，则是非常科学或科学革命的插曲，这时，由于不存在任何超范式的科学进步标准，因而科学进步是不确定的。

在库恩的模式中，造成科学进步不确定的主要因素有两个：一是每一个范式都带有自身的价值标准。接受一个范式意味着不仅接受这个范式的理论和方法，而且还接受了为这个范式进行辩护的价值标准。二是不同范式的价值标准是"不可通约的"。在不同的范式之间作出选择，如同宗教皈依一样，是"一种不相容的集团之间的不同生活方式的选择"[2]，在这里并不存在一种可依据的客观的合理的标准。

值得注意的是，库恩解释科学变化和发展所使用的最关键的概念——范式，是一个内涵极为丰富的概念。根据库恩的阐述，范式包括"一种具体的科学成就"，包括"概念的、理论的、工具的和方法论的坚强的信念网络"，包括"形而上学"，它与"科学共同体"这一概念相接近，还类似于世界观或时代精神等。由此可见，在库恩看来，科学进步问题不是单纯的科学方法论或认知价值论所能解决的问题，而更重要的是关于科学共同体的意识形态的问题，应当交给社会学或心理学去研究。

费耶阿本德的多元主义科学发展模式，则把关于科学进步不确定的观点更进一步推向极端。费耶阿本德从文化相对主义的观点出发，认为科学"是人所发展的许多思想形式之一，而且未必是最好的"[3]，它与宗教、神话等等意识形态并没有根本的区别。科学与非科学的分离不仅是人为的，而且对知识的进展是有害的。如果我们要理解自然界，就得使用一切思想和一切方法，甚至可以从宗教、神话、外行人的观念或狂人的呓语中吸取对我们有用的东西。

费耶阿本德用方法论的多元主义来反对任何固定的方法论和普遍有效的规则或标准。在他看来，科学本质上是一种无政府主义的事业，也就是说，并没有某种固定的科学进步标准或发展模式，一切方法论都有其局限性，如果还存在什么"规则"的话，那就是"什么都行"。

与范式转换模式相类似，费耶阿本德把科学发展看做是背景理论更替的过程，而两种不同的背景理论，如同两种不同的文化（如原始部落的文化和近代西方文化），往往是不可比较的。因此，他反对对科学加以逻辑重建，强调要对科学进行人类学的个案研究。

三、弱确定型模式

最为典型的弱确定型模式，是拉卡托斯的科学研究纲领方法论和劳丹的解决问题的科学进步模式。虽然这两个模式都采用了历史主义的模型，但都明确地强调科学的进步性。

拉卡托斯在批判波普尔的朴素证伪主义和库恩的非理性主义的基础上，提出了他的科学研究纲领方法论。他反对朴素证伪主义关于科学通过猜想和反驳而发展这种过于简单化的模式，认为只有把理论系列而不是单一的理论当做科学和评价科学进步的基本单元，才能合乎实际地说明科学的发展。拉卡托斯把这种作为科学基本单元的理论系列称为"研究纲领"。研究纲领由一系列方法论规则构成：一些规则告诉人们要避免哪些研究道路（反面启发法），而另一些规则则告诉人们要寻求开拓哪些研究道路（正面启发法）。形象地说，一个研究纲领具有三个特征：一是有某些不可反驳的公设构成的"硬核"，二是由反面启发法产生的保护硬核的保护带，三是有指导这一纲领未来发展的启发法。很明显，研究纲领与库恩的范式概念相类似，拉卡托斯采用的是历史主义的模型。

但是，与库恩的观点相反，拉卡托斯认为，研究纲领之间不仅是可以比较的，而且还存在着明确的进步标准。判断进步的研究纲领有三条标准：①启发力标准，具有详细和广博的启发法。②理论进步标准，研究纲领中的每一个后继理论要比前任理论具有更多可检验的推断。③经验进步标准，后继理论所增添的任何可检验的推断得到实验的确证。由此可见，拉卡托斯所使用的标准，其核心还是一种证伪主义的科学进步标准。

不过，应当看到，拉卡托斯的模式与波普尔的模式相比，其科学进步的确定性已经明显弱化。因为拉卡托斯所说的证伪"不仅仅是理论和经验基础之间的关系，而是相互竞争的理论、原先的'经验基础'及由竞争而产生的经验增长之间的一种多边关系。因此，可以说证伪具有'历史的特点'"[4]。正是这种"多边关系"和"历史的特点"，使得很难根据拉卡托斯的科学进步标准，对两个研究纲领作出明确的判断。

劳丹选择了既不同于拉卡托斯，又不同于库恩、费耶阿本德的第三条道路，提出了他的解决问题的科学进步模式。在这个模式中，劳丹用"研究传统"的概念代替了库恩和拉卡托斯的"范式"和"研究纲领"。在劳丹那里，研究传统是一组关于本体论和方法论的规则，它只包含本体论和方法论两大因素，其内涵要比范式简单得多。同时，研究传统又比研究纲领更为灵活：在拉卡托斯那里，研究纲领的硬核是不可反驳的，但是，在劳丹的模式中，"这类（不可拒斥的）要素是随着时间的推移而变化的"[5]。

尽管劳丹比拉卡托斯考虑到更多的历史因素，但是，在劳丹的模式中还是采用了一条明确的科学进步标准，即解决问题的科学进步标准。劳丹认为，这条标准不仅适合于评价理论，也适合于评价研究传统。看一个理论或研究传统是否进步，主要看该理论或研究传统是否最大限度地扩大已解决的经验问题的范围，而把反常问题和概念问题缩小到最低限度。

当然，与确定型模式相比，在劳丹的模式中，科学进步的确定性也已经大大削弱。首先，劳丹为了撇开传统分析的语言和概念（确证度、说明性内容、确认等），把科学的基本目的从真理削弱为解决问题，用"解决问题"的逻辑代替科学解释的逻辑，使得理论对应于"问题"而不是对应于"事实"，但这样一来，科学的客观性和进步性也受到威胁。其次，解决问题的评价标准本身也有许多不确定因素。正如劳丹自己所说的，"什么样的问题才能看做经验问题、什么样的反对意见才被算作概念问题、理论可理解性的标准、实验控制的标准、问题的重要程度，这一切都随特定思想家共同体的方法论-规范信念而变"[5]。

四、弱不确定型模式

最为典型的弱不确定型模式，是劳丹关于科学合理性的网状模式和夏皮尔的关联主义的科学发展模式。可以说，这两个模式对库恩和费耶阿本德的相对主义的科学发展模式作了重要的纠正，但是，在他们那里，科学进步依然是不确定的。

　　劳丹于 1977 年提出解决问题的科学进步模式以后，又在 1984 年提出了关于科学合理性的网状模式。这两个模式都是在库恩的范式转换模式的基础上改造而成的。所不同的是，在解决问题的科学进步模式中，劳丹用"研究传统"取代了"范式"概念，然后用解决问题作为评价科学进步的唯一标准，来解决"研究传统"的比较和进步问题。而在关于科学合理性的网状模式中，劳丹将"范式"的内容概括为三个层次，即本体论、方法论和价值论这三个层次，也就是说，比原来的"研究传统"多了一个价值论的层次，并且取消了劳丹原先提出的那种唯一普遍有效的科学进步标准，即解决问题的科学进步标准。因此，劳丹的后一个模式要比前一个模式层次更多，容量更大，并且更加开放。

　　劳丹在网状模式中，抛弃了库恩所坚持的关于范式的整体主义特征，认为范式是有结构的，它可分为三个层次，而且三个层次之间处在一种互相制约、彼此协调的网状结构中。科学的变化在本质上并不是库恩所说的范式整体的变化，而更多的则是逐项逐项的变化。而且，关于科学本体论、方法论或价值论的每项变化，都可以在网状结构机制中得到合理的说明。可见，劳丹提出了一种比库恩模式"更渐进的"科学发展动力学模式。

　　显然，劳丹的后一个模式的重点是想解决科学变化的连续性问题，即科学是怎样合理演变的问题。但是，后一个模式解释科学进步问题却比前一个模式显得更为困难。劳丹自己也承认："人们可能会问，要是构成科学价值观的目标本身发生变化，我们怎样还能谈论科学取得了进步呢？这样的反诘似乎是难以回答的。但是，要使科学进步的观念与目标变动的论题协调起来，显然更加困难。"[6]

　　与劳丹的网状模式相类似，夏皮尔的关联主义模式，对科学的发展也作了自然主义的解释。夏皮尔认为，从事科学研究不必求助于外在的"超验标准"。事实上，任何独立于科学并站在科学之上的"标准"只是一种"虚构"。科学的一切，从实质性信念到方法、标准，都将随着科学内容（"域"和"背景知识"）的变化而变化。然而，这并不意味着科学的变革是非理性的。在夏皮尔看来，库恩意义上的"革命"（即范式转变）在科学史上是不存在的。科学的变化具有"连续性"，并且它们都有"合理演变"的"理由"。

夏皮尔把"理由"看做是评价科学合理性的"标准"。他说:"如果'标准'是如此不可避免地蕴涵在科学活动中,那么,比起那些已经证明是成功的,并且没有遭到具体怀疑的信念、方法等来,我们还能使用什么更好的'标准'呢?"[7]在夏皮尔那里,"成功"、"无可怀疑"和"相关性"足以构成一个"理由"的三个条件。他认为,尽管"理由"可能是错的,并且有时也的确被证明是错的,但这并不能阻挡我们利用已经具有的与"域"、"相关的"、"成功的"并且"无可怀疑的"最佳信息。

在夏皮尔看来,已有的"背景知识"或"理由"与对新知识的探求构成了一种相互作用的"反馈"关系:一方面,"背景知识"或"理由"指导着人们去探求新知识;另一方面,这种"背景知识"或"理由"又将随着新知识的获得而被修改或扬弃。他用这种"理由内在化"的方法和"反馈"机制来说明科学的"合理演变",与劳丹的"网状模式"颇为相似。所不同的是,劳丹偏重于对科学作"工具论"的解释,而夏皮尔则更倾向于对科学作"实在论"的解释。

但是,仔细分析夏皮尔的关联主义模式,我们不难发现,夏皮尔的模式所刻画的科学进步的确定性程度与劳丹的网状模式几乎是同等的。因为在夏皮尔那里,科学进步的依据蕴涵在不断变化的"背景知识"或"理由"当中,这与劳丹将科学进步相对于不断变化的认知价值目标,没有多大差别。

五、比较与评价

综上所述,我们将当代西方科学进步模式概括为确定型、弱确定型、弱不确定型和不确定型四种模式。这四种模式构成一个十分有序的自然"序列"(如图):从左至右,随着这些模式的规范性强度逐渐减弱和历史性因素逐渐加大,它们所刻画的科学进步的确定性程度也随之减弱;反过来,从右至左,随着历史性因素逐渐减小和规范性强度逐渐增加,其确定性程度也随之逐渐增强。

所谓规范性强度,在这里主要是指科学进步标准给这些模式所带来的规范力。在确定型模式那里,有一条明确的科学进步标准,因此,具有极强的规范力;在弱确定型模式那里,虽然仍旧保留着一条科学进步标准,但这条

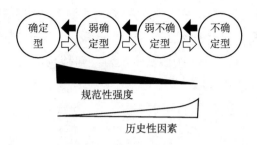

标准已趋于弱化，因而规范力有所减弱；在弱不确定型模式那里，科学进步标准已经多元化，它们强调的只是标准之间的"合理演变"，因而其规范力将进一步削弱，而到了不确定型模式那里，不但科学进步标准是多元的，而且它们之间又是"不可比较的"，因而，在这种模式中，规范性只是相对于范式而言的，在两个范式之间几乎没有任何规范力，于是，科学进步变得相当不确定。

这些模式的历史性因素的变化也非常有序：在确定型模式中，评价科学进步的单元只是单一的理论，到了弱确定型模式，评价科学进步的单元变成了理论系列（"研究纲领"或"研究传统"），包括理论和方法论两大因素，可见历史性因素明显增强；在弱不确定型模式中，科学变化的视野又进一步扩大，包括了理论、方法论和价值论三大因素，因而历史性因素进一步增强。但是，劳丹和夏皮尔采用的是"内在化"的方法，他们所探讨的内容严格限制在科学认识论或认知价值论的范围内，而与科学以外的社会和文化因素无关。库恩与费耶阿本德则不然。库恩的"范式"或费耶阿本德的"背景理论"显然不仅仅只是一个有关科学认识论或认知价值论所探讨的概念，而更是一个与社会、心理和文化有关的概念。因此，不确定型模式的历史性因素要比所有模式都多得多。于是，在它那里，科学进步问题变得极为复杂。

通过上述分析和比较，我们不难发现，四种不同类型的科学进步模式，不仅具有不同的内容、结构和功能，而且还存在着互相不可替代的独特意义和价值。其主要的意义和价值在于，他们就科学进步而论，各自从不同的角度提出了不同的问题：首先，确定型模式提出的问题是，我们如何客观地评价两个理论的好坏？更确切地说，在两个不同的（尤其是不同时代的）理论之间，有没有一种客观的标准，可以判断哪个理论更为进步？紧接着，不确定型模式提出的问题是，根据科学的历史，实际上科学究竟是如何变化和发展的？我们能离开科学的社会、历史和文化背景来理解和讨论科学进步吗？然后，弱确定型模式提出的问题是，在两个互相竞争的高层理论（例如"范式"）之间，是否也存在着一种客观的标准，可以判断哪一个更为进步？最后，弱不确定型模式也提出了一个与众不同的问题，即科学内部是否存在着一种合理的机制，能够说明科学的理论、方法和目标是怎样"合理演变"的？

由此可见，四种不同的模式提出了彼此相互忽视或否认的截然不同的问题，而且，事实上每一个问题对于说明科学进步来说都是至关重要的。这就是每一种模式之所以难以被另一种模式取代的原因所在。

六、困难及其出路

尽管四种科学进步模式分别提出了关于科学进步的十分有价值的见解，并作了有益的尝试，但是，都面临着严重的困难：确定型模式被广泛地指责为不符合科学的历史，尤其是它们所想象的唯一的科学方法和普遍有效的科学进步标准，遭到人们普遍怀疑；不确定型模式主张不同类型的科学、不同的方法和不同的科学进步标准是不可比较的，这一观点被指责为是相对主义和非理性主义，弱确定型模式也面临着两个方面的困难：其一是其所选择的科学进步标准太弱，以致对历史模型缺乏有效的规范力。其二是选择这一标准作为唯一的超历史的普遍有效的标准，依然缺乏根据；而弱不确定型模式的着眼点过分局限于科学理论、方法和目标的"合理演变"，但是，"合理演变"未必能说明科学必然是进步的，因此，在这种模式中，"相对主义"的阴影继续存在着。

当代西方科学哲学家们提出确定型模式—不确定型模式—弱确定型模式—弱不确定型模式，几经周折，走过了一条曲折的道路，但是，值得注意的是，他们始终"徘徊"在确定型与不确定型两种模式之间！反映这种左右"徘徊"最典型的人物是劳丹：他一个人先后提出了两个科学进步模式，然而，这两个模式事实上却是不相容的，一个属于弱确定型模式，而另一个则属于弱不确定型模式。这种"徘徊"也深深地反映了当代西方科学哲学家们所面临的理论困惑。

从上述四种模式的结构分析中不难看出，这些科学哲学家们所走的"徘徊"之路，似乎已经走到了尽头。因为不管你在确定型与不确定型模式之间如何搞"调和"与"折中"，都无法逃脱这样一个两难困境：要么坚持某种超越历史的普遍有效的科学进步标准，来维护其规范性；要么采取某种自然主义的态度，而丧失其规范性。也就是说，无法摆脱弱确定型模式或弱不确定型模式目前所面临的困难。

西方科学进步理论之所以陷于困境，一个重要的原因在于，在他们那里存在着一个理论误区：在他们看来，对于一个科学进步模式来说，似乎历史性因素的增加与科学进步的不确定性的增长必定是同步的。换句话说，在一个科学进步模式中，历史性因素越多，则相对主义和非理性主义的成分就越多，科学进步就越加难以说明。同时，他们认为，科学进步的确定性必须依靠某种"标准"来保证。于是，许多科学哲学家的重要战略就是，通过寻找某种"标准"和排除历史性因素这两种方法，来确定或增强科学进步的确定性。其实，这种思维方式是值得怀疑的。的确，找到某种"标准"或者减少历史性因素，会使科学进步问题显得简单一些，但是，也许真正能说明科学进步的"标准"和理由恰恰就在社会、历史和文化背景之中。

事实上，库恩强调科学的社会性和历史性，强调社会、历史和文化因素对科学变化和发展的影响，这并没有错。如果用"范式"来刻画科学的历史性或时代性，也是不无道理的。库恩的错误在于，他认为范式是不可比较的，因而否认了科学的进步性。然而，库恩陷入非理性主义和相对主义的原因，并不是由于他坚持了历史主义的观点，恰恰相反，正是由于他并没有把历史主义的观点贯彻到底，才走向非理性主义和相对主义的。其实，真正从社会历史的观点来看，保证科学进步的因素很多：首先，社会生产力是不断提高的，人们可以利用越来越先进的物质手段从事科学；其次，人们可利用的知识和信息也在不断地丰富和增长；还有更重要的是每个时代每个社会的人的智力和文化素质也在不断地提高和发展。所有这一切都是历史性因素，都是科学进步的潜在的理由和依据。库恩正是由于无视这些社会历史条件和人类自身的进步，才把所有的范式都看做是彼此"价值"等价的，"不可比较的"，因而无进步可言。事实上，科学与社会、科学与人的自身发展也存在着一种互相促进的"反馈"机制：一方面，科学的发展必将推动着社会和人类自身的发展；另一方面，社会的发展和人类自身的进步也将极大地影响着范式的选择，从而进一步推动科学的进步。因此，离开社会历史条件和人类自身的进步，来抽象地谈论范式比较问题和科学进步问题，显然并不是一种真正的历史主义观点，至少不能说是一种彻底的历史主义观点。

总之，要想摆脱科学进步理论之困境，光靠徘徊在确定型与不确定型模式之间搞"调和"与"折中"，是难以找到出路的。不妨改变一下原来的思维方式，例如，采取一种更强的历史主义观点，到更广阔的社会、历史和文化背景中去寻找科学进步的依据，也许，这又是一条可供选择的道路。

参 考 文 献

［1］卡尔·波普尔. 猜想与反驳. 傅季重等译. 上海：上海译文出版社，1986：311，308.

［2］Kuhn T. The Structure of Scientific Revolutions. Chicago：University of Chicago Press，1962：93.

［3］Feyerabend P. Against Method. London：NLB，1975：295.

［4］伊·拉卡托斯. 科学研究纲领方法论. 兰征译. 上海：上海译文出版社，1998：50.

［5］劳丹 L. 进步及其问题. 刘新民译. 北京：华夏出版社，1990：95，125.

［6］Laudan L. Science and Values. Berkeley：University of California Press，1984：65.

［7］Shapere D. Reason and the Search for Knowledge. Dordrecht：D. Reidel Publishing Company，1984：226-227.

超越"科学大战"：从对立到对话 *

    20 世纪的最后 10 年，被认为是西方学术界"科学大战"的 10 年。1992
年，美国物理学家温伯格（Steven Weinberg）和英国生物学家沃尔珀特
（Lewis Wolpert）对社会建构论等论点提出了批评①。1994 年，英国媒体对
沃尔珀特与柯林斯（Harry Collins）的辩论进行了报道，美国传媒则报道了全
美学者协会的会议②，使这场关于科学本质的学术争论在大西洋两岸几乎同
时进入了公众的视野。同年，格罗斯（Paul Gross）和莱维特（Norman Lev-
itt）出版了《高级迷信：学术左派及其与科学的争论》，向科学论③研究者提
交了正式宣战书。作为回应，《社会文本》（*Social Text*）杂志于 1996 年精
心准备了一个"科学大战"专辑，并且导致了著名的"索卡尔事件"。这一

---

    * 本文作者为张增一，原载《自然辩证法研究》，2006 年第 22 卷第 4 期，第 9~13 页。
    ① 温伯格在《终极理论之梦》第七章"反对哲学"中批评了皮克林的《构建夸克》和哈丁的
女性主义科学观；沃尔珀特在《科学的非自然本质》中也对社会建构论进行了简要的批评。由于这
两本书是面向普通公众的科普读物，英国学者斯蒂夫·福勒认为是科学家首先将关于科学本质的学
术争论引入到公众论坛的，见文献［1］。
    ② 这次会议于 1994 年 11 月在马萨诸塞州的坎布里奇举行。温伯格在会上批评说："在我看来，
社会建构论者和后现代主义者对科学所做的许多评论，都源自于他们渴望强化他们的时事评论家的
地位的动机。也就是说，他们不希望被看做是科学的依附者或者附属物，而希望被看成是独立的审
查者，而且也许还是个高级审查者，因为这样有更多的独立性。我认为这对那些追随科学社会学的
'强纲领'的人特别正确。"见文献［2］。
    ③ 关于"science studies"一词，国内译法不一。有的译为"科学元勘"，有的译为"科学研
究"，还有的译为"科学论"。本文采用了最后这种译法。

事件不仅引起了大众媒介的极大兴趣，而且也使这场争论越来越偏离严肃学术讨论的方向。在以后的几年中，争论双方进行了充满火药味的论战。学术研究似乎变得无关紧要，双方也都缺乏了解和理解对方的愿望，并且草率地将其论战文章发表在报纸和通俗刊物上，从而演变成了一场科学与人文①的公开论战，一场公开表演的"聋子对话"。鉴于这场论战在一定程度上也波及了国内学术界，本文首先对这场争论产生的原因、争论的实质进行梳理，然后对英美学术界尤其是拉宾格尔（Jay Labinger）和柯林斯等人近几年在超越"科学大战"方面所进行的努力进行评价，希望对我国关于这方面的研究和争论有所启发。

一、"科学大战"的产生原因

毫无疑问，"科学大战"是关于科学或科学知识的本质而进行的论战。人们不禁要问，科学论（主要包括20世纪70年代以来的科学社会学、科学史和科学哲学等以科学为对象的研究领域或学科）作为以科学为研究对象的若干学术领域已有相当长的历史，为什么在90年代中期突然爆发了这场主要表现为自然科学家与人文学者之间的公开冲突呢？是科学论领域的哪些变化激起了自然科学家如此强烈的反应呢？

在20世纪60年代之前，科学论研究领域的学者几乎没有产生过与职业科学家群体的冲突。相当一部分重要的科学史研究是由退了休的或爱好兴趣广泛的科学家自己写成的，而且更重要的是这个时期的科学史著作在很大程度上具有赞美科学的性质。科学哲学虽然有更悠久的传统，但许多科学哲学研究的目的只是想要解释科学为什么会成功，而不是要对科学的世界观提出挑战。只是有些关于科学的分析令科学家感到不快而遭到冷遇，物理学家费曼曾说"科学哲学对于科学家就像鸟类学对于鸟一样，毫无用处"[3]。温伯

---

① 实际上，"科学大战"不能简单称之为科学家与人文学者之间的冲突。在克瑞杰主编的《沙滩上的房子》这部捍卫正统科学观的重要论战文集的全部16位作者中，包括主编本人在内有10位是科学哲学、科学史和科学社会学等领域的学者；在罗斯主编的《科学大战》这部倡导后现代科学观的重要论战文集中有哈佛大学生物学家勒温廷（Richard C. Lewontin）、哈伯德（Ruth Hubbard）和进化生态学家莱文斯（Richard Levins）。

格在《终极理论之梦》一书中则用"反对哲学"作为一章的标题，似乎就表达了这种不快。

20 世纪 70 年代以前的科学建制社会学，主要探讨科学家的行为规范、动机，科学如何避免偏见等诸如此类的问题。尽管这种默顿传统的科学社会学并非自始至终都在赞颂科学家的高大形象，但总的来说其核心在于解释科学建制如何使科学家把工作做得更好，科学家看不出其中会有什么威胁，因此，默顿学派的成员会受到科学界的接纳和欢迎，有些成员被列入《科学》杂志的编委就是例证。

然而，托马斯·库恩 1962 年发表的《科学革命的结构》在后来展示出了巨大的影响力。尽管学术界关于库恩的这部著作究竟对科学知识社会学产生了何种程度的影响一直争论不休①，但有一点可以肯定，他拓宽了后来学者们的视野，使他们变得更大胆，敢于把自然科学本身当做一种文化建设实践来研究。于是，从 20 世纪 70 年代早期开始，一些科学社会学家把注意力转到科学的内容上，从而导致了科学知识社会学的产生，如爱丁堡强纲领学派和巴斯（Bath）学派。这些研究强调科学知识的文化基础，认为人们以不同的方式来解释同样的实验和理论，可以得出不同的结论。与此同时，科学史变得更为专业化，不再是溢美之词。此外，看起来不相关的领域，文学批评、文化理论、女性主义研究等，开始把科学的术语和概念整合到它们的研究之中，甚至把科学的问题和科学的实践变为它们的主要研究对象。在许多人看来，科学论中出现的这些新的发展趋势是对传统科学观的挑战，需要认真地面对并且予以严厉的批判。实际上，在"科学大战"爆发之前，科学论研究领域内部的批判早就开始了，并且科学哲学家的表现最为突出，不过是由于主要局限于专业领域内部并未引起科学界的注意。

尽管要准确地回答为什么在 20 世纪 90 年代中期突然爆发了科学家与科学论研究者之间的"科学大战"这一问题并不容易，但是，把哈里·科林斯（Harry Collins）和特雷弗·平奇（Trevor Pinch）在 1993 年出版的《人人应

① 科学知识社会学家往往把他们的研究归结为对库恩思想的激进解读，特雷弗·平奇认为，人们过高地估计了库恩对新科学论的影响。见文献［4］。

知的科学）① 作为一个重要的导火索却不是没有根据的。从这本书的书名（中译本书名主要根据原书的副标题"关于科学人们应该知道些什么"译出）人们不难看出，这是一部旨在向普通读者介绍科学知识社会学基本思想的著作。其核心论点是科学研究不是一个客观地、绝对无误地产生真理的过程，相反，它是一个非常人性化的社会过程。科林斯和平奇在书中讨论了"证明"相对论的两个实验、冷聚变、巴斯德与生命的起源、引力波的发现等案例，目的不是展现机械的实验在判决相互竞争的科学假说中的重要作用，而是力图向读者描绘更加复杂的科学进步过程。给读者留下的印象似乎是一些科学理论主要来自一两个判决性的实验，而科学家对这些实验结果的解释又往往具有某种主观成分，似乎暗示有些科学理论（比如相对论）并没有得到实验事实的支持。虽然物理学家戴维·迈尔曼（David Mermin）于"科学大战"高峰期的 1996 年才在《今日物理学》上发表两篇针对这本书的批评性评论，并在后来与柯林斯和平奇在该杂志上又进行了两回合的论战，但是，由于这是一本向公众"兜售"方法论相对主义科学观的书，更容易引起科学家对科学论的敌意和不安。

二、争论的焦点和实质是什么？

简单地概括已有 20 多年历史的"新"科学论对传统科学观带来的挑战并非是一件容易的事。拉宾格尔和柯林斯用这样一组对立的概念对其进行概括，即实在论与相对主义、理性主义与建构主义、客观主义与主观主义。一般来说，"新"科学论研究者强调后者。他们注重科学中的人为因素，探讨科学知识是怎样由于这些人为因素的作用而带来的不确定性，科学是社会建构的结果，他们研究的问题包括科学制度的社会特征、科学研究所依赖的文化环境及表达科学发现的语言等。与此形成鲜明对照的是，大多数科学家往往坚持传统科学论的观点，更着重于科学知识的客观真理性及科学发现过程的客观性[2]。

---

① 此书中文版书名采用了该书的副标题，原名为"勾勒姆：关于科学你应该知道些什么"（*The Golem：What You Should Know about Science*）。

备受人们普遍关注而又意见不一的问题是，这种"新"的科学论是否反科学、反理性或对科学的客观真理性提出了挑战？关于这个问题，可以根据动机和效果分为两个问题：①新科学论者是否有意识地反对科学？关于这个问题，有人声称，他们或者出于某种政治需要或者出于对科学家取得的成就和地位的嫉妒，试图削弱科学的权威或诋毁科学的基础；另一些人尤其是新科学论研究者则认为，他们的目的不是为了挑战或动摇科学的权威，而是为了发展有关科学为什么，以及怎样在当代世界具有突出地位的一种中立的"批评术"，其不良后果是被误解或不中肯，但不会对科学造成危害，好的结果是促使人们以新的方式来思考某些疑难问题。②新科学论者在效果上是否动摇了科学的权威或对科学造成伤害？科学家在批评新科学论时往往将科学面临的处境或公众对科学的态度发生的变化与新科学论宣扬的科学观联系起来，比如，科学研究经费越来越少，公众对科学家越来越不放心，宗教迷信和占星术愈演愈烈等，他们声称近年来学术界流行的建构主义、后现代主义思潮负有不可推卸的责任。新科学论者则予以反击，认为他们的研究并没有威胁科学的权威地位，也看不出上述现象与他们的研究成果之间有什么因果联系，至于公众在对科学的态度上的变化，他们的研究是要给公众一幅更为真实的科学形象，这对于社会公众理解科学并且从长远来看支持科学事业的发展是有益的。

不幸的是，"科学大战"自 20 世纪 90 年代中期以来战鼓隆隆，双方各执己见。格罗斯和莱维特先是出版《高级迷信：学术左派及其与科学的争论》（1994），又于 1995 年在纽约科学院组织了主题为"逃离科学与理性"的研讨会［该会议的同名论文集《逃离科学与理性》于 1997 年由格罗斯、莱维特和刘易斯（Martin Lewis）编辑出版］，对科学论者进行了公开而激烈的批评；罗斯（Andrew Ross）则于 1996 主编了《社会文本》的"科学大战"专辑作为回应；紧接又有诺里塔·杰克瑞（Noretta Koertge）编的《沙滩上的房子——后现代主义者的科学神话曝光》（1998）的再反击等。与此同时，充斥着攻击性的词语和论战色彩的文章不仅频频被发表在科学或科学论领域的学术期刊上，而且还通过报纸和通俗刊物直接面向社会公众。严肃的学术讨论似乎成了为了赢得欢呼和掌声的游戏，"对迅速在公众场合取得胜利的追求胜过了学术研究，争论的质量严重地下降了"[4]。

三、寻求对话的尝试

即使在这场论战正酣之际，仍有一些科学家和人文学者没有加入论战的行列，还有一些学者虽然参与了论战但仍希望超越争论双方的对立局面，以一种更富有成效的方式进行交流和对话。1997 年 2 月，在西雅图召开的美国科学促进会的年会上，克莱曼（Daniel Lee Kleinman）组织了一个题为"科学与民主：超越'科学大战'"的专题讨论会。1997 年 5 月，加利福尼亚大学圣塔克鲁兹分校的物理学家瑙恩伯格（Mike Nauenberg）举办了一个小型会议，使科学社会学家科林斯、物理学家迈尔曼和索卡尔等人有了直接交流的机会。有趣的是，也就是在那次会议上，迈尔曼和柯林斯常常发现两人由于都不赞成索卡尔的意见而走到一起来了。1997 年 7 月，柯林斯在南安普敦大学举办了一次所谓的"南安普敦和平讨论会"。索卡尔没有参加，但是，包括拉宾格尔、迈尔曼和平奇及其他代表着物理学、科学史和文学理论等不同学科的学者参加了会议。与其他科学战的论坛不同，这次会议首先通过安排与会者游览当地的风景名胜增进相互的了解。然后进行封闭式的深入讨论，在达成相互的信任和理解之后才公开举行。目的是在充分理解对方观点的基础上，寻求不同观点之间的碰撞和交锋，而不是像有些论战那样似乎其主要目的在于公开地嘲笑对方。正是在南安普敦讨论会之后，拉宾格尔在美国科学院主办的刊物《代达罗斯》上发表长文《科学大战与美国学术职业的未来》，呼吁科学家不带有敌意地关注科学论者的工作[5]，并且决定与科林斯一起进一步推进争论双方理解和对话。

进入 21 世纪，要求超越"科学大战"、展开严肃对话的论著越来越多。2000 年，西格斯特雷尔（Ullica Segerstrale）主编了《超越科学大战：关于科学与社会所缺少的对话》（*Beyond the Science Wars：The Missing Discourse about Science and Society*）一书，著名科学社会学家巴伯（Bernard Barber）、物理学家和著名科学论学者齐曼（John Ziman）、化学家和著名科学论学者波尔（Henry H. Bauer）以及近年来活跃在科学论研究领域的学者福勒（Steve Fuller）等人为该书撰稿，对科学论领域近年来的研究和发展趋势进行了反思。2001 年，拉宾格尔和科林斯主编了《一种文化？关于科学的对话》一书，邀请的科学家撰稿人有索卡尔、温伯格（诺贝尔物理学奖得主）、迈尔曼、威尔逊（Kenneth G. Wilson，诺贝尔物理学奖得主）、索尔森（Peter R. Saulson）、布里克蒙（Jean Bricmont）等；来自科学论领域的有科学知识社会学家夏平（Steven Shapin，也是科学史家）、平奇、林奇（Michael Linch），有科学史家迪尔（Peter Dear），有传播学家米勒（Steve Miller）、格利高里（Jane Gregory）等。该书具有如下特点：第一，该书的两位编者分别是科学家和社会学家；第二，在其他撰稿人中，从事具体科学研究工作而又关注和参与了这场争论的科学家和科学论学者的比例也基本相同①；第三，在编排上也突出了对话的特点，首先由各位作者陈述自己对科学的立场和观点（第一部分），然后对自己不同意的其他人的论点进行反驳（第二部分），最后由各位作者对自己的批评者进行回应（第三部分）。因此，在这里我们对这次对话的成果进行扼要的介绍。

拉宾格尔和科林斯在该书的结语部分总结了这次讨论达成的共识和仍然存在的分歧。共识有三个方面[4]：第一，"科学论对科学的知趣没有敌意，它既不是处心积虑地要反对科学，也不是它无意中的副产品在反对科学"；第二，"在这场'科学大战'的最初和全过程中误解和误读扮演了一个重要的角色"；第三，"科学论是令人感兴趣的并且可能是有益的研究领域"。仍然存在的分歧有[4]：第一，"在意见分歧方面最深层的问题是哲学上的和方法论上的问题"。参与这次讨论的所有科学家都在某种程度上表达了他们对社会学家认同方法论相对主义的关注，他们担心已有科学论成果的某些方面不能在方法论相对主义这一种框架内得到说明。布里克蒙特和索卡尔怀疑，是否有可能存在一种纯粹的方法论形式的相对主义，或者相反，在那里是否是暗示着对哲学相对主义的认同。第二，关于科学社会学家的案例分析，例如，布里克蒙特和索卡尔认为，除非独立地评价科学证据可以理解所进行研究的案例之外，否则，社会学家应该避免研究这些案例。他们认为，有时解释一个信念仅仅通过审查社会因素可能是一个非常好的解释，但是，在其他时候，当科学方面的因素是主要的方面时，社会学家必须确保他们以科学因

---

① 有评论者指出，编者所选择的科学论学者撰稿人主要是科学知识社会学家或社会建构论者，没有包括如女性主义、文化批评等领域的学者，暗示这次对话的局限性。见文献［6］。

素来表达这些"因子"，以防赋予社会因素过高的地位。并且，当对科学因素的正当评价不确定时，社会学的结论也将会变得相应地具有不确定性。社会学家可能会反驳认为，难题仍然存在。根据布里克蒙和索卡尔建议的这种模式来研究当代的争论，必须作出两项判断：在信念形成的过程中，科学vs. 社会，哪个方面相对更重要一些；如果科学因素得到了更高的重视，它如何才能得到正当的评价呢？假如科学家之间存在着意见分歧，人们很难想象怎样才能对任何一项科学研究进行评价。

拉宾格尔和科林斯还总结说，如果这场争论以实质性对话的方式继续下去，人们必须从对这场争论状态的关注转变到对有关研究的重要性的关注上来，在耐心地倾听和理解对方论点的基础上展开充分的交流，求同而存异。为了这一目的，他们给出了一个"悬而未决问题"的清单，希望通过进一步讨论和研究达成共识。这些问题是[4]：

1) 当科学史家分析科学的历史片断时，他们应该总是、有时或从不考虑那个时代的科学知识吗？

2) 社会学家能否以及是否应该研究悬而未决的科学争论？如果回答是肯定的，那么，与研究那些在科学问题上已经达成共识的科学争论相比，研究悬而未决的科学争论是否有缺陷？对于悬而未决的科学争论进行研究重要吗？

3) 什么是"哲学的相对主义"？什么是"方法论的相对主义"？方法论的相对主义能否独立存在，或者它是否不可避免地与哲学的相对主义相联系？方法论的相对主义当做一种方法是否被证明是正当的？

4) 什么在先？是哲学还是观察？换句话说，如果一个纯经验性的学科建立在一个有缺陷的哲学的基础上，那么，这个学科及其所有的发现能否被宣布为错误的？在进行经验研究之前是否一定要解决哲学问题？

5) 以什么方式（如果有任何方式的话）科学论将会超越作为一个纯学术领域的角色而具有潜在的实用价值？它是为整个社会服务吗？它是为从事具体研究的科学家服务吗？科学知识社会学的政策蕴涵是什么？

6) 科学家与科学论研究者之间继续存在的分歧是经过更大的努力可以消除的误解产生的，还是由语言和世界观上的明显不同造成的？

最后，拉宾格尔和科林斯表达了他们自己的立场和观点。"我们认为科学是一种获得了巨大成功的理解世界的方式，而不是一个完善的'世界观'。我们坚信科学是至今为止解决许许多多问题的最好方式——但是，这些问题并非所有的问题，并且也不一定是最重要的问题。"[4]面对诸如全球变暖、转基因食品等重大问题，"一般公众需要认识到，当科学处于形成阶段或当科学需要解决难度过大的问题时，科学总是会犯错误的，这些错误不一定是由于科学家的无能或不负责任带来的，而是科学本身所固有的不确定性造成的结果"[4]。这场论战对科学家和科学论者来说都是一个沉痛的教训。对科学家来说，科学的"教科书模型"把那些困难的问题分解成硬核的、精确的、科学的部分和杂乱的、不精确的、社会政治的部分，这种诱惑是强烈的，但是不可能的；科学论能为科学家提供的最重要的信息是，鼓励科学家打破常规，摆脱墨守成规的标准思维方式。对科学论学者来说，这个世界需要对科学进行负责任的批评，对科学的不完善及其适用范围进行说明、解释和探索，促进公众对科学的理解来摆脱教科书式的科学模型。

"科学大战"不仅使科学而且也使科学论受到了伤害。一方面，有些参与论战的科学家往往把女性主义者、文学评论家、科学知识社会学家、科学史家和科学哲学家等同起来，笼统地称其为"学术左派"[7]或"后现代主义者"[8]，把严肃而专业性很强的研究与哗众取宠的标新立异等同起来，甚至力图通过批评某些研究者的"学科背景"来否认整个科学论研究群体对科学进行评价的资格，给公众留下了"傲慢"或"专横跋扈"的印象；另一方面，有些新科学论者则过分强调"观察渗透着理论"、"证据对理论的不充分确定性"、"信念的多元性"以及"'行动者范畴'与历史写作"[3]等信条，甚至忽视科学家的研究、实验和推理而专注于科学家个人和社会生活上，从而使新科学论背上了"反科学"的坏名声，致使一些严肃的学者不得不为这一研究领域的合法性进行辩护[3]。因此，为了促进科学的发展和全社会的利益，超越"科学大战"，在科学家之间、人文学者之间以及科学家与人文学者之间围绕着科学的本质展开富有建设性的对话，不仅是真正能够解决问题的唯一方式，而且也是不同领域许多学者的共同愿望和努力方向。

英美学术界近年来对"科学大战"的反思以及寻求对话的尝试，对于我国学术界来说至少具有以下几个方面的启示：第一，我们应该认识到，近年来国内引进的科学知识社会学、女性主义、后实证科学哲学和后现代文化批评等方面的论著，对社会建构论、相对主义和多元主义等论点的强调有许多属于这些领域的早期成果，国外许多学者在后来的研究中已经开始对这些论点的适用范围和程度进行反思、检验和澄清。第二，发生在西方的"科学大战"，将严肃的学术争论转变成公众论坛，突显了科学与人文的对立，对科学与科学论研究领域都造成了伤害，无助于问题的真正解决，国外许多学者对此有清醒的认识并试图改变这种状况，我们也应当从中汲取教训避免重复国外学者的错误。第三，正像福勒（Steve Fuller）告诫日本学者时说的，"科学大战"在西方有其特殊的含义[2]，我国的文化传统和科学观念与西方有很大的差别，发生在西方的"科学大战"在多大程度上适合于我国或我国是否存在着"科学大战"等，这些问题都值得我们深思。

参 考 文 献

[1] Fuller S. The science wars：who exactly is the enemy? Social Epistemology，1999，(13)：243-249.

[2] 温伯格．仰望苍穹．上海：上海科技教育出版社，2004：75.

[3] Kitcher P. A plea for science studies//Koertge N. A House Built on Sand. Oxford：Oxford University Press，1998：32，38-43，32-56.

[4] Labinger J A，Collinsed H. One Culture? A Conversation about Science. Chicago：The University of Chicago Press，2001：5，ix，296-297，297-298，299，300，300，221-226.

[5] Labinger J A. Science wars and the future of American academic profession. Daedalus，1997，(126)：201-220.

[6] Altmann S L. Essay review：science wars. Contemporary Physics，2002，(43)：307-310.

[7] Gross P，Levitt N. Higher Superstition：The Academic Left and its Quarrels with Science. Baltimore：Johns Hopkins University Press，1994.

[8] Koertge N. A House Built on Sand：Exposing Postmodernist Myths About Science. Oxford：Oxford University Press，1998.

实践理性与科学合理性 *

　　伊恩·哈金（Ian Hacking）是加拿大当代著名的哲学家，他在认识论、科学哲学、语言哲学、统计推理、概率理论、科学史、社会学、心理学等多个学科领域作出过杰出的贡献，他的哲学思想对当前人们理解科学活动的本质以及科学在文化中的地位产生了深刻的影响，并被认为是沟通哲学、历史学、社会学和人类学等学科的桥梁建造者。哈金早期发展的科学哲学思想，为维护科学合理性作出了极其重要的贡献，本文试图对哈金的科学合理性思想作一个系统的介绍和简要的评论。

一、意义理论与科学合理性

　　当代科学合理性的危机，起始于库恩《科学革命的结构》一书的出版。在这本著作中，库恩提出了许多有悖于传统科学哲学观的概念，如范式、科学共同体等，而其中最受争议、对科学合理性威胁最大的一个观点是科学理论的意义不可通约性。按照这种观点，不同科学理论所使用的同样的术语，如经典力学中的"质量"，与爱因斯坦的相对论中的"质量"，它们的指称和

---

　　* 本文作者为刘应武、郝苑，原题为《实践理性与科学合理性——哈金科学合理性思想研究》，原载《自然辩证法研究》，2006 年第 8 期，第 23～26 页。

意义就完全不一样。由于科学理论是不断发生变化的，所以，科学术语的指称和意义也就不断发生变化，不同理论范式下的科学家用同一个术语来指称和讨论不同的问题。于是，作为受当代特定范式指导的科学家，就不可能真正理解那些不同范式下科学术语的真正含义，从而不能对不同科学理论进行客观、合理的比较和评价。由此，科学进步的合理性受到了质疑。

哈金认为，库恩的理论之所以产生了撼动科学合理性的结果，主要是由于他坚持科学术语意义的不可通约性造成的。而科学术语意义的不可通约性的根源，在于弗雷格的意义理论。弗雷格的意义理论认为，名称的意义包含内涵和外延，其中内涵相当于一组用于描述语词指称对象性质的摹状词。因此，语词的内涵决定着语词的所指[1]。当科学理论对该词所指对象性质的认识发生变化时，语词的所指也就发生了变化，于是，语词意义的同一性就遭到了破坏，就会产生科学术语意义的不可通约。哈金断言，科学理论意义的不可通约性不是科学实践中的真实情况，而是这种不完善的意义理论所造成的结果。哈金认为，由普特南完善的意义理论，就完全不会出现意义不可通约性的问题。普特南认为，"一个词的意义的一般形式的描述，应当是一个有限序列，或者'矢量'"[2]，其中包括句法学标记、语义学标记、范型（stereotype）和外延等。决定一个词的指称的意义并不仅仅包括那些描述语词对象一般性质的摹状词，而是由以下两个主要因素决定的：①根据语言的社会分工，由专家决定一个语词的本质属性和所属对象的判别标准；②语词命名的历史因果指称链条一代代流传下来的人为约定，这些约定，只与对该语词的首次实指命名行为有着直接关系，而与该词所体现的性质并没有直接的关系。因此，语词的外延并不简单地取决于它的内涵，随着科学的进步，关于科学术语的某一方面性质发生了变化，科学术语的指称却依然有着同一性，科学家依旧可以用同一个术语无歧义地探讨问题。

哈金非常欣赏普特南的意义理论，认为普特南"已经替我们解开了关于意义不可通约性的伪问题"[3]。然而，哈金又明确地意识到，普特南的意义理论还不足以充分解决科学合理性的危机。因为普特南的意义理论虽然从语言哲学和社会历史的角度指出了意义不可通约性是不可能的，但他并没有进一步指出，科学术语的意义在不同理论范式下能得到相互理解的科学依据。普特南式的意义理论更多地依赖虚构的想象（如孪生地球的论证），而不是科学的事实。也正因为如此,他的意义理论依旧存在着问题。哈金指出,按照普特南的意义理论,只要术语有所指称,术语内涵发生的变化并不影响不同科学家对它们的理解。但是,"它并没有解释那些对诸如燃素这样的不存在的实体拥有不同理论的人们,能够和那些对比如说电子这样真实的实体拥有不同理论的人们一样好地进行交流"[3]。这种在科学史上并不罕见的情况,恰恰无法被普特南的意义理论解释。

在哈金看来,普特南虽然将社会、历史的因素引入了科学术语的意义理论之中,加深了人们对科学术语意义发展的认识,但是,普特南没有处理好科学理论与自然实在之间的关系,所以,普特南的意义理论不能从根本上为科学合理性做出充分有力的辩护。普特南之后发展的内在实在论也充分表明,他的意义理论如果没有与一种合适的科学实在论相结合,同样也将导向相对主义的立场。因此,哈金认为,想要充分证明科学术语的意义不存在不可通约性,想要有力地维护科学合理性,还需要从实在论的角度来考察科学和自然之间的关系。

二、实在论与科学合理性

哈金指出,传统的科学实在论理论总是力图证明科学理论与外部实在之间,存在着简单的符合关系,科学的合理性有赖于科学对外部世界的符合关系。然而,随着达米特、普特南等哲学家对这种实在论的批判,实在论逐渐失势,而由此产生的反实在论及其变种,通过否认科学理论的实在性,又难免有可能对科学的合理性构成威胁。在这些反实在论的版本中,最意味深长的是普特南的内在实在论。因为在哈金看来,这种理论表面上坚持了实在论和实用主义的立场,但实际上既走向了实在论的反面,又由于忽略了科学的实践理性而违背了实用主义的精神,从而对科学的合理性构成了威胁。

普特南的内在实在论认为,科学理论与实在之间不存在简单的符合关系。"构成世界的对象是什么这个问题,只有在某个理论或某种描述之内提出,才有意义……对世界的真的理论或描述不止一个。"[4]蒯因的翻译不确定性论题和列文海姆-司寇伦定理(Löwenheim-Skolem theorem)为普特南的内在实在论提供了主要的理论支持。简单地说,蒯因的翻译不确定性论题指的是，我们无法确定其他与我们处于不同文化、没有共同语言背景的人所说的话究竟是什么意思，不同人完全可以就语言的一些句子作不同的翻译、理解，而在总体的语言倾向上保持相似，因此，对实在的描述，似乎就可以有多种方式，同时又无法肯定哪一种是对实在的真实描述。一个典型的例证是，当一个人说"猫在垫子上"时，另外一个人完全可以将其当做"樱桃在树上"，而不会产生什么麻烦。而列文海姆-司寇伦定理又从一阶逻辑上为普特南的内在实在论提供了支持。普特南的内在实在论的论据似乎非常有力，然而，哈金认为，普特南的内在实在论的论证是站不住脚的：首先，列文海姆-司寇伦定理虽然适用于一阶逻辑，但蒙塔古（Montague）的研究表明，普通英语所使用的主要是二阶量词，没有任何方式可以表明，列文海姆-司寇伦定理的适用范围可以延伸至这样的语言中。对于科学中使用的大多数语言，也几乎不可能被转化为一阶语言。更为重要的是，在科学实践中，科学家并不仅仅处理语词和句子，在一篇科学报告或论文中，科学家往往要加入通过实验得来的很多数据和图表，通过这些与实验的工作（测量与操纵）密切相关的数字和比率，来命名新的实体，论证新的结论。普特南仅仅是根据一个抽象的一阶逻辑定理和一个语言哲学的论题，刻意构造了一些在日常生活和科学实践中几乎不可能被人们说出的话语，来论证自己的内在实在论，这恰恰违背了科学和日常实践的真实面貌。因此，尽管普特南在语言哲学和逻辑哲学上的论证非常缜密，但内在实在论从根本上并不符合科学实践的真实情况。

哈金认为，普特南内在实在论的失败是非常值得反思的：一方面，普特南意识到，科学与实在之间并不存在着简单的符合关系，科学并不简单地表征自然；另一方面，普特南过于依赖脱离科学实践的语言哲学和逻辑哲学中的一些抽象观点，导致了他的最终走向了反实在论的立场，反而不利于科学合理性的维护。要有效地通过实在论来论证合理性，就必须意识到：①科学实在论并不需要通过真理的符合论来为之辩护，恰恰相反，一个人"仅仅根据最为实用的立场就可以成为一个实在论者"[6]；②科学理论不断发生着变化，但这并不必然否定具体科学术语的实在性，而这也就意味着，一个人可以并不坚持关于科学理论的实在论立场，但却同意关于科学实体的实在论；③一个科学术语指称的理论实体的实在性在于，它能够通过实验和仪器去干预其他自然现象，创造其他新的理论实体。随着它在科学实验中起的作用的增大，科学家就会认为它是一个实际存在的实体。比如，"当我们通常开始建造（常常足够成功地建造）新的仪器，以利用电子的各种被很好理解的因果属性来干预自然的其他更具有假说性质的部分时，我们就完全相信电子的实在"[3]。

由此，哈金捍卫了有关科学实体的科学实在论立场。而科学实体又是科学理论术语的指称对象，科学理论实体既然是实在的，那么，它们也就能从科学实践中获得同一性，因此，科学实践理性确定着科学理论术语指称的同一和意义的可理解性。根据实体实在论的立场，哈金反驳了科学术语意义的不可通约性的命题。然而，科学的实体实在论和科学的实践理性是通过实验体现出来的，而实验的合理性却并非不言自明。自汉森在《发现的模式》中提出"观察/实验负载理论"以来，科学实验究竟能够在多大程度上给予科学理论一个合理的检验，也已经成为一个很大的问题了。哈金意识到，要彻底地捍卫科学合理性立场，就必须重新认识实验以及实验蕴涵的科学合理性。

三、实验与科学合理性

哈金认为，传统的科学哲学之所以会质疑实验的客观性和合理性，是因为它没有充分重视实验在科学实践中的作用，把实验当做科学理论的手段，当做确证科学假说和猜想的工具，当做完全受科学理论指导和支配的活动。这从根本上扭曲了科学理论、实验与观察的关系。想要恢复科学实验的合理性和客观性，就需要重新考察科学实验的本质属性和地位。

逻辑经验主义和证伪主义将观察实验看做是中立的事实，是检验理论的客观基础，这无疑过分简化了实验与事实的关系，但是，由汉森等人提出的观察/实验渗透理论的观点同样也并没有真正揭示实验的本质属性。哈金认为，需要从以下三个方面纠正以往科学哲学对实验的错误看法：

第一，观察不是一种简单地被理论支配的行为。哈金指出，一项科学观察的结果，往往并不是事先就被科学理论或假说所预料到的，观察者原先也往往没有意识到会有这样的发现，或者从根本上持有与这种观察结果相悖的预期和猜测。但是，观察与观察者观察的技能之间存在的关系，远比科学理论更为紧密。一个大科学家，未必就是一个好的观察者，而在同样的知识水平下，有些人就能够发现更多的现象。观察者的注意力和看的能力，对于他所取得的观察结果，起着非常重要的作用。哈金举了卡洛林·赫歇尔（威廉的妹妹）的例子：她发现的彗星比历史上任何人都要多，曾一年发现了八颗，这里并没有什么理论上的差别，而只是因为她具备了别人所没有的观察技能。所以，观察常常能够发现许多出乎观察者本人的理论预见之外的结果。哈金指出，像赫歇尔 1845 年做的荧光观察、布朗对花粉布朗运动的观察、蒸汽机在热力学形成之前的实际运用、彭齐亚斯和威尔逊的背景辐射观察等，都表明科学史中充斥着大量先于理论的观察，观察是一项包含多种要素在内的技能，而不能简单地将其视为一种完全受科学理论支配的活动。

第二，观察也并不就简单地等同于实验。哈金强调，"观察和实验不是一个东西，甚至不是一个连续物的两极"[3]。实验并不是简单地通过观察而与待检验的科学理论相关联。在实验中，观察虽然起着非常重要的作用，但是，除了观察以外，用于创造实验室环境的各种仪器、设备、工程，以及用来精确测量各种实验室参数的尺度、标准和方法，也是科学实验与待检验科学理论发生关联的必要环节。这些环节的合理性，是需要通过实验中逐步发展起来的实践理性来加强的，而不是由需要实验来检验的科学理论来确定的。一架测量仪器的精度，并不取决于它在一个判决实验中运作得好坏，而是取决于它在一系列的实验中运作得好坏。仪器测量精度，往往伴随着科学实验技术和仪器质量的提高而提高，这与那些待检验的科学理论，并没有直接的关联。也正因为如此，与待检验的科学理论无直接关系的实验因素和环节，保证了科学实验独立于待检验的科学理论，保证了科学理论不会陷入循环论证的逻辑悖论，保证了实验中总能发现新颖的预见，也保证了科学能够总是发现新的寻求科学理论作出解释的现象，使科学不陷入一种解释模式的教条之中。"实验拥有它自己的生命。"[3]实验相对于待检验理论的独立性维护了科学的合理性。

第三，实验并不是对自然进行简单模拟，而是主动创造了科学研究的现象。实验对自然现象的干预、操纵，又进一步确保了科学理论的合理性。如果按照传统的实验观来看，实验仅仅将自然现象搬进实验室，这自然会产生以下困惑：即使实验独立于待检验的科学理论，实验中所依赖的各种技术依然会对自然现象造成干扰，扭曲自然实体的本来属性，从而破坏了由此产生的关于自然的科学理论的合理性和客观性。哈金认为，以上观点的最大错误是把科学实验看做是简单地重复自然现象，而事实上，"许多实验创造了迄今为止并没有在宇宙的纯粹状态中存在的现象"[3]。科学实验所研究的是经过人为干涉和改造后的自然状态，而不是对那种与人的实践无关的"自然"实体、物自体的表征与描述。因此，所谓追求那种关于没有经过人为干涉的自然的知识的要求，是一种忽略了人的实践理性的唯心主义观点。哈金在这里借用了马克思反驳唯心主义的论述，认为这对科学实验来说也是同样的道理："关键并不是去理解这个世界，而是去改变它。"[3]在实验改变这个世界的过程中，人们在实践理性的指导下，将不断发现新的关于自然的真理。在扬弃了那种忽略科学实践的语言哲学观后，科学合理性自然也就在实验这种不断获得拓展的科学活动中找到了有力的依据。

四、评　　价

哈金站在实用主义的立场上，从科学实践的角度，捍卫了科学的合理性。哈金维护科学合理性的论证策略带给我们的启示是，科学哲学不应当脱离科学实践本身。虽然语言哲学和逻辑哲学对科学哲学的发展起着极其重要的作用，但是，科学哲学却不应该用任意杜撰的语言哲学问题来取代真正在科学实践中遇到的问题。科学中的语言，并不是对科学唯一重要的因素。科学中的实践，如实验、仪器、测量、观察等，都具有它们独立的生命和重要的意义。科学哲学的意义和指称，最终是要根据这些科学实践活动来确定的。脱离了这些科学实践活动而谈论科学理论术语的理解问题，就难免会陷入相对主义的悖论。哈金将实践理性引入科学哲学的科学合理性的观念之中，批判了以往科学哲学（无论是逻辑实证主义，还是批判学派或历史主义）那种静态的、脱离实际的科学合理性的观念，为科学合理性在科学实践中重新找到了真正的根源，这些思想无疑是非常有价值、有启发的。然而，哈金过分强调了科学实验的独立性，忽略了科学理论对科学实验及其中蕴涵的实践理性的间接影响，以致将实验所得的事实结果与各种理论完全割裂开来，似乎单纯凭借具体的实验操作技能和技术理性就能够解决一切关于科学实体和科学理论合理性方面的问题。正如普特南所指出的，事实与理论是相互渗透的，当一个人断言"正电子"是存在的时候，"正是这个理论在指导着我们如何使用这个记号"[5]。出于实用主义的考虑，哈金拒绝考虑科学理论与客观世界的关系，这又让他的哲学带有唯心主义的倾向，动摇了他的实在论立场，从而无法很好地在本体论的层面上捍卫科学的合理性。哈金的科学合理性思想的缺陷给予我们一个启示，只有将科学实验中的实践理性与一种有关科学理论的科学实在论立场结合起来，只有将实践与理论辩证地统一起来，科学合理性才有可能从根本上得到捍卫。

参 考 文 献

[1] 陈波. 逻辑哲学. 北京：北京大学出版社，2005：183.

[2] Putnam H. Mind, Language and Reality. Cambridge：Cambridge University Press，1975：269.

[3] Hacking I. Representing and Intervening: Introductory Topics in the Philosophy of Natural Science. Cambridge：Cambridge University Press，1983：81，90，2，265，173，XIII，XIII，274.

[4] 希拉里·普特南. 理性、真理与历史. 上海：上海译文出版社，1997：55.

[5] Putnam H. Pragmatism: An Open Question. Oxford：Blackwell Publishers，1995：61.

第四部
科学实在论与反实在论

"实在"概念辨析与关系实在论 *

实在论与反实在论之争是哲学史上的基本论题之一，也是当代科学哲学的理论前沿。尽管自然科学的理论发展通常并不直接构成对于哲学问题的逻辑支持或否证，但是，使实在论与反实在论之争获得其现代意义并再次成为哲学讨论焦点的关键因素，无疑正是现代科学特别是现代物理学中对于物理实在，尤其是微观实在的种种性质、特征的认识和理解。从一般的"实在"概念辨析入手，探寻它的定义方式及其可能的逻辑悖难，特别是它如何在微观领域中面临实证困难并被引向反实在论的方向，从而修改和补充我们的实在概念以涵盖具有特异性质的微观实在，驳斥反实在论者的挑战，这应当是实在论者的一项紧迫而必做的任务，也是我们发展关系实在论的初衷。

一、"实在"概念辨析

实在论问题的讨论首先要求"实在"概念的澄明。因为对基本概念立足于平凡自明而缺乏分析界定，对其中的种种预设不加澄清，对论域的含混不加限定，常常是在论辩中造成歧义、误解、各言其是的原因。更为重要的是，这种澄明有助于说明，当前实在论所面临的困难或挑战，实际上是与某

---

* 本文作者为胡新和，原载《哲学研究》，1995 年第 8 期，第 19～26 页。

种特定的、具体的"实在"概念、"实在"观或"实在"描述方式相关的。对于一个实在论者来说，他所允诺的"实在"概念必须至少满足两个条件："实在"的独立性或在先性；"实在"的可描述性。前者是实在论者的基本立场，一种本体论态度，后者则使"实在"成为对象化的、具体的、可认识的，而不流于空洞的名称或玄想。相应于这两个条件，亦有两种对"实在"加以定义的方式：

1) 界定性或规范性的，即用相应的其他概念来界定，突出"实在"的独立性、在先性和第一性；

2) 描述性或构造性的，即用其他的实在基元或要素来描述，突出"实在"的本质特征、结构或属性。

显然，第一种方式定义的是一般"实在"，它意在揭示"实在"概念的内涵，概括其类特征或本质属性，以利于把握作为各种具体实在的共相的"实在"概念。这是一种典型的哲学定义方式，简洁明了，高度概括。由于"实在"概念是实在论者哲学体系中的最基本的概念，一种元概念，因此只能用体系中其他相对应的元概念来定义。例如，由心物相应，即可用心来界定物，定义实在；同样，由主客二分，主体可用以界定客体；但用作实在的界定物时，则需剔除主体中的实在成分，剩下心灵以定义实在，因此"实在是独立于人心的存在"。这是一个相当经典的实在定义，为众多的实在论者所认可[1]。再如在波普尔（K. Popper）的哲学体系中，这种定义就是用世界2即思维世界来界定世界1——物理世界。由于他的理论是一个三元世界体系，因此世界1显然也应能由世界3——从对象性思维的结果客观化而得出的理论世界来界定，即"实在是成功的理论所确定具有的指称物"，这正是科学实在论的基本观点。类似的定义还有"实在是第一性的存在"[2]，它显然是以与"第二性的存在"相对应、相比较的方式来定义的。

第一种定义方式的困难在于，"实在"概念作为一种元概念，一个出发点，其含义对于实在论者似乎浅显自明，人人皆可意会，但一旦涉及言传或用其他概念来表述和澄清时，就会遇到若干形式上或语义上的悖难。从形式上说，"实在"概念作为出发点是很难定义的，采用其他平行的元概念来界定至少难免彼此间的逻辑循环，因为它们之间没有递归关系。从语义上讲，再严格的定义其谓词部分也是容易产生歧义的，其分析说明是有认识论或理论负荷的。以"实在是独立于人心的存在"这一定义为例，对什么是"独立于"，什么是"人心"，什么是"存在"等都须澄清。即便对这些词汇的含义都已澄清并能达成共识，从肯定的方面说，这个定义也不只是允诺了实体（个体）实在，还允诺了属性、关系、过程、事件、规律等都是实在（因为它们都是"独立于人心的存在"），但对这种种实在之间的关系并未作出断言；而从否定的方面说，它则面临自反性悖难和人工物悖难，前者是指当以自身为思考对象时，主体由于难以符合定义而丧失其之为客体和实在；后者则指充斥我们生存环境的人工物（大至摩天楼和人造卫星，小至人工合成的核素、粒子）作为心与物的结合，将由于不符合"独立于人心"的标准而被排斥在"实在"之外，只有自然物才能位列其中，这将只是一种相当原始、干瘪的实在观。同样，"成功的理论所确定具有的指称物"用作界定物时不细加辨析也会出现类似问题。例如，"成功的理论"本身就不是个清晰严谨的短语，关于"成功"的评判标准的多元和混乱，显然只能给被界定物带来更多歧义而不是平凡自明。"第一性的存在"这一短语机敏地用"奥卡姆剃刀"剃去了"人心"、"理论"这类对应的词，避免了一些可能的歧义，但也由此缺乏限定，给种种把精神、心灵类存在引入实在的泛实在论或反实在论留下了缺口。因此，第一种定义方式中的种种抽象的一般的实在定义，一方面无疑是合理的、可辩护的、应坚持的；另一方面则仍需展开细致的论证和澄清以足自洽。例如，对"实在是独立于人心的存在"这一定义，需要由论证身体对心灵的独立性以克服自反性悖难，由引入时态限制，把实在定义为"其现时存在与否不依赖于人心的存在"以克服人工物悖难等。

第二种定义方式强调了"实在"的可描述性、可认识性，立足于"实在"的可感特性和本质特征。它定义的是具体的、个别的实在，即作为殊相的实在，以区别于不可认识的"物自体"和形而上学的"空名论"等。"实在"的定义由此化解为用其他基元或要素所作的描述或建构，并因而具有某种类还原的意义。还原的类型依基元要素的选取而不同，例如，当将其选为"基本粒子"时，可称作结构还原或本体论还原；当选为"性质"时，可称作认识论还原。一般而言，"实在"的描述性定义是一种认识论定义，或立足于科学的定义，它相应于人们从日常生活到科学实践中对实在个体的认识过程，因为正是由性质入手，人们才得以感觉、认识到某一实在个体并由此定义它，把它与其他个体相区分。也正是由实在的不同类性质（如声、光、电、热和化学等）出发，发展出科学中的不同学科，并得以不断深化对科学对象的本质认识。因此，随着近代科学的发展，性质描述逐步兴起，并取代亚里士多德的实体图景而成为最基本的实在表象之一。从洛克提出"实在"的定义与其一组属性同一，到罗素的"摹状词理论"，性质还原已逐步成为一种根深蒂固的传统，即使由结构还原得出的"基本粒子"，也被认为不过是由一系列把握了其微观本质的量子性质（即量子数，如电荷、宇称、自旋、同位旋、奇异性、超荷、重子数等）来表征的。

第二种定义方式似乎在哲学上是无懈可击的，人们只能如此去认识、描述和定义实在个体，他们也这么做了。问题是一旦这成为一种传统，成为一种教条，人们就习惯于把这种性质描述凝固化、本质化、本体化，认为这些性质是独立不变的，它反映了实在的本质。这样，实在个体的实在性即表现为这组性质的实在性，或者说性质本身就是实在。这种定义方式的典型表现即为经典物理学的"性质实在观"。而当科学的发展揭示出其中若干性质的非不变性、非独立性或非本质性，危及的就不仅仅是这些性质本身的实在性，而是实在个体的实在性，从而给反实在论者的进攻留下了缺口。物理学领域中的实在论与反实在论之争在很大程度上正是循此展开的。

二、"性质实在观"的困境

"实在"概念在物理学哲学中的对应物为"物理实在"。"物理实在"也是一个最基本的概念，尽管受物理学理论和实践的约束，它显然更为具体、确定和实证化，同时又趋于远离直观和亲知，尤其是在微观领域和天体物理中。

相应于实在的第一种定义方式，"物理实在"可以被定义为物理客体，它在本体论上独立于人的认识而存在，在认识论上与认识主体构成不可分割的认识统一体，是为物理学理论所对象化并可由观测程序所认证了的客观实在。

相应于实在的第二种定义方式，"物理实在"即为可由一组完备的物理量（物理性质）确定描述的物理客体的状态。在经典物理学中，物理客体分为轨道粒子和连续的场两类。由于它们与观测仪器遵从同样的物理定律，观测对其状态的影响原则上可以排除，因此物理量描述的是客体的真实状态，物理实在是可认识的，其存在与否不依赖于对它的观测。同时，由于粒子与场都不再是直接可感受到的直观实物，而是基于物理学理论思维和实验操作的知识而形成的科学抽象，理论思维和操作对物理实在的性质表述或性质构造的作用愈发突出：物理学理论中各种基本方程中所表述的，是关于物理量即物理性质之间的关系，即物理学定律，而实验室中所操作测量的，也是种种物理性质的特征和数值。物理性质似乎已不仅仅是表述物理客体的桥梁和构造物理实在的要素，而且本身也已客体化、实在化；特别是那些被洛克称为"第一性质"的基本物理量（如质量、广延、时间间距等），被看做反映客体本质的固有属性，既不依赖于客体的环境，也不依赖于人们的观察认识，在量上和质上都是确定不变的。"第一性质"的独立不变性反映了其实在性，也由此确保客体的实在性，这就是经典物理学中的"性质实在观"或"第一性质观"的由来和主旨。

"性质实在观"为物理学家们所广泛接受和默认，这既因为在观念上它与人们的日常经验相一致，特别是与几百年来根深蒂固的经典物理学的传统相一致，也因为物理学家们在工作实践中直接与之打交道的，无论在理论上还是实验上都是各种具体的物理量。实在的客体本身被同样实在的性质所淡化而"退隐"于后，抽象的观念被具体可操作的物理量所取代。与此同时，"性质实在"也"继承"了经典物理学概念框架赋予"实体实在"的若干基本特性，即应具有独立不变性、可量化（即可作数学处理）特性、量与质的确定性、决定论性、空间可分离性、时空可描述性、系统性质的可还原性，等等，这些特性分别成为构造"性质"实在性的要素。

"性质实在观"在哲学家中也留下了久远的影响。从洛克提出区分第一性质和第二性质及通名的意义与一组属性同一，到贝克莱、休谟把客观对象看做一束性质，尤其是到了罗素，"用以区别事物与性质的那种假设的理由就似乎是虚幻的了"[3]，"实体"作为概念丧失了其独立性，不过起吊起一束性质的挂钩的作用，因为"实体被认为是某些性质的主体，而且又是某种与它自身的一切性质都迥然不同的东西。但是当我们抽掉了这些性质而试图想象实体本身的时候，我们就会发现剩下来的便什么也没有了"[3]。克里普克从本体论上批判了上述将实体等同于一簇性质的现象主义理论传统，试图恢复亚里士多德的实体概念，重新肯定其关于实体的本质属性和偶然属性的区分，但他同样面临着一个难题，即"本质属性"的确认是有赖于理论情境，并会随着科学认识而发展变化的。过分依赖于"本质属性"的必然性、不变性，就会在科学的发展面前面临窘境，进而危及实体的实在性。

事情正是这样发展的。随着现代物理学的进展，"性质实在观"开始面临挑战：

首先是狭义相对论揭示出那些反映客体本质属性的第一性质（如广延、质量等）不再是不变量，而是依赖于参照系的，由此危及这些性质的实在性。

接着是量子力学所带来的更大冲击。按照不确定性关系，微观粒子不能同时有确定的位移和速度，即不再是轨道粒子，无法在时空中作清晰的描述，同时，对量子跃迁、波包扁缩等基本量子过程也不再有时空可描述性。

按量子态的几率本性，对量子性质的数值只能作几率预言而不再有决定论性，对量子事件的发生也同样如此。

按不确定性关系，量子性质的测量结果不仅在量上受测量仪器的影响，而且在质上也受仪器选择所制约，在经典物理学中相容的物理量在量子描述中成为互斥的，而曾是截然对立的粒子性和波动性却随不同仪器的选取兼容于对同一客体的描述中——第一性质在量上和质上都不再是独立不变的。

按贝尔不等式实验检验所支持的量子预言，曾有相互作用的空间分离系统间存在某种奇异的量子关联，系统的量子性质是纠结的而非可分离的。如此等等。

这就是"性质实在观"的困境。

如果说第一性质作为实在的实在性有赖于其独立不变性、时空可描述性、决定论性、量与质的确定性、可分离性等，而现代物理学的上述结论危及甚至否定了第一性质的这些特性，那么推理链的尽头自然是质疑第一性质的实在性，甚至通过"实体是性质的组合"这一环节，进而去质疑实体的实在性，从而打开了通向反实在论的大门，即由"性质是依赖于人及其仪器的"走向"实体是依赖于人及其仪器的"这样的违背实在定义的结论。

在这里，这种推论与实在论者的根本信念发生了激烈的冲突，遭遇到了顽强的抵抗。爱因斯坦所问的"月亮在我们不看它时存在吗"[4-6]这一问题,正体现了他的这种实在论信念,而要回答微观领域的反实在论倾向,则需要实在论者作更为严谨的分析和充分的论证。

三、解决问题的实在论途径

显然,上述"性质实在观"的困境表明,量子力学问题对于实在论与反实在论的争论既非处于中性地位,也非不相干的[7],至少对于经典的物理学中的"性质实在观"这种具体的实在论形态是如此。为了坚持实在论立场,我们必须认真考察和分析随量子力学的发展而出现的非实在论和反实在论倾向,并寻根溯源,力求克服它,而不是漠视它或回避它。

在肯定量子力学,即承认其基本内容(包括不确定性关系)的科学性的前提下,要斩断上述得出反实在论结论的推理链,可以从三处入手,或者说有三类方法。相对于"性质实在观"而言,它们可分别称为保守论、否定论和改造论。

所谓保守论,即试图继续保持"性质实在观"的基本立场,对其稍加修改以适应新的科学事实。例如,有人认为大多数相对论效应是表观的、不真实的运动学效应,因而不危及第一性质的实在性;有人则主张立足于四维空间中的不变量来定义物理实在[8];有人反复试图重建量子跃迁、量子关联等过程的时空描述;有人致力于把量子几率性划归为亚量子层次大数量粒子决定论性运动的统计规律,即"隐变量理论"[4-6];有人把不确定性关系解释为同时测定共轭物理量时的"模糊"[8];也有人坚持贝尔实验中每个粒子的量子性质有确定值,而得出量子关联说明粒子间有超光速信号传递的结论,等等。但这些修改基本未触动经典实在论的概念框架,很难使其摆脱所面临的科学上和哲学上的困境,因为相对论效应尽管是运动学效应,然而却是真实的,定义物理实在于四维也就放弃了三维性质的实在性,重建微观过程时空描述的努力并不成功,而"隐变量理论"也不具备与量子力学同等的解释力和预言力,甚至导致了与狭义相对论的冲突。保守论的缺陷在于仍未认识到传统"性质实在观"的弊端是使性质的实在性立足于其独立不变性,即量与质的确定性,从而束缚住了自己的手脚,而量子性质却本质上是非独立不变

（依赖于仪器）的、非确定（本征值非一元、非决定论性）的。继续保守下去，只能是或者冒与相对论、量子力学冲突的风险，或者违背实在论的初衷，趋于反实在论的结论。

否定论者则试图通过从根本上否定"性质实在观"来摆脱它所面临的困境和可能的非实在论趋向。否定论的主要形式之一以实体实在论作为其坚实的基石，主张实体（包括场）是第一实在，甚或是唯一实在，是所有属性、性质和关系的载体，是真正独立的存在，反对"实体是性质的总和"的哲学本体论甚或哲学认识论。他们认为实体在本体上不能还原为性质，任何性质都不能单独存在，由此从本体论上截断了从性质到实体的下行路线，从而使性质的非实在性不致危及作为实在论基石的实体的实在性，甚至成为这种实在论的题中应有之义。这种实在论的代表有张华夏的"实体实在论"[10]、邱仁宗的"个体实在论"[1]等，它们基本上属于哲学家提出的形而上类型的实在论，或者是并不在意量子力学问题中"性质实在观"的困境，认为它与实在论与反实在论的争论无关，或者干脆视而不见，回避它。然而，这种实在观上的"实体一元论"如果不与性质描述挂钩，则只能得出罗素的"什么也不是"的结论，即一种形而上学的"空名论"，无以界定自身并与其他实体相区别。仅凭抽象的"自我同一性"等于无所言说，而一旦论及性质表述，则无论回溯到本文起始的那种实在定义方式，性质都具有无可争议的实在性，但这种实在性在"性质实在观"框架中却面临着现代物理学的挑战。这就又回到了本节的出发点。对于实体实在论，困难还在于微观领域的特异性使实体不再是直接可感知和可触及的，我们通过仪器所亲知的，反而是量子性质的实在性，而由这些性质，我们无法对实体作概念一致的描述和建构。

改造论则致力于变革"性质实在观"。在承认实体和性质二者的实在性的前提下，通过破除"实在性在于独立不变性"这一"性质实在观"的教条，改造论得以摆脱"性质实在观"的困境而保持其实在论立场。实在论者强调实体和性质的独立不变性，指的是它们相对于人心的独立不变性，而并不简单地排斥一切关于它们的非独立性和可变性。它们在不同的参照系和实验装置中表现出不同的量或质，表现出对物理环境的某种依赖性，这非但不影响其实在性，相反恰恰揭示了实在的丰富内涵。尤其是在微观领域，实体的状态本身就非完全确定的，其物理量（性质）的本征值本身就非唯一的，二者的确定本身就非决定论性的，这些都有赖于它们与包括测量仪器在内的物理环境之间的关系，而体现出某种整体论特征。无疑，参照系的选取，仪器的设计、制造和使用，都不是独立于人心的，但实体和性质在确定参照系中的取值、与确定仪器的相互作用、与周围环境的关系等都是物理的、客观的、不依赖于人的意志的；即使其作用结果的非唯一性，也可对每一结果作不依赖于人的确定的几率预言。因此，试图依据参照系或测量仪器的"人工性"或其选取、制造中对人的依赖性，加上参照系和测量仪器对于物理量取值的影响得出反实在论的结论，实际上是立足于或隐含了关于实在性的两个假说或教条：其一即机械地理解关于"实在是独立于人心的存在"的定义，由此则否定了参照系和仪器等人工物的实在性，一旦它们对测量结果有影响且这种影响原则上不可排除，则危及客体性质的实在性；其二是把"实在性在于不变性"绝对化，坚持第一性质或本质属性的不变性，甚至在物理实在已有本质不同（微观实在）或者物理环境已经改变（不同仪器）的情况下也固守于此，这种僵化的实在观显然难以苟全于科学实践的新进展中。

第一个教条的要害，如本文第一节中所说，在于片面理解人工物的实在论地位，缺乏对它们的全面分析。它强调了在目的论的意义上，仪器是人们为辨别、认识和变革对象而选取、制造和使用的，在认识论的意义上，它们是主体认识器官的延伸、是主客体之间的中介，而忽略了本体论意义上，它们已成为独立的物理系统，它们与被测客体之间的关系，无论在运动学还是动力学上，都是确定的（包括几率上确定的）、客观的，不依人的意志为转移的，它们对测量结果的影响也同样如此。当然，这种客观的影响会波及测量结果，这就又牵涉到"不变性"教条。实在的不变性观念显然来自对日常经验和感性直观的抽象，但变是绝对的，不变是相对的。即使是"客体实在论"者，也不全都赞成把实体看做是孤立的、不变的永恒实体[10]，而实体的多样性、可变性恰恰是基于性质的多样性、可变性。我们所说的相对不变性，是指在确定的参照系或测量仪器中，在确定的物理环境或条件中，性质是不变的、确定的，至少是可预言的，它不为科学家的个人品性和意愿所影响，具有认识论意义上的"主体间性"。我们把这种具体（确定）关系中的性质不变性，作为变革后的"性质实在观"的基本主张。而探讨包括实体实在、性质实在在内的物理实在的关系特征，揭示这些关系的客观性、实在性、在实在描述中的必要性及其与性质描述的互补性，则是关系实在论的基本内容。

四、关系实在论视野中的实在概念

通过引入关系因子加以限制，性质实在得以保持其相对不变性和对人心的独立性，继续作为描述和构造物理实在的基石。但显然，这种对物理实在的描述和构造已不再是"性质一元"的，而表现为性质和关系的二元组合。在确定的关系中，有确定不变的客观的性质表象；而在不同的关系中，则有不同的性质表象；这些不同的关系，亦即不同的性质表象互斥又互补，由此所生成的一组关系因子制约下的性质表象，构成对实在的完备描述和建构。这样，波粒二象性所体现的微观实在的特异性将不再因直接归之于本体上的实在而令人观念上难以接受，相反它不过是微观实在在不同关系中表现为不同性质的"潜能"。换言之，波粒二象性的概念困难，在于它忽略了自己作为实在的二元描述的特性，忘却了自己发生学意义上的关系因子，仍然试图对微观对象作经典一元的而又是完备一致的性质描述。诚如 E. 马奎特所言："我们只能断言电子在一组环境中表现其类粒子性质，而在另一组环境中表现其类波性质。这样，人们就不能说电子作为量子客体，是粒子或是波，也不能说它既是粒子又是波。波粒二象性所表明的不是波和粒子的相互渗透，而是量子客体不同的现象学显现。"[11]

同理，测不准关系所反映的，是原本相容的共轭物理量在量子领域只能在互斥的关系中分别确定。原本互斥的（粒子性和波动性）成为相容的，相容于由不同关系中的性质表象构成的实在描述中；原本相容的（共轭物理量）成为互斥的，又互补于由不同关系中性质表象构成的对实在的描述；其共同特征，在于揭示了量子描述的关系特征，即如玻尔所说的描述对于关系的相对性。

关系特征，并不止于似乎更多认识论色彩的量子描述，也见之于本体论意义上的量子实在的构造。微观实在的特征之一，就是它不能为我们所直接经验，其实在性不是直观自明的，而有赖于在实验中与仪器的物理作用，或者说在关系中的显现；其概念构造则立足于对在与不同仪器的相互作用，或不同关系中显现的各种量子性质的整合。量子实在的关系特征，既包括作为实在要素的量子性质对于物理环境和关系的依赖性，也表现在量子层次上以EPR关联为代表的系统间的彼此缠结的关系中。由揭示量子性质对于关系的依赖性，从一个侧面反映出现代物理学的生成论特征——性质在关系中生成；由揭示量子系统与仪器之间及量子系统相互间的关系，则以一种更为具体和可分析的方式表现出现代物理学的整体论特征。关系特征是对象的基本特征，也是理论的基本特征之一[12]。

关系特征，也并不止于微观领域，宏观的物理实在同样处于关系的制约中。我们已经提到过相对论揭示了运动物体的时空性质及质量等对于参照系的相对性。同样，在力学中，马赫原理认为物体的惯性来自与宇宙间其他物体的作用；在热学中，非平衡态热力学告诉我们远离平衡态的开放系统通过与外界的物质和能量交换而形成有序结构；在电磁学中，带电体在电磁场的作用下运动，等等。实在在关系中定义和描述，也在与外界的关系中运动和变化，以至于彭加勒甚至于提出"真实对象之间的真正关系是我们能够得到的唯一的实在"，"唯一的客观实在在于事物之间的关系"。"科学能够达到的实在并不是像朴素的教条主义者所设想的事物本身，而只是这些事物之间的关系。在这些关系之外，不存在可知的实在。"[8]

通过引入关系描述，我们修改和补充了实在的性质描述，摆脱了"性质实在观"的困境。通过强调关系特征，我们也提出并论证了关系实在论的基本主张，这就是实在是关系的，作为物理实在的性质实在和个体实在，都限定于特定的关系结构中而得以定义、描述和构造。也正因为关系已成为实在的构造要素，我们又主张关系是实在的，它已成为实在描述中的一元，并符合其"独立于人心"的规范定义和"可描述的"的描述性定义，它的客观性在于物理系统之间的耦合及其结果的确定性。我们甚至主张关系对于关系者在某些情形中的在先性以突出和强调关系（如在量子关联和系统论中等）。最后，我们主张性质描述和关系描述是互补的，也是可以互相转化的，我们从科学史上可以看到第二性质、第一性质如何被次第揭示为客体与人们的感官、与参照系和测量仪器之间的关系，而在关系因子确定后，这些关系又可转化为对客体的性质表述[8]。

上述性质与关系的二元转化说，表明关系实在论在对实在的描述中并不试图追求一种一元的关系论,一种终极的实在观。关系实在论的初衷是变革物理实在观,它从传统的"性质实在观"的困境中体察到了"性质"作为一元的、终极的实在的悖谬;在这种意义上,可以说关系实在论的本性是多元的、平权的,它拒斥那种绝对的终极实在的观念。因为关系本身就是多样化、多层次的,限定在不同种、不同层次关系中的实在也必然是丰富多彩的,由此不同种、不同层次间的实在是不可比、不可还原的,彼此无优越性可言,不能说物理实在就一定比常识实在优越,例如,不能说一张桌子的粒子表象比它的感官表象优越,而只能说它们分别在不同的关系中揭示了对象的不同侧面,常识的桌子之为桌子的"质",是不可还原为粒子的"质"的。人们在确定的物理关系中把对象确定为物理实在,在确定的日常经验关系中把对象确定为常识实在,在确定的立足于审美教学和经验的美学关系中又把对象确定为美学实在。实在实现于特定的主客体统一的实践关系中,甚至即使这些实在的对象是(潜在意义上)统一的,但作为实在却是非同一的,作为物理实在它是一堆粒子的集合,作为常识实在它是一张破旧的桌子,而作为美学实在,它则可能是一个具有文物意义的红木家具。脱离具体的关系,很难说哪一种实在更优越,也没有超脱于各种具体关系之上的评判标准。仅当若干不同实在的研究主体同一时,这种不同实在或对象的不同图景之间的隔障才得以跨越而达到一定程度的交流。由此,关系实在论给人们以描述实在的更为细致具体的笔触和更多自由度的空间。

参 考 文 献

[1] 邱仁宗. 实在概念与实在论. 中国社会科学,1993,(2):95-106.

[2] 陈晓平. 也谈实在概念与实在论. 学术月刊,1995,(3):18-23.

[3] 罗素. 西方哲学史. 上卷. 北京:商务印书馆,1982:214,260.

[4] Schrodinger E. Are there quantum jumps. The British Journal of Philosophy of Science,1952,3:109-123,233-247.

[5] Butterfield J. A space-time approach to the Bell inequality//Cushing J,McMullin E. Philosophical Consequences of Quantum Theory. Notre Dame:University of Notre Dame Press,1989:114-144.

[6] Bohm D. A suggested interpretation of quantum theory. Physics Review,1952,2

(85)：166-179，180-193.

［7］洪定国. 论量子力学在实在论与反实在论之争中的中性地位. 自然辩证法通讯，1993，(2)：1-7.

［8］胡新和，罗嘉昌. 从物理实在观的变革到关系实在论. 自然辩证法通讯，1993，(3)：10-18.

［9］Rohrlich F. From Paradox to Reality. Cambridge：Cambridge University Press，1987：179.

［10］张华夏. 实体实在论. 哲学研究，1995，(5)：33-40.

［11］欧文·马奎特. 量子客体的波粒二象性构成对立面的统一吗？哲学研究，1991，(10).

［12］胡新和. 现代物理学视野中的自然观念//吴国盛. 自然哲学. 第一辑. 北京：中国社会科学出版社，1994：227-239.

从物理实在观的变革到关系实在论 *

关系实在论是我们在近年来的哲学探讨中形成的一种关于客观实在的哲学观点或理论。尽管在实在问题上注意到关系这一范畴的重要性的哲学学说可以说古已有之，但我们的关系实在论，却主要来源于现代物理学，特别是量子力学中物理实在观的变革的启示。

量子力学自建立迄今已 60 余年，一方面其形式体系的严谨自洽和实验上的巨大成功使它无可争议地为物理学家们所广泛接受和运用，另一方面却由于其正统诠释在波函数的本性、测量问题和 EPR 佯谬等问题上涉及模型的非图像化、性质的不确定性和状态的非定域性，而与经典的物理学图像及其实在概念大相径庭。因此数十年来，关于量子力学描述物理实在的完备性问题和它的诠释问题，始终是物理学和科学哲学中的热点之一。我们认为，这场争论之所以历久不衰，难见分明，之所以一般总倾向于给予成功的理论以实在论说明的物理学家在这场争论中有许多人被指责为采取了"实证主义"的态度，关键就在于争论不仅涉及物理学理论，也涉及争论者在哲学观念上的分歧，特别是各自的实在观，即对实在本性的认识的不同。我们的一个基本观点，就是在经历了从经典物理到量子力学这样剧烈的理论发展和变革之

---

　　* 本文作者为胡新和、罗嘉昌，原载《自然辩证法通讯》，1993 年第 15 卷第 3 期，第 10～18 页。

后，我们可能不仅必须变革经典物理学研究纲领"硬核"中的物理学原理，而且要修改其中相应的哲学部分，即经典的实在观。本文的目的，就是试图探讨这种修改的方向和途径，并由此从一个新的角度和视野，来把握量子力学所揭示的量子实在的崭新特征，来看待整个客观实在。

一、经典的实在观

经典的实在观可以称之为"实体观"或"第一性质观"，即主张实在就是各种实体的总和，每个实体由一组称为第一性质的固有属性所定义和描述。这些第一性质反映了实体的本质，因而既独立于实体的环境，也独立于人们的观察，在质上和量上都是确定不变的。实体的实在性和客观性就在于其第一性质的独立性和不变性。实体的可分离性和定域性也可由这种独立性和不变性中自然得出。

上述观点用一公式来表示，即

$$y = f(x_1, x_2) \tag{1}$$

其中，y 为物理现象或测量值；x_1 为实体及其第一性质；x_2 为环境变量。这样，当 y 为第二性质时，它是 x_1 和 x_2 相互作用的结果，是 x_1 在 x_2 上的相对表现，表示了 x_1 和 x_2 之间的某种关系，我们称之为第一性质的相对化、关系化、投影化，它不能归之于实体本身，因而在实体观看来不是实在的、客观的。但当 y 是第一性质时，它与 x_2 无关且不变，我们有

$$y = g(x_1) \tag{2}$$

即第一性质的实在性和客观性立足于它对 x_2 的独立性和不变性，这正是实体观的理想。

经典实在观是与经典物理学的理论、实验以及我们的日常经验相一致的。事实上，经典物理学中的一些常数（如质量、广延、时间间隔）和基本性质（如波动性、粒子性）等都被作为第一性质的范例，而实体观也构成了经典物理学概念框架的一部分。按照拉卡托斯的理论术语来表述，物理学研究纲领的"硬核"包含的不仅有物理学理论成分，还有形而上学成分。前者指理论的基本假设和定律，如经典理论中的牛顿运动三定律和万有引力定律，后者则指物理学世界图景的概念框架，它是一代代物理学和哲学思维的

积淀，并成为理论建构与评价的标准，即所谓的"物理学本体论"。关于因果性、运动连续性、时空观、实在观等问题都属这一成分。其在经典理论中的范例，即用坚硬不可入的微粒在绝对时空中遵循决定论规律作连续运动，来解释宇宙间一切物理现象这种机械自然观的世界图景。显然，相比之下，形而上学成分要比物理理论成分更为稳定，不易变化，但原则上在剧烈的科学革命中我们不应固守其中任一种成分。麦克斯韦理论中物质形式的变化和爱因斯坦相对论中时空观的变革，都是这种形而上学成分变化的先例。

二、量子力学的基本特征

随着现代物理学的发展，经典物理学的理想开始出现危机。狭义相对论告诉我们，那些过去被看做实体基本特征（如广延、质量等）的第一性质不再是不变量，而依赖于一定的参照系。它们在不同的参照系中有不同的值，所有这些值都是真实的，所有参照系是等价的。因此，如同第二性质一样，某些第一性质也并非固有的不变的属性，而成为对于一定参照系的相对表现，成为客体与参照系的相互关系，表现为 x_1 和 x_2 的二元函项

$$y = g(x_1, x_2) \tag{3}$$

其中，x_1 为被测客体；x_2 为参照系。当然仍有些哲学家（特别是在中国）试图固守实体观，坚持实在的不变性定义。其中一种途径是主张区分运动学效应（产生于匀速运动）和动力学效应（产生于加速运动），认为大多数相对论效应属于前者，因而是表观的，不真实的，即

测量值 = 本征值 + 运动学效应

其中本征值由静止系中测出[1]。但这种解释有违于相对论的基本精神，即所有测量值都是真实的，所有参照系都是平权的，而在某种程度上回到了洛伦兹"当地时间"的概念。另一种尝试则致力于寻求新的不变量来重建第一性质的客观性，主张在四维空间中定义物理实在，因为四维空间中间隔为洛伦兹变换不变量[2]。这种做法从科学上看并不与相对论冲突，从哲学上看，则为固守实在的不变性定义付出的代价太高，并将导致新的困境。它要求放弃三维物理性质的实在性，这无论从常识、科学或哲学的角度讲都很难解释和论证，要求重新定义一组四维"第一性质"作为实在原型，但它们只能从理

论上、概念上而不能从直观上、实验上把握。它的结果是构造一个抽象的、非进化的、有关过去和未来的所有因果链条完全确定的"静态宇宙",这样的实在图景无疑是难以令人信服和接受的。

然而,更严重、更本质的危机却来自量子力学,来自其整个概念结构与经典实在观的冲突。事实上,比之于经典物理学,量子力学是一个本质上全新的研究纲领,其硬核中的理论部分和形而上学部分都与各自的经典对应物相去甚远,因此我们不应奢望对经典的实在观无须做任何修改变动即能使其与整个量子理论的概念结构相谐调。从量子力学形式体系关于态矢量、算符及其本征值、几率预言等的基本假定,到其关于测量理论、不确定性关系、波粒二象性等的解释,我们从中发现的不仅是物理学知识上的重大变化,更重要的是这些知识借以表述的基本概念的变革。其最基本特征是:①量子过程的不连续性。不可分的转换过程取代连续的运动轨迹。②量子规律的几率性或非决定性。作为统计趋势的因果性取代完全的决定论。③量子客体表现在不同实验条件下的波粒二象性。客体的性质依赖于外部条件的观念取代世界可以被正确地分析为清晰的部分、各部分具有固有的"内在"性质(如粒子性或波动性)的假设[3],即量子现象是不可分割的整体,其中各部分的可分立性仅为经典极限下有效的抽象或近似。

量子特征,是量子理论体系最本质的特征,是全部理论的出发点。作用量子的不可分性,使人们不再能原则上无限精细地划分量子客体和测量仪器之间的界限而去认识客体的"自在"状态,而只能认识作为相互作用结果的量子现象整体;量子过程的不连续性,也使立足于运动连续性假设的完全决定论(即系统状态的变化取决于其瞬间前的状态)不再成立,而只能对系统的变化作几率预言。在量子概念框架中,量子转换是不可分割、不可还原、不可由其他过程来说明的基本事件和过程。

几率特征,是量子概念体系的另一本质特征。量子过程的个体性使严格的决定论不再成立,理论预言和实验结果间只能有几率对应关系。其理论表述即玻恩对波函数的几率解释,被认为完备描述了量子客体状态的波函数只具有几率意义,物理实在几率化,其实验表现为同样制备的量子客体在同一仪器上以确定的几率呈现一本征值谱,物理性质在量上非完全确定,因果性拓展为几率趋向。这一特征的地位由迄今各种定域隐变量理论的失败而巩固。

波粒二象性特征，亦即整体性特征，进一步揭示了新旧概念体系的冲突。波动性和粒子性，在经典框架中被看做截然对立的两种最基本的物质形式和物理性质，而在量子体系中则成为同一系统在不同实验条件下的相对表现。因此，物理性质在质上也不确定，不再是孤立的、固有的，确定地依赖于外部条件构成的整体。继续坚持经典实在观，将导致量子客体既是粒子又是波的二象性佯谬。这一佯谬从认识论上看，揭示了来自日常经验的经典概念和语言无法完备地描述远离日常经验、只能间接认识的量子世界。当物理学家为寻求直观图景，超越这一界限而用经典概念去描述量子客体时，必然会带来某种其程度由普朗克常数所表征的模糊性；从本体论上看，则表明量子客体的形式和性质都本质上不同于经典物理学的对象，它既不完全同一于粒子或波，也不是"既是粒子又是波"，而是某种独特客体，它具有在其行为中发展为这些性质中的一种并以牺牲另一种为代价的潜在可能性。至于在对立的可能性中究竟那种得以实现，则不仅依赖于客体本身，也同样依赖于与之相互作用的系统（如仪器等）的性质。

量子概念体系的上述特征，不仅与经典物理学的基本原理和世界图景相冲突，也因其揭示了量子实在的整体性、几率性和潜在可能性而为经典实在观所不容，因为它们否认了量子实在的可分离性、定域性及其性质在质和量上的确定不变性。因此，固定经典的实在观，则必须至少部分否认这些特征（如爱因斯坦）或对其另作解释（如定域隐变量理论），并求得理论和实验上的支持；而承认并坚持这些特征，则有必要发展起与之相一致的量子实在观。

三、关于量子力学的三种实在观

鉴于量子力学自建立 60 余年来在理论和实验上的巨大成功及本文的目的，我们仅讨论三种对量子力学持肯定态度的实在观。它们都修改或抛弃了经典的实在观，而这正是作者兴趣之所在。

（一）互补实在论或现象实在论

无疑，玻尔的互补原理是关于量子力学的诠释中最有影响的一种。但至少在起初，其意义主要在于认识论上、在于揭示适用于连续过程的经典概念范畴被应用于描述量子现象时所带来的互补限制。玻尔在提出互补性概念时指出："量子论的特征就在于承认，当应用于原子现象时，经典物理概念是有一种根本局限性的。这样引起的形势具有一种奇特的性质，因为我们对于实验资料的诠释在本质上是以经典概念为基础的。"[4] 由于"量子公设意味着原子现象的任何观察，都将涉及一种不可忽略的和观察器械之间的相互作用。因此，就既不能赋予现象也不能赋予观察器械以一种通常物理意义下的独立实在性了"[4]。这样，一方面，经典物理学中的诸对基本概念，如对物理客体的状态定义（要求排除一切干扰）和观察测量（涉及不可避免的相互作用）、因果要求和时空标示、物质本性的波动图景和粒子图景、成对的正则共轭变量等都成为不相容的、互斥的，但在对实验结果的表述中，又都为量子现象的完备描述，为获取所有的可能信息所必需。这就引入了"一种新的被称为互补的描述方式，其意义是：一些经典概念的任何确定应用，将排除另一些经典概念的同时应用，而另一些经典概念在另一种条件下却是阐明现象所同样不可缺少的"[4]，或表述为"从量子尺度看，任何系统最一般的物理性质都必须用成对的互补变量来表示，其中每个变量仅仅以相应地减少另一变量的确定程度为代价才能成为较确定的"[3]。这样通过允许运用成对的互斥变量作为类比去形象地描述量子现象的互补图景，从而化解了经典概念应用中的某些直观性困难和矛盾。但是另一方面，玻尔此时还没有放弃经典的实在概念，其互补性论述中仍暗含着存在确定独立的实在，只是我们的观察"干扰"使它不再独立，使关于它自在状态的知识不再可能，"现象"一词此时指的就是与观测仪器作用前的实在。

在对 EPR 论证的回答中，玻尔开始充分认识到变革实在观的重要性。他指出，对被观察的现象客体和独立实在不加区分，导致了爱因斯坦论证的无效，强调"显然原子物理学中的整个情形使经典物理学把内在属性归于客体的理想丧失了全部意义"[5]，并开始用"现象"一词指称整个观测相互作用，"保留'现象'一词用以理解在给定实验条件下观察到的效应"[6]。"现象的'理性表述'……必须既涉及观测结果，也涉及实验安排的完备描述。"[7] 我们为确定不同的经典物理学变量而安排不同的实验条件，从而得到不同的现象，变量与实验条件的互补性，其逻辑结果即现象的互补性，互补性的本体论意义由此彰明较著[8]。

因此，玻尔的量子实在观可称为现象实在观，它主张量子客体只有在与观测仪器的相互作用中才能为经典概念所描述，客体的属性只有在涉及实验安排的情境中才是真实的，而这些相互作用和真实属性即被称为"现象"。量子现象的特征在于：①它们是不可分的，由量子公设，我们不可能从中隔离出客体而认识其自在状态；②它们是真实的，作为相互作用的结果，它们不可逆并构成量子描述的基本要素和特殊客体；③它们是互补的，这既因为它们具有仪器负荷，仪器的互补性使然，也因为"在只有它们的全部才能穷尽关于客体的证据的意义上"[7]，即关于同一客体 x_1 的所有信息必须从一组现象 y_i 中才能获得

$$\{y_i\} = \{f_i(x_1，x_{2f})\} \tag{4}$$

其中，y_i 为量子现象；x_{2f} 为实验安排。可见玻尔现象实在论的特征，在于强调量子客体和实验条件的关系，强调"这些条件构成了任何可被恰当地称之为'物理实在'的现象的内在要素"[9]。

（二）潜在（potential）实在论和潜伏（latent）实在论

潜在实在论是我们对海森伯实在观的称呼。作为哥本哈根学派的主要代表人物之一，海森伯无疑与玻尔有许多相似的观念，但在实在观上却有其独特之处。他清醒地认识到"现代物理学的成果确实触及实在、空间和时间这样一些基本概念，所以这种冲突可能引起全新的、难以预料的发展……正是在量子论中，关于实在的概念发生了最基本的变化"[10]。在分析"现代物理学中的语言和实在"[10]之间的关系时，海森伯实际上区分了两种语言（数学的和日常的）和两个层次的实在（客体和观测事实），其思路可图示如下：

即在经典物理中，每种语言都可用于两个层次的实在，但在量子理论中，"我们却不能用日常语言谈论原子"。为解决这一困难，"可以进一步从两个

完全不同的方面来分析。或者我们问：自从建立量子力学形式体系以来，关于原子物理学人们实际上建立了什么样的语言。或者我们可以描述关于确定一种对应于这个数学框架的准确科学语言的尝试"[10]。其中后一种途径即用其逻辑形式与量子力学框架相一致的精确语言取代日常语言以解决困难，其代表即量子逻辑。这种途径面临着回归（"我们至少必须用自然语言谈论我们对逻辑的可能修正"）和语言层次间不再完全等价等困难。而第一种途径，即像玻尔的互补概念那样，使用不确定的语言去谈论原子世界，使出现在经典概念框架中的原子及其属性像"原子的温度"那样定义得不清楚，只有某种统计意义，这就修改了经典的实在概念。"人们或许可以称它为客观的倾向或者可能性，称它为亚里士多德哲学意义上的'潜在'。确实，我相信当物理学家谈论原子事件时，他们实际使用的语言在他的内心引起与'潜在'的概念相类似的想法。"[10]因此，当量子实在不可避免地出现在经典概念和日常语言框架内时，海森伯将它称为统计预期、客观倾向，或"潜在"，仅在与仪器的相互作用之后，它才成为像经典态一样确定的事实。实在具有从"潜在"经测量到"实在"的倾向。

类似的，马根瑙（H. Margenau）也持有一种我们称之为"潜伏"实在论的实在观。他把量子力学中有条件地归于客体的性质（潜伏属性）区别于经典理论中无条件归于客体的性质（拥有的属性）[11]。"在量子力学中，实在问题看来处于状态意义的中心。令物理学家震惊的是，显然那些过去被看做拥有的可观察量的精确整齐的集合、其配合和运转就像钟表中的齿轮一样的物理状态，第一次被看做事实上不过是潜伏可观察量依据统计对应规则与自然的松散耦合的综合。"[12]只有对可观察量的测量才将其由潜伏投射到实存。因此，海森伯和马根瑙都把量子实在表述为可在测量中成为实存的潜在可能性。

（三）倾向（disposition）实在论

倾向实在论把量子性质表述为客体的倾向（或趋势、能力、效能等），由于共同的基础，它们能在确定的条件下表现为可观察的行为[13,14]。正如我们曾指出的[15]物理性质的倾向表述在与外部条件（在量子力学中即与实验仪

器）构成的整体意义上，能得到较好的实在论说明，即

$$倾向 + 仪器 \longrightarrow 物理性质 \qquad (5)$$

其中"倾向"为具有几率和潜在特征的微观世界，"仪器"则是一个开放的、不断发展的概念。将关系式左方作为整体，可得一自足的理论，其中倾向的实在性给我们以知识的客观性，仪器的开放性则使更遥远的星系和更微小的客体及其性质对象化、实在化。倾向实在论的困难，在于其显现和确证离不开仪器，是后验的，关于其自身的先验内容我们仍无可言说。尽管形式上它把倾向归于客体，似乎比玻尔的现象实在论更为客观，但就其离不开实验安排而言，它并没有解决、而恰恰是突出了量子力学诠释面临的实在观问题，并再次重复了上述几种实在观的共同特征：

1）区分两个类型的实在：独立的和现象的。前者即由数学形式体系表述的可在不同仪器上实现的倾向集合，后者为可用经典概念描述的实存的观测结果。

2）强调仪器在量子实在概念中的作用。仪器不仅为现象实在的内在要素，也为独立实在的经验构建和实存所必需。在与倾向的耦合中，它甚至能"创造"出新型实在（如某些自然过程中从未存在过的高能粒子）。仪器的物理特征使其作用结果无疑是客观的，而它体现的人们认识活动的目的性则使实在对象化、关系化，并揭示出认识活动的主体性。

3）突出量子实在的关系特征。量子现象中所显现的量子性质作为相互作用的结果，表现了其条件性和相对性，表现为客体和仪器间的关系。因此，在我们对自然的描述中，关系取代性质而居首要地位，我们所描述的不再仅仅是客体的孤立性质，而是它与环境、与实验条件的内在关系，这正是关系实在论的主旨。

四、关系实在论

关系实在论强调实在的关系特征，强调这些关系的客观性、内在性和不可还原性及其对于实在的认识论意义和本体论规定。它不再把实在看做孤立的、既定的有形个体，看做这些个体的固有属性的总和，而认为实在是限定于一组关系结构中的潜在可能性及其显现的总和，其中绝大多数性质在各自

与环境的特定关系中显现。探索这些关系及这些关系相互间的关系，把握实在的真实蕴涵，既是科学的目标，也是哲学的任务。

无论是在哲学史还是科学史上，强调实在的关系性质和关系结构的观点都古已有之。早在《巴门尼德篇》中，柏拉图就讨论过存在的关系结构，把实体构造为关系的组合，尽管他论及的是抽象的、先在的、关于理念的关系[16]。他以理念为本原论分析了它与存在之间相应的关系，如一与多、整体与部分、本质与存在、绝对与相对、抽象与具体等。例如，一在严格的（理念的、整体的、绝对的、抽象的）意义上不是多，而在实在的（存在的、部分的、相对的、具体的）意义上是多。非存在的单一或意义的单一，使它不能构造为关系，但意义的任何特定（具体）内容最终是关系的或关系的组合。因此，柏拉图的存在模型是建立在抽象的关系结构之上的。

莱布尼茨追随柏拉图，发展了关系的本体论和关系事实的本体论结构[17]，认为宇宙中的元素间存在着普遍的关系，每一个个体，不论是人或是事物，都以某种方式反映着宇宙间的其他万物。每个单子都从自己的角度反映世界。"当某人成长起来而高于我时，确实在我身上也发生了某种变化，因为我的（比例）单位变了。由此每一事物都以某种方式包含于万物中。"[17] 莱布尼茨也分析了整体-部分、主词-谓词等关系，并主张空间和位置都非性质，当客体改变其位置时，只不过是改变了对其他客体的关系[17]。

更近的例子可举 20 世纪初的彭加勒，他的实在观可概括为实在即关系。在他看来，"真实对象之间的真正关系是我们能够得到的唯一的实在"，"唯一的客观实在在于事物之间的关系"。"科学能够达到的实在并不是像朴素的教条主义又所设想的事物本身，而只是事物之间的关系。在这些关系之外，不存在可知的实在。"[18]

我们还可以列出更多的历史例证[19]，但无疑关系实在观最重要的进展来自现代物理学。除了上述三种量子实在观外，对关系实在观最具概括性和历史感的陈述出自雅默（Max Jammer）的两本名著《量子力学的概念发展》和《量子力学的哲学》。在前者的"结束语"中，他指出实在的关系性"在现代物理学中得到完全的确证。首先，相对论揭示了那些过去被认为是客观特征的位置、时间和速度（以及长度、大小、持续时间及质量）的几何-运动学性质，是依赖于参照系的。接着，量子力学也表明这些性质同样是相对于观察工具的"[19]。在后者中，他以专门一节分析了主要由玻尔在回答 EPR 论证中发展起来的"量子态的关系概念"[20]，指出对量子力学中"各种困难的解决办法，在于对物理系统的态采用一种代表关系的和整体论的观点"，"即对一个系统的态的描述，与其说是限于待观测的粒子（或粒子系），不如说是表示了粒子（或粒子系）与全部涉及的测量仪器之间的一种关系"，"因此不能单独赋予前者以物理实在的种种属性。特别是甚至在一个粒子已不再与另一粒子相互作用之后，也绝不能把它看成是'物理上实在的'种种属性的独立承载者，因而 EPR 理想实验也就失去了它的悖论性质"[20]。

一个最近的例子是特勒（Paul Teller）的关系整体论。他"主张那些至少在某些情形中可被看做分离的个体的客体具有内在的关系，即这些关系并非伴随着这些分开的个体的非关系性质而产生"[21]。他认为这种内在关系对于解释量子力学是重要的，因为态的叠加就是内在关系的表现。循此观点，EPR 论证揭示了二粒子系统的内在关系，测量问题的关键则在于测量装置与被测客体间的关系。

上述考察，为一种新的物理实在观的应运而生，提供了历史的和现实的依据，而这种新的物理实在观不过是将一种一般哲学实在论——关系实在论应用于特定科学领域的视野。我们所主张的关系实在论的基本观点如下。

1）实在是关系的。它限定于一组本质上不可分离的关系结构中，其一般表述为

$$y = f(x_1, x_2, \cdots, x_n) \tag{6}$$

其中，y 为物理性质；x_1 为实在个体；x_2 到 x_n 为各种关系参量。性质在特定的关系中突现，相应的参量成为主参量，即为二元函项

$$y_i = f_i(x_i, x_{2i}) \tag{7}$$

而实在个体、亦即理论实体则由其全部关系性质的反函数集合得以概念重建

$$x_1 = \{g_i(y_i, x_{2i})\} \tag{8}$$

因而作为物理实在的性质和个体都是关系的。量子力学所揭示的微观实在的关系性，在前一类型实在 x_1，上体现为几率性，即描述 x_1 的 ψ 函数与互斥的关系性质（不能实存而只作为潜在可能性质）只具有几率对应，其在与环境（仪器）的确定关系 Q 中显示其 Q 属性的本征值 q_n 的几率为 $|C_n|^2$

$(\psi = \sum_a C_n\varphi_n$，$Q\varphi_n = q_n\varphi_n)$；在后一类型实在中在 y 上则体现为整体性，关系参量由于其与个体间的耦合（因量子公设）不可还原、不可忽略，而成为 y 中的本质要素，y 的实在性就在于其物理实现——量子现象整体的实在性，在于其中内在关系的实在性。普里戈津（Ilya Prigogine）曾提出，量子现象由于体现了过程性、不可逆性而是第一位的实在，而 x_1 则不过是其构建或近似[22]。在关系实在观看来，作为量子实在完备描述和量子体系本质反映的波函数，应解释为与所有相关关系参量（仪器）潜在作用的概览，解释为在这些关系中突现的几率谱，解释为对环境的根本相关性和相对性。事实上即使在宏观领域，客体也在其状态与环境状态的互动关系中，在包括中介、主体的系统整体中成为对象化实在并获得现象学显现。概言之，实在总是在其内外关系参量的约束和耦合中，获得其独特的本体论和认识论地位的。

2）关系是实在的。关系的实在性从本体论上看表现为其内在性和不可还原性，关系内在于系统整体而成为其结构要素，作为系统质不能还原为子系统确定的相应性质；从认识论上看表现为其客观性和普遍性，关系作为物理系统的耦合，保证同样制备的同一粒子在确定的实验条件下向所有科学家提供等价的（确定的和几率的）信息，而与他们的个人特征、意愿无关，同时对关系的数学抽象和形式表达（方程、变换式、测量理论等），又普遍适用于各种粒子、同一类型（如测动量）的各种仪器。以量子测量问题为例，在被测系统和测量仪器的相互作用下形成的复合系统中，被测系统的 ψ 函数按测量仪器的 Q 性质相应的算符本征函数展开，即显现其潜在的 Q 性质，由此构成的复合函数即波包叠加在相互作用的触发下进入某一（本征值）通道（塌缩到某一本征波包），并经记录装置的一不可逆放大而在仪器上以 q_n 显现。无疑，q_n 内在于复合系统，又不能还原为被测系统和仪器的 Q 性质，它只能作为前者 ψ 函数中的一种潜在可能性的一种可能值而被几率所预言。然而，这种几率预言是客观的，相应的理论也普遍适用于各种被测系统和各种测量仪器间关系的几率预言。

3）关系在一定意义上先于关系者。正如特勒指出的，"通过指出关系并非伴随其关系者的非关系性质而产生，人们有理由认为关系并不能'还原'为非关系性质"[21]。关系的不可还原性、非分析性和普遍性使关系常常具有在先性，而关系者（实体或共性质）在关系背景中得以定义和实现。系统论中子系论在与系统整体的关系中获取新的性质和意义，量子力学中量子性质的生成和变化依赖于整个观测系统的内在关系及变化，而在 EPR 论证中，即使两粒子分开后，态制备中形成的某种物理量（如自旋）的守恒关系依然存在，尽管或许在 Ψ_{AB} 和 Ψ_A、Ψ_B 中自旋并不显现。当测自旋仪器作用于粒子 A，即与双粒子复合系统构成一新系统，Ψ_{AB} 按 $\hat{S}$ 的本征函数展开，Ψ_A 塌缩为一本征态 S_{An}，而此时粒子 B 的本征态及取值 S_{Bm} 则由先在的关系 $S_{AB} = S_A + S_B$ 确定。因此，与那种无穷分解、以求其极（最"基本"的粒子及其属性）的还原趋势相反，我们发现至少部分粒子及其性质依赖，甚或来自于其与系统整体或环境背景的关系，即所谓"物无自性，随缘而起"。

4）关系实在论强调关系。揭示性质表述中蕴涵的但常常为人们所忽略或忘却的关系要素，但并不排斥性质表述，而认为它同样为人们的实在观构造所必需。性质和关系是可以互相转化的。我们已经分析了在哲学史和科学史中，第二性质、第一性质如何次第表现为关系，反之，在关系式（7）中，当我们限定不同的关系参量后，y_1 即表现为个体 x_1 的性质。由此，我们不仅可以有第一性质描述的科学世界、第二性质描述的常识世界，还可以基于共同的美学（或伦理）经验，得到第三性质描述的美学（或伦理）世界。这是一种多世界的实在观，每一世界都保持参量限定的、适合于共同体成员的客观性。这样，关系实在论不仅回击了把关系性质剥离实在的反实在论倾向，也可以协调和包容人们在不同领域、不同层次的实在观念，体现为一种比科学实在论更为广阔、更为丰富多彩的实在观，以满足现代人在实践和精神生活中的理性需要。

参 考 文 献

［1］钱时惕．相对论中的哲学问题．现代自然科学的哲学问题．长春：吉林人民出版社，1984：115.

［2］何祚庥．现代物理学能为认识的主体论提供科学基础吗？中国社会科学，1990，（2）：75.

［3］玻姆．量子理论．侯德彭译．北京：商务印书馆，1982：190.

［4］玻尔．原子论与自然的描述．北京：商务印书馆，1964：93，40，9.

［5］ Bohr N. Causality and complementarity. Philosophy of Science, 1937, 4 (3): 292.

［6］ Bohr N. Causality problem in atomic physics. New Theories in Physics. Paris: International Institute of Intellectual Cooperation, 1939: 24.

［7］ Bohr N. Newton's principle and modern atomic mechanics. Newton Tercentenary Celebrations. Cambridge: Cambridge Press, 1947: 59-60, 26.

［8］ Folse H J. The Philosophy of Niels Bohr. Amsterdam: North-Holland Physics Publishing, 1985: 154-161.

［9］ Bohr N. Can the quantum mechanical description of reality be Considered completely. Physical Review, 1935, 48: 700.

［10］海森伯 W. 物理学与哲学：现代科学中的革命. 北京：商务印书馆，1981：118，119.

［11］ Holcomb H R. Latency versus complementarity: Margenau and Bohr on QM. The British Journal for the Philosophy of Science, 1986, 37: 193-206.

［12］ Margenau H. The Nature of Physical Reality, A Philosophy of Modern Physics. New York: McGraw-Hill Book Company, 1950: 452.

［13］ Harre R. Varieties of Realism. New York: Blackwell, 1986.

［14］ Harre R. Lectures in Sino-British Summer School of Philosophy. 1991.

［15］ Hu X. Best examination essays. Sino-British Summer School of Philosophy. 1988 & 1991: 56-58.

［16］ Sternfeld R, Zyskind H. Meaning, Relation and Existence in Plato's PARMINIDES: The Logic of Relational Realism. New York: Peter Lang Publishing, 1987.

［17］ Castaneda H N. Leibniz and Plato's Phaedo theory of relations and prediction// Hooker M. Leibniz, Critical and Interpretive Essays. Manchester: Manchester University Press, 1982: 126, 150.

［18］李醒民. 论彭加勒的综合实在论. 自然辩证法通讯，1992，(3)：1-10.

［19］ Jammer M. The Conceptual Development of QM. New York: Mcgraw-Hill, 1966: 378-380.

［20］雅默 M. 量子力学的哲学. 北京：商务印书馆，1989：232，229-230.

［21］ Teller P. Relational holism and QM. The British Journal for the Philosophy of Science, 1986, 37: 71-81.

［22］ Rae A. Quamtum Physics: Illusion or Reality. Cambridge: Cambridge University Press, 1986: 103-110.

伽利略物理学数学化哲学思想基础析论 *

一、问题的提出及研究现状

法国著名科学史学家柯瓦雷（A. Koyre）是这样评价伽利略的："历史上传统的观点认为伽利略是近代科学之父，这不是没有道理的。事实上，正是在伽利略的著作中，而不是在笛卡儿的著作中，在人类思想史上第一次实现了数学物理学的思想；或者更确切地说，是实现了物理学的数学化的思想。"[1]从伽利略的科学实践看，这一评价是恰当的。问题是：伽利略是基于什么样的哲学思想展开并实现他的物理学数学化的呢？

国外一些科学史学家和科学哲学家对此进行了研究。

科学史界的前辈像惠威尔（William Whewell）与马赫（Ernst Mach）倾向于把伽利略归入经验主义传统，并把他看做事实的收集者，认为他抛开了亚里士多德对事物运动终结原因的探寻，而用简单的归纳方法寻找像自由落体运动那样的定律[2]。20世纪初，随着作为美国前沿科学哲学的逻辑实证主义的兴起，这一观点流行起来。结果是，伽利略在科学课本中常常被描述为一个经验主义方法论者。

---

* 本文作者为肖显静，原载《江海学刊》，2012 年第 1 期，第 53～62 页。

相反地，有人将伽利略归入理性主义行列。这方面代表人物是柯瓦雷。他于 20 世纪 30 年代开始研究伽利略。他认为，伽利略是一个柏拉图主义者，原因有二：一是，伽利略坚持数学具有优先地位，在物理学中具有真实价值；二是，伽利略可能根本没有做过那些在他的著作中所提到的实验，而且即使做过也是很粗糙的，这些实验只在思想中进行，所得出的结论不能被经验所证实。因此，伽利略的物理学不是基于经验，实质上是从他自己的思考和洞察中得来的。这种对伽利略的评价直到 20 世纪 70 年代都占主导地位。

柯瓦雷之后，德雷克（Drake）深入研究了伽利略的手稿，揭示出柯瓦雷的观点有失偏颇。他发现，伽利略不是曾经证明的柏拉图主义者或者毕达哥拉斯主义者，伽利略事实上是做过很多实验的，只是这些实验从未发表，而且这些实验还能够被重复。通过研究，他发现，伽利略之所以推进物理学的数学根本原因在于，"伽利略对数学在物理学中的地位的看法既不同于柏拉图的看法，也不同于亚里士多德的见解。柏拉图认为，纯数学观念的领域值得单独研究；如果物理客体与纯数学观念不相符合，不是物理客体太糟糕了，而是无论如何物理客体并不是完美无瑕的。亚里士多德认为，数学运算与物理学是不相容的，因为数学完全不考虑物质。两位哲学家都对数学的抽象特征与具体物质世界的巨大差异感到震惊。相反地，伽利略却为数学可以作为研究物理学的有效工具而感到兴奋。即使计算与观察不能精确一致，也没有理由褒一个贬一个。不甚符合可能说明我们还有些东西没有考虑到，并不意味着我们应无视数学或无视观察……柏拉图和亚里士多德设置的旧的哲学障碍已经让位于对物理学和数学的新理解"[3]。他认为，在伽利略那里，数学是重要的，但数学始终是认识和理解自然这部大书的工具，而数学本身并不是伽利略的终结目的。

温森（W. L. Wisan）的研究策略与上述科学史家有所不同。他对伽利略在其职业生涯中的方法论进行了历史性的纵览，认为伽利略的方法论并不确定，随时间和研究对象的变化而变化。伽利略一开始对亚里士多德和阿基米德的学说持一种混合的忠诚态度，这点体现于他早期关于运动与力学的著作中；在流体静力学中，他把数学模型与新的经验方法相结合；在关于太阳黑子的天文学中，他从理性主义转向经验主义以减轻怀疑主义的成分；在《关于哥白尼和托勒密两大世界体系的对话》中，他试图通过把数学与经验理性相结合，以发现潮汐的真正原因；在《关于两门新科学的对话》中，由于感觉到需要把他关于运动的新科学置于直觉的有根据原则的基础之上，他不得不或者说不情愿地做出了对假说-演绎技巧的妥协，而最终回归到理性主义[4]。

伯特（R. E. Butts）的研究与温森相似，并提出一种全体性的分析，而主要集中在伽利略关于太阳黑子的信件、《试金石》、《关于哥白尼和托勒密两大世界体系的对话》和《关于两门新科学的对话》中的章节片段，来指出它们在本体论方面的不一致。他在某些方面同意费耶阿本德对比萨科学家的看法，认为伽利略缺少一种自己的完整的哲学，他的很多做法只是为了宣传的目的，可能在他的新科学背后并没有方法[5]。

米切姆（Carl Mitcham）成功地融合了研究伽利略的学者们的观点，认为伽利略具有经验主义的-理性主义的、实验的-数学的、亚里士多德的-柏拉图的等各种思想成分，从而把伽利略放置在混合的科学传统中。这种看法损害了人们对"伽利略把自己标榜为一个阿基米德主义者"的认同，而把他与柏拉图和毕达哥拉斯学派联系起来，总体上拔高了数学在物理学中的作用[6]。

皮特（Joseph C. Pitt）主要对伽利略的认识论进行了研究。他认为，伽利略将数学应用于物理学的研究中并非基于柏拉图主义，主要原因有三：一是伽利略在发展他的物理学的过程中，拒绝依靠任何可能被划分为"超自然的、玄妙的"一类的原因，而这是柏拉图主义尤其是新柏拉图主义的；二是伽利略对运动的科学感兴趣，而柏拉图的现实最终是静止的；三是最重要的，柏拉图主义没有在认识的逻辑基础里为经验和实验留下存在的空间，但是伽利略非常重视观察、经验和实验。不仅如此，皮特认为，伽利略之所以运用数学方法，并非表明他就认为世界有一个几何结构，而只是相信自然之书的字母是几何图形，世界的结构可以应用数学方法加以揭示。如此，伽利略物理学的数学运用主要不是基于科学实在论，而是基于工具主义[7]。

相比于国外，国内对上述主题研究的人很少。刘晓峰认为，柯瓦雷在研究中忽略了社会因素对伽利略科学思想的影响，伽利略自觉运用数学工具作为研究"月下区"物理运动，有其内在的个人原因和广泛的社会原因，实用科学的兴起是其重要原因之一[8]。安金辉在其硕士学位论文中专门辟出一节——"伽利略论数学"，不过，他的论述简单，只对几何学运用于物理学的重要性以及理想实验作了简要论述，他是赞同德雷克的观点的[9]。国内一些其他人的相关研究，大多是基于国内文献、翻译出版的伽利略的著作，以及较少的研究伽利略的著作进行的，研究不深入系统，所得结论简单，在此不一一列举。

由此可见，国内对"伽利略物理学的数学化"这一主题研究非常少，国外虽然进行了一系列研究，但是，不同的研究者针对不同的素材，采取不同的哲学立场及暗含其中的自然观、数学观和科学观，得到了不同的有时甚至是截然相反的结论，以至于伽利略被经常描绘成不同的形象。对于这种状况，菲诺基亚罗就评论道："……每一种解释在其所肯定的方面都是对的，在其所否定的方面都是错的。换言之，我认为有证据表明伽利略是一个反归纳主义者，并且是一个亚里士多德派，还是一个柏拉图主义者，还是一个经验主义者，还是一个理性主义者。这是真的。错误在于将这些特点中的一个归于伽利略而否定其他特点的存在或其重要性……人们应当怎么办？人们所能做的就是遵循一条联合性的或综合性的路线。"[10]

鉴于上述研究现状以及第一手资料收集的困难，本文不打算进行历史学的具体研究，以甄别前面所述科学史家和科学哲学家研究的对错，而是在综合他们研究成果的基础上，结合伽利略的相关著作，针对伽利略物理学数学化所可能面临的哲学诘难，分别从本体论、认识论、方法论的角度，对"伽利略为什么进行以及何以能够进行物理学的数学化"这一问题进行分析，概括性地给出伽利略物理学数学化的哲学思想基础。

二、伽利略物理学数学化面临的哲学诘难

伽利略所处时代是文艺复兴时期的后期，面对的是亚里士多德派物理学以及由此引申出来的冲力物理学。它们都是以亚里士多德自然哲学为基础的，拒绝数学方法的应用。

第一，亚里士多德认为，"所有的自然物都有某种本性，那就是它们的形式，形式使它们趋向于发展。这种自然发展就是目的"[11]。"不同的自然物

体有不同的形式和目的，但从神圣的天体到卑微的石子，所有种类的自然物体都在寻找并向往着适合于它的形式和目的。"[12]一句话，事物的内在本性是其运动（朝向自然位置）的根本原因，事物的运动有其内在目的，这就是自然内在目的论。据此，在物理学上，亚里士多德对事物运动的探求，最终目标就是理解事物的本质，在终结因、目的因、形式因、动力因分析的基础上，探寻事件的终结因和目的因，而不是考察运动物体的位置、时间等这些非本质的因素。他认为，即使对后者进行彻底的考察，也不能给予我们有效的关于前者的知识。

进一步地，亚里士多德反对在物理学中引入数学。他认为，数学对象是存在的，但它既不独立存在于可感事物之中，也不独立存在于可感事物之外，而是抽象地存在于可感事物之中；数学就是研究数量的科学，数不是事物的本体而是事物的属性。由此，通过数学就不能反映事物的本质。而且，对于古希腊人来说，大部分数学是几何学，而几何学研究的是图形，数学主要在描述形式因时有用，对于解释事物运动变化所用的四因中的终结因和目的因是没有用的。"这样一来，数学就不能告诉我们关于运动物体的任何信息，因为数学与运动体的处所和本性毫不相干。"[13]

可以说，亚里士多德就是这样基于他的自然的内在目的论，提倡感性的经验研究而排斥数学方法的运用。事实上，亚里士多德的《物理学》是部哲学著作，原本就更应该译为《自然哲学》，它虽然也重视经验方法，是感性经验物理学，但是，它不是要建立一个描述物理世界的形式系统，而是要从概念上解释物理现象的所以然，它的全部任务就是制定主要范畴（自然的、强制的、直线的、圆周的），并描述其定性的和抽象的普遍特征。就此而言，这是一种"质"的物理学，数学在其中的确没有用武之地。

文艺复兴时期，亚里士多德学派的物理学家以亚里士多德物理学为圭臬，由此导致的结果是，"亚里士多德学派的物理学模仿了生物学，所使用的解释范式也与通常用以理解生命体的解释范畴相类似"[14]。"正是在这个意义上，在科学革命的前夕，传统物理学有一个人性化的特征。"[14]

在这种情况下，要想将数学运用于物理对象中，就必须回答下列问题：自然的本质是亚里士多德的内在目的或"四因"吗？如果是，则数学方法对物理对象的探讨，是否真的不能反映事物运动的本质，或对事物运动进行本质原因方面的解释？如果不能，还有必要将数学方法运用于物理对象的研究中吗？物理学的数学化还有价值吗？如果要进行物理学的数学化，则又是通过什么途径贯彻实施的呢？

第二，在柏拉图的世界中，由于天体和天体的运动都是完美的，人们可以用数学方法进行天文学研究，从而创立了数学天文学。托勒密的"地心说"和哥白尼的"日心说"的创立，都是这一思想的体现。而在亚里士多德的世界中，天上的世界是完美的，地上的世界是有缺陷的、不完美的。理想化的、完美的数学是不能够应用于以真实的、有缺陷的可感物体为对象的物理学中的。这是当时流行的逍遥派学者的观点。

天上的世界与地上的世界真的不一致吗？天上的世界真的完美吗？不完美的地上世界真的不能运用数学来进行研究吗？要想将数学应用于地上的物理对象中，就必须打破天上世界和地上世界的二分，否则将数学运用到物理世界中就失去了它的本体论基础。

伽利略要实现物理学的数学化，就必须面对上述哲学诘难——"以性质数学化的不可能性和运动推演的不可能性，来反对对于自然的数学化的企图"[1]，进行一系列哲学创新，为将数学应用到物理学的研究中创造哲学条件。

三、伽利略物理学数学化的本体论基础

（一）"自然的数学化"为物理学数学化奠定基础

对于"伽利略为什么会应用数学方法于物理学的研究中"这一问题，很多人认为，根本原因在于伽利略坚持"自然的本质是数"。他们常常以伽利略在1610年说过的下面一段话作为证据："哲学（自然）是写在那本永远在我们眼前的伟大书本里的——我指的是宇宙——但是，我们如果不先学会书里所用的语言，掌握书里的符号，就不能了解它。这书是用数学语言写出的，符号是三角形、圆形和别的几何图像。没有它们的帮助，是连一个字也不会认识的；没有它们，人就在一个黑暗的迷宫里劳而无功地游荡着。"[15]

但是，深入考察这段话，可以发现，伽利略并没有明确自然的本质是

数，而只是说自然这本书是用数学的语言写成的。也正因为如此，在研究关于伽利略对待数学与自然的关系时，不同的人有不同的理解。

第一种理解是本质主义的，能够追溯到毕达哥拉斯学派的信念和柏拉图主义的思想中。这是自然数学化的第一种形式，可以称为数学本质论，是人们比较偏爱的。理查德就坚持："伽利略深受当时柏拉图-毕达哥拉斯传统的影响，认为世界是完美化的按照数学建构的宇宙体系。"[16]如此，伽利略的物理学的数学化就有了本质主义本体论的承诺，本体论与方法论是一致的，现象的描述与本质的探求是同步的。

第二种理解是科学实在论的，就是相信写在自然这本书上的数学语言虽然不能反映事物的本质，但是是真实存在的，不是大自然的模型，也不是拯救现象的假说，而是存在于自然对象之中。这是自然数学化的第二种形式，可以称为数学实在论。如此，伽利略相信"自然存在数学结构的方面"，由此将数学应用到自然中也就顺其自然了。

第三种理解是工具主义的，它没有承诺自然的本质是数或认为自然存在数学结构的方面，而只是表明物理学研究需要运用数学计算，即它没有对自然的数学化作本体论的承诺，而只是对自然进行了数学化处理或建构，可以称为数学工具论。这方面的典型代表是皮特。如此，伽利略的物理学数学化也就成了工具主义的体现，对物理世界的认识只具有实用主义的特征，而不具有本质的含义或实在论的真理性特征。

伽利略究竟持有什么样的自然的数学化观念呢？根据伽利略的科学实践，他悬置了对事物本质原因方面的探讨，似乎并没有承诺"世界的本质是数"。他认为，世界的真正和谐不在于数字的完全相合而在于数字能够代表事物可以量化的物理特性，他试图用物理定律的观点取代事物间的关系，这是从毕达哥拉斯主义到物理学数学化的发展。不仅如此，伽利略抛弃新柏拉图主义有关数的神秘化思想，拒绝柏拉图的理想世界与现实世界的二分以及对经验世界认识的排斥，坚持物理世界的不完美性。这表明他不是一个纯粹的柏拉图主义者。但是，正如后面将要谈到的，他对数学方法运用于世界认识的重视、对物理对象的理想化处理，表明他吸收了柏拉图主义许多思想成分，与其有许多关联且一致之处。伽利略就说："毕达哥拉斯派非常推崇数学，而且柏拉图本人也钦佩人类的理性，相信人的理性所以具有神性，就是因为它理解数的性质。这一切我都很熟悉，而且我的看法也和他们相差不远。"[17]

至于说伽利略是一个工具主义者，就更难以令人信服了。由他的似乎并不持有"自然的本质是数"的断言，并不能得出他不持有"自然不存在数学结构"的结论；由他的没有全盘接受新柏拉图主义有关世界数的神秘化思想，甚至没有"数学真理"的思想，并不能得出他没有受这样的思想的影响。根据后文所述，他认为事物的第一性质是存在数学结构的，并且可以用数学来表达，如此，他就持有"自然存在数学结构方面的东西"，他的物理学的数学化就不是工具主义的，而是科学实在论的或数学实在论的。

（二）"自然的统一性"为物理学数学化创造条件

从西方古代到文艺复兴时期，传统思想认为天体的物理本质和定律在特征上不同于地球上的物体，但是，伽利略通过望远镜对太阳黑子的观察以及其他的观察和理论，对亚里士多德学派关于天界和地界有着根本区别的观点，提出了意义深远的质疑，给出了"自然统一性"的思想。威廉·华莱士对伽利略关于"自然统一性"的推理链条概括如下。

主题 可观察的宇宙有一种自然的统一性。

论证 之所以如此，是因为：①在所有物体中，自然运动是相同的，而且物体在天上和在地球上自然地运动着；②亚里士多德把运动分为曲线和直线、向上和向下不再是可以维持的了；③在天宇中缺少可观察的变化不再可以被坚持了，因为在天宇中的变化已经是可以辨别的了；④细致的考察表明月亮和地球实质上没有差别。

结论 宇宙是一个整体[2]。

华莱士通过研究指出，"《关于两门新科学的对话》（简称《对话》）的主要驱动力是指向世界的统一性的，表明在天上的和在地球上的物体都自然地运动着，不存在天上的物体做圆周运动，而地上的物体做直线运动的截然二分，天体和地球一样是可变的，在天上的和地上的存在之间不存在本质的不同，月上世界和月下世界享有一种共同的本性"[2]。在其基础上，伽利略宣称，不存在两种分别适用于相应领域的自然知识，而只存在一种普适的知识，对地球上的普通物体的属性和运动的研究能够提供对自然的普遍理解；既然可用数学来对天上的世界进行认识，那么，也就可用数学来对地上的物体进行认识了；天上的世界和地下的自然动力学都由同样的数学规律统治着，数学方法可以运用到对地上物体运动的研究中。

不过，问题到此并没有完全解决。虽然天上的世界与地上的世界是一致的，但是，这种一致是就完美的意义而言还是就不完美的意义而言呢？根据伽利略对太阳黑子和月亮山丘的观察，应该是就不完美的意义而言的。如此，对于不完美的世界，尤其是地上的世界，数学何以能够运用于其中呢？这是伽利略物理学数学化过程中所必须解决的问题。

四、伽利略物理学数学化的认识论信念

上述伽利略关于自然的数学化和自然的统一性的观念，为物理学的数学化提供了本体论基础，表明数学可以应用到物理学的研究中。进一步地，数学应用于物理学中将会获得什么样的认识结果呢？如果获得的是必然的、确定性的知识，那么物理学的数学化是真的、有价值的，否则，物理学的数学化也就失去了它在认识上的价值。

皮特通过上帝与人类认识的比较以及对数学方法的特征考察，为我们回答了上述问题[7]。

根据皮特的研究，伽利略认为，人类认识与上帝认识既不同又相同。不同点主要体现在以下两方面：一是在认识的方式上，上帝不需要任何思考，完全凭自己的直觉就可以获得认识，而人类则是采用数学推理获得有关对象的认识；二是在认识的范围上，上帝凭直觉就了解所有对象的无限特性，而人类只可能对有限的方面进行认识。相同点主要表现在：人类对于某些有限方面的认识，能够获得与上帝一样的认识的确定性。这有限的方面，在伽利略看来，就是关于某些数学命题的认识。"伽利略认为，一旦完成数学说明，我们就拥有与上帝一样的客观确定性。"[7]

伽利略为什么得出这样的结论呢？皮特认为，他是这样论证的：

1) 未知命题的数量是无限的。

2) 人类能够知道可知命题的全集中的某个子集。

3）在那些人类所知道的命题中，人类拥有绝对的确定性。

4）只有理解了必然性，才能实现确定性。

5）只有使用数学方法，人类才能理解必然性。

6）数学真理的必然性是不言自明的。

7）人类可以使用数学方法来理解世界的构造。

因此：

8）对于那些通过使用数学对世界进行准确推理所得出来的结论，人类拥有绝对的确定性，因为我们理解这些结论具有必然性。[7]

根据1）和2），伽利略认为，人类能够知道无限命题集合中那些关于数学的命题；根据3）和4），伽利略认为，人类对那些命题的认识是通过理解必然性来把握确定性的；根据5）、6）和7），伽利略相信数学能够产生逻辑必然性，由于具有逻辑必然性的认识又是确定的，因此，通过数学推理所获得的对物理对象的相关认识就具有确定性。一句话，人类认识的必然性和确定性是通过使用数学获得的。

皮特的上述分析有一定道理。沙格利佗（Salviati）① 就说：“……人的理解力可以分为两种形态，一种是深入的，一种是广泛的。所谓广泛的，就是指可理解的事物的数量而言，可理解的事物是无限的，而人的理解力，即使懂得了一千条定理，也算不上什么，因为一千对无限来说，仍等于零。但是从深入方面来看人的理解力，就深入这一词是指完全理解某些定理而言，我将说人的理智是的确完全懂得某些定理的，因此在这些定理上，人的理解力是和大自然一样有绝对把握的。这些定理只在数学上有，即几何学和算术。神的理智，由于它理解一切，的确比人懂得的定理多出无限倍。但是就人的理智所确实理解的那些少数定理而言，我相信人在这上面的知识，其客观确定性是不亚于神的理智的，因为在数学上面，人的理智达到理解必然性的程度，而确定性更没有能超出必然性的了。”[17]

总之，皮特的论证表明，伽利略相信尽管人类的认识是有限度的，但人

---

① 沙格利陀是《关于托勒密和哥白尼两大世界体系的对话》中的人物，以中立的面貌出现，实际上是同情伽利略的。另外两个人物分别是萨尔维阿蒂和辛普利邱，分别代表伽利略和亚里士多德派物理学家。

类的认识仍然是可能的，这种可能是通过能够得到具有确定性的知识体现的，而人所获得的知识的确定性又是通过使用数学方法理解了逻辑必然性来达到的。一句话，在伽利略看来，物理学的数学化能够使人类获得必然性和确定性的认识。如此，将数学方法应用于物理学的研究中，是真的、有价值的。这应该是伽利略物理学的数学化的认识论信念。

五、伽利略物理学数学化的方法论策略

如上所述，伽利略本体论上的思想变革表明物理学的数学化是可能的，认识论上的信念坚持表明物理学的数学化是真的、有价值的。接下来的问题是，伽利略如何在方法论上贯彻物理学的数学化？

（一）悬置事物的本质，将对物体的研究转移到外在物理特征上

根据前面的分析，亚里士多德派物理学是一种自然哲学和"质"的物理学。这种"质"就在于更多地运用哲学思辨和推理，对物理对象进行认识。其中，直观经验证据是重要的，但更重要的是对经验证据的内在本质原因的自然哲学解释。这样一来，经验证据与形而上学融为一体，甚至形而上学凌驾于经验证据之上，说明着经验证据。这是直到伽利略时代物理学的状态：物理学没有从哲学中分离并独立出来，物理学是哲学的婢女。

伽利略对这种状态大为不满，"希望将科学从哲学——已成为阻碍科学应用和进步的历史障碍——的奴役下解放出来"[3]。他尖刻地嘲讽批判了亚里士多德派物理学家，认为他们不是在阅读自然这本书，而只是紧盯着亚里士多德的只言片语，用他们背诵的几条理解得很差的原则来谈哲学。在伽利略看来，这种以哲学的方式研究物理学是存在很大欠缺的。

第一，这种物理学利用亚里士多德的自然哲学对事物的变化做出终极解释，是一种繁复的同义反复，不会产生对世界的新认识，只能为一批思维敏捷、善于感受时代精神的青年学者所厌恶。他认为无须追问哲学意义上的终极原因，这些终极原因是逻辑的产物。

第二，亚里士多德的自然哲学讨论的是一个纸上的世界，缺少对具体经

验的关注，而物理学必须是关于感觉世界的。伽利略说："我赞成看亚里士多德的著作，并精心进行研究。我只是责备那些使自己完全沦为亚氏奴隶的人，变得不管他讲的什么都盲目地赞成，并把他的话一律当做丝毫不能违抗的神旨一样，而不深究其他任何依据……"[17]

在这里，"我们会发现伽利略不是反对普遍意义上的哲学家的活动，而只是反对哲学家侵犯到 filosofia（哲学）中来①，而这是一项他们缺少装备来进行的活动，因为他们缺少数学和对具体经验的重要关注"[18]。他认为，物理的重要及首要的是运用数学，进行测量，获得经验证据。伽利略借萨尔维阿蒂之口说："辛普利邱，请你注意，如果没有几何学，而要对自然界进行很好的哲学探索，人们究竟能走多远呢？"[17]他说这句话的意思不是说科学不要哲学，或者与哲学一点关系也没有，而是说物理学应该运用数学，追求确定性的认识，不能置经验事实和数学于不顾，运用哲学的教条、想象和推理，寻求书本上的知识。

正是在上述认识的基础上，伽利略认识到："现在似乎不是探索自然运动加速度之原因的适当时机，不同的哲学家已对此表达了不同的观点，有些哲学家用中心吸引力来解释；另一些哲学家用物体非常细小部分之间的排斥力来解释；还有一些哲学家则将其归于周围介质中的某种压力，这种压力在落体的后部闭合，驱使其从其中的一个位置移向另一个位置。而所有这些想象以及其他想象都应该接受考察，但此事并不真的值得去做。目前，我们作者的目的只是探索和证明加速运动的某些性质（不管这种加速度的原因可能是什么）……"[19]

这样一来，伽利略的物理学研究就是，努力打破亚里士多德学说以及经院哲学和圣经的教条，悬置目的论和亚里士多德的四重思想（包括激发、生命有机体的模式、生存冲动以及伴随着它们生存冲动而展开的生物的目标和目的），放弃对事物为什么运动的终结因和目的因的探求，将研究转移到物质的外在物理特征和事物怎样运动上面。所有基于价值、完满性、和谐、意义和目的的哲学思想都被伽利略从科学思想中除去，所有从终极因、目的因中去寻求解释的哲学思维方式被抛弃，代之以物质经验证据和数学测量对物

① 这里的哲学指的是自然哲学，即那一时期的科学。

理对象进行解释。这在一定程度上实现了物理学同哲学，最起码是同亚里士多德自然哲学——自然内在目的论的分离，将科学从哲学的奴役地位中解放出来。这种解放意义重大，扭转了人们对物理对象的研究视域，为人们运用实验方法和数学方法认识事物的外在特征，创造了前提条件。这也表明，伽利略的物理学既不是亚里士多德的，也不是哲学式的，而是经验的和数学的，也就是现代的。

进一步的问题是：伽利略对哪些外在特征进行认识呢？又是采用什么样的方式进行认识的呢？

（二）把科学研究的对象限定在满足数学必然性的第一性质上

为了能够对事物进行量的分析，建立数学的物理学，伽利略将物体的外在特征或性质分为两类：第一性质，包括形状、大小、位置、时间、空间、运动等；第二性质，包括气味、颜色、声音、味道等。他认为，第一性质是物体固有的，存在于物体之中，可在数学上定量的值；第二性质并非物体固有的，是当我们遇到一个特定物体时第一性质在心灵中造成的主观感觉，与感觉有关且只存在于感觉之中，不可定量。基于绝对不变的第一性的数量知识是可靠的，而第二性的"主体的感觉为中介"的知识是模糊而不确定的，"……就我们赋予这些属性的物体而言，味道、气味、颜色等不过是个名字而已，它们仅仅存在于意识中"[14]。

随着在第一性（形状、尺寸、重量）和第二性（味道、质地、气味等）之间的区分，自然被还原成为"一个呆滞的存在：没有声音，没有感觉，没有颜色，仅仅是一个匆匆离去的、无穷尽的、毫无意义的物质"[20]，失去直接的趋向、目的、价值、意义和变化。由此他也开启了"形式-机械论"的自然观①，把运动物体中的那些可度量、可由数学规律联结的特征分离了出

---

① 需要说明的是，伽利略在物理学数学化过程中，对亚里士多德探求本质原因的悬置以及将研究集中到事物的第一性质上，并不表明他抛弃了亚里士多德的自然内在目的论和万物有灵论，持有机械自然观的观点。他是这样处理的，可能只是在方法论的意义上，一定程度上出于物理学数学化的现实需要。当然，在这样认识事物的过程中，它使人们聚焦于事物的机械的方面，忽略或者不考虑事物的有机方面，事实上导致的是人们将事物作为机械处理了，由此是能够将人们引向机械自然观的，把自然看做一个机械式的存在。

来，并将科学研究的对象限定在满足数学必然性的、可观测的物体第一性质范围内，形而上学的理念、形式因、本性等，连同第二性质，都被当做物体运动的非实证的、不可定量的、不真实的性质，从物理学中除去了。亚里士多德用到的诸如活动性、刚性、要素、自然位置、猛烈的运动、潜势等这样一些关于质的概念，被伽利略选择的距离、时间、速度、加速度、力、质量、重量等这样一些可以测量的概念所代替①。"我们不是按照实体、意外、因果性、本质、观念、形式、质料、可能性和现实性来处理事物，而是按照力、运动、定律、质量在时间和空间中的变化等来处理事物。"[21]通过测量，度量那些可以度量的，分析、反思与之相关的运动现象，集中研究空间、时间、重量、速度、加速度、惯性、力和动量等，将对事物的本质、它们的内在趋向和目的的定性研究，转移到关于它们的重量、硬度和尺寸等的定量分析中，最终把亚里士多德的"质"的物理学改造成"量"的物理学。"物理空间被假设等同于几何王国，物理运动正在获得一种纯数学概念的特征。在伽利略的形而上学中，空间（或距离）和时间成为根本范畴。真实世界是处于可以在数学上化简的运动之中的物体的世界，这意味着真实世界是在空间和时间中运动的物体的世界……再说一遍，真实世界是处于空间和时间之中的数学上可以测量的运动的世界。"[21]这应该是伽利略物理学数学化的自然观基础，也是他在物理学上运用数学方法，主要研究物体的运动状态变化——静力学或运动学的原因。

（三）理想化实验方法的提出

上面的两点分别表示了要实现物理学的数学化，一是要研究事物的外在特征，二是要研究外在特征中的第一性质。不过，这里有一个问题仍然没有解决，就是现实中物理对象的第一性质表现是不理想的，不理想的第一性质如何能够与理想的数学相符呢？这点正像亚里士多德派的质疑，"这些数学上的微妙论点抽象地说来是很不错的，但是应用到感觉的和物理上的事件上

---

① 这表明对物理对象运动及其特征的描述和解释的词汇，反映了使用该词汇的科学家的世界观和方法论。在近代被创造出来的这些区别于亚里士德物理学的新词项，被赋予了新的意义，本身带有形而上学的先验色彩。

就不成了"[17]。

针对上述观点，伽利略进行了批判。他认为，"正如计数的人在计算糖、丝绸和羊毛时必须除掉箱子、桶和其他包装一样，数学家要在具体条件下看出他在抽象条件下所证明那些原理时，同样必须除掉那些物质的障碍，而且如果他能做到这样的话，我敢向你保证，事物是和计算的结果同样符合的。所以错误不系于抽象还是具体，也不系于几何学或者物理学，而系于计算者是否懂得进行正确的计算"[17]。

他是怎样"计算"的呢？是通过理想化的方法——现实测量实验的理想化与思想实验方法的有机结合而实现的。伽利略认为，"我们必须将现实世界理想化，因为不可能期望将我们这个丰富而又奥秘的世界完全以数学表示出来——即使我们忘掉色彩和气味，而将注意力集中诸如形状和速度这些方面。也就是说，我们必须忘掉那些对于实现我们的目的来说属于非本质的东西。但这样做必须十分谨慎才是，否则，我们就会处于一个与我们生活于其中的真实世界毫无关联的纯想象的世界中"[13]。"对伽利略来说，真实世界是有着抽象数学关系的理想世界，物质世界只是被仿制的理想世界的不完美的体现。要充分地理解物质世界，我们必须在想象中从理想化的优越的视角看待它。只有到理想的世界里，完美的球才能在完全光滑平面上永远滚动下去。而在物质世界里，平面从来不是绝对光滑的，滚动的球也不是绝对地圆的，它最终会静止。"[16]

伽利略就是这样创立了理想实验方法——通过一定的物质操作和思维加工相结合的实验过程，得到自然过程在理想状态下的规律，然后再回到现实的过程中去加以修正，使之能直接应用于实际。这样一种工作程序正是现代一切科学工作所使用的常规方法。这是自伽利略开始的，从某种意义上说只有这种方法才是真正的科学实验，可以说伽利略创立了实验方法。

总之，"一旦抽象出了关于物体第一性的质的可观测量的概念，便可把观察实验限制在关于物体运动之可观测的、可定量的物性范围之内。一旦对个体对象与经验对象进行了抽象的、理想化的、分析的、设定性的理论实体的处理与类的处理，便可建立起能蕴涵大量经验内容的、具有普遍必然性的公设与演绎系统。这样，伽利略便把观察实验与数学演绎方法有机地结合起来了，从而便成功地创造了近现代实验自然科学研究的真正方法——数学实验方法"[22]。

六、结论及说明

通过前面的分析，可以得出以下结论：伽利略之所以实现物理学的数学化是有其哲学思想基础的，其为伽利略的物理学数学化提供了可能性、必要性和可行性（现实性）。这对于人们深刻全面理解伽利略物理学的数学化与哲学思想变革之间的关系，具有一定的意义。

事实上，伽利略所处的时代是近代科学革命的前夜，他要进行物理学革命，实现物理学的数学化，就必须对传统科学所奠基的哲学思想基础进行反思，或者加以批判甚至决裂，或者加以扬弃。如对于亚里士德派的物理学家，伽利略总体上是反思批评的。他否定了亚氏从本质的角度研究物理对象的动机，强调了数学在研究物理对象上的可能性、必要性和现实性，抛弃了亚氏对日常经验的肯定，而对其加以批判性的考察和解释，走向批判的经验主义。对于柏拉图主义，伽利略总体上坚持扬弃。他坚持了其重视数学于世界研究的传统，受着理念论的影响，走向理想实验。不过，他抛弃了柏拉图主义的神秘主义成分，否定了物理学的研究只是数学的先验论证的观念，批判性地考察了经验世界的真实性，以及其为理性发现的数学形式的可说明性，由此实现了经验世界与认识的数学形式之间的和谐一致性，从而最终也使物理学的数学化得以实现。伽利略的物理学数学化是与他对亚里士多德思想的反思批判、对柏拉图主义的坚持突破分不开的。这是其物理学数学化的根本原因。

当然，伽利略所处的时代是科学革命的前夜，现代意义上的科学实验方法和数学方法并没有在物理学的研究中得到确立、承认和广泛应用，伽利略的科学实践实质上是对传统物理学及其哲学思想基础进行反思、批判、扬弃，为现代科学物理学研究范式的建立奠定哲学思想基础和开辟道路。这决定了他对他人的哲学思想的反思、批判、扬弃绝不是一蹴而就的，而是逐渐的、不完全、不彻底的，甚至是随具体情况而变化的。伽利略并不是专门的哲学家，并没有专门、系统、清晰地阐述他的物理学数学化哲学思想，他的这方面思想主要体现在对新科学的哲学辩护，尤其是方法论的辩护上。对哲学的关注、对方法的追求、对反对派哲学家的回击、对哲学家头衔的维护以及对科学的哲学问题争论的兴趣和贯彻等，构成了他的科学实践活动和融汇于其中的哲学思想，同时也展现了伽利略的科学不单纯是一些结论的集合和方法的阐述，也不是纯粹的科学贡献，而是与科学活动紧密关联的哲学思想的探讨。他的哲学反思、批判、扬弃主要体现于科学实践之中，以及对科学实践的哲学理论化反思之中。这增加了对他的哲学思想研究的复杂性和可变性，也造成相关研究结论的相对性和不确定性。

就本文而言，对伽利略物理学数学化哲学思想基础的分析，其实是一种"概括"、"重构"、"精炼"和"浓缩"，不可避免地带有个人的思想倾向，从某种程度上是对伽利略科学实践和哲学思想的理想化。有鉴于此，本文研究存在一定的欠缺，需要在今后的研究工作中加以改进，敬请方家批评指正。

参 考 文 献

［1］柯依列 A. 伽利略研究．李艳平等译．南昌：江西教育出版社，2002：231，241.

［2］William A. Wallace：Galileo's Logic of Discovery and Proof：the Background，Content，and Use of His Appropriated Treatises on Aristotle's Posterior Analytics. Dordrecht：Kluwer Academic Publishers，1992：4，220，220.

［3］德雷克 S. 伽利略．唐云江译．北京：中国社会科学出版社，1987：93-94，159.

［4］Wisan W L. Galileo's scientific method：a Reexamination//Butts R E，Pitt J C. New Perspectives on Galileo. Dordrecht-Boston：D. Reidel Publishing Company，1978：1-57.

［5］Butts R E. Some tactics in Galileo's propaganda for the mathematixation of scientifia experience//Butts R E，Pitt J C. New Perspectives on Galileo. Dordrecht-Boston：D. Reidel Publishing Company，1978：59-85.

［6］Machamer P. Galileo and the Causes//Butts R E，Pitt J C. New Perspectives on Galileo. Dordrecht-Boston：D. Reidel Publishing Company，1978：161-180.

［7］Pitt J C. Galileo，Human Knowledge，and the Book of Nature：Method Replaces Metaphysics. Dordrecht：Kluwer Academic Publishers，1992：53-68，37-41，37，41-42.

［8］刘晓峰．试析伽利略运用数学工具研究自然的原因———对柯瓦雷《伽利略研究》的一点评论．自然辩证法研究，1999，(4)：4-8.

［9］安金辉．伽利略的方法论思想．武汉大学硕士学位论文，2002：12-14.

［10］Finocchiaro M A. Galileo and the Art of Reasoning. Dordrecht-Boston：D. Reidel Publish Company，1980：158-161.

［11］加勒特·汤姆森，马歇尔·米斯纳. 亚里士多德. 张晓林译. 北京：中华书局，2002.

［12］劳埃德 G E R. 早期希腊科学：从泰勒斯到亚里士多德. 第 4 版. 孙小淳译. 上海：上海科技教育出版社，2004：117.

［13］迈克尔·霍斯金. 科学家的头脑. 郭贵春等译. 北京：华夏出版社，1990：11，13.

［14］史蒂文·夏平. 科学革命：批判性的综合. 徐国强，袁江洋，孙小淳译. 上海：上海科技教育出版社，2004：28，28，50-51.

［15］莫里斯·克莱因. 古今数学思想（第二册）. 上海：上海科学技术出版社，1979：33.

［16］理查德 S 韦斯特福尔. 近代科学的建构：机械论与力学. 彭万华译. 上海：复旦大学出版社，2000：18，21.

［17］伽利略. 关于托勒密和哥白尼两大世界体系的对话. 周煦良等译. 北京：北京大学出版社，2006：4，70，80，139，141，144.

［18］Drake S. Nature，Experiment，and the Sciences：Essays on Galileo and the History of Science. Dordrecht：Kluwer Academic Publishers，1990：123-144.

［19］艾伦 G 狄博斯. 文艺复兴时期的人与自然. 周雁翎译. 上海：复旦大学出版社，2000：43.

［20］Whitehead A N. Science and Modern World. New York：Free Press，1967：54.

［21］伯特 E A. 近代物理科学的形而上学基础. 徐向东译. 成都：四川教育出版社，1994：14，80.

［22］王贵友. 科学技术哲学导论. 北京：人民出版社，2005：295-296.

第五部
逻辑与认知

布里丹的驴子和萨马拉问题*

一、从寓言方法到范例方法

寓言方法是一种已有几千年历史的哲学方法和文学方法。

我国古代哲学家庄子就是一位非常善于运用寓言方法的大师。《庄子》一书通行本 33 篇，虽然有一些学者认为应该把全书的最后一篇《天下》篇看做全书的"序言"，但也有人——例如王夫之——认为应该把《天下》篇和《寓言》篇共同视为全书的"序言"[1]。在一本书的序言中作者往往是会谈到作者的写作方法和写作意图的。《天下》篇说庄子所使用的写作方法是"以卮言为曼衍，以重言为真，以寓言为广"，而在《寓言》篇中也有完全相同的说法。我国现代研究庄子的专家杨柳桥认为：两相比较，应该断定《天下》篇关于"三言"的说法是袭取了《寓言》篇的说法，所以，把《寓言》篇的第一章看做是《庄子》全书的"序言"才是更合理的。杨柳桥说："《庄子》全书，'寓言'是它文章的基本形式，'卮言'是它学说的具体内容。"[2]《寓言》篇说，《庄子》一书"寓言十九（寓言占十分之九）"，验之《庄子》

* 本文作者为李伯聪，原题为《布里丹的驴子和萨马拉问题——以范例讨论关于理性、自由意志和预期的几个问题》，原载《自然辩证法通讯》，2003 年第 25 卷第 6 期，第 26～31 页。

的本文，这不但是作者的"夫子自道"而且是对《庄子》一书的"客观"评价。

所谓寓言就是作者所构造的一个小故事，它可以是现实主义的故事，也可以是虚构的以人、鬼神或动物为主人公的故事。寓言与一般的"小故事"的区别在于它的独特的典型性、思想性、哲理性。寓言方法是一个文学家和哲学家都可以运用的方法。虽然可以说文学寓言和哲学寓言之间是没有绝对区分的，但二者之间也还是存在着某些重要区别的。一般地说，文学家不会对自己的寓言作过多解释，至多"卒章显其志"就行了；而哲学家却往往需要对自己的寓言再作一些进一步的思想发挥、理论分析或哲学解释，特别是在现代学术中，这些进一步的理论分析就更是绝不可少的了。文学寓言的灵魂是形象，形象中有哲理；哲学寓言的灵魂是哲理，哲理寄寓于形象。

虽然像庄子、韩非这样一些先秦哲学家是非常重视运用寓言方法的，但其后的中国哲学家就很少有人特别重视使用寓言方法了。汉代之后，论说方法不但成为了中国哲学的主导方法，而且简直可以说是"一统天下"的哲学方法了。如果说中国哲学在其历史发展中，论说法很快就占据了绝对统治地位的话，那么在西方哲学中就更是如此了。可以说，在哲学的发展中，大多数哲学家已经忘却了寓言方法也曾经是并且也可以是一种哲学方法了。

可是，情况似乎逐渐也在发生变化。可以认为，变化发生在两个方面：方法论的理论方面和方法论的实践方面。在方法论的实践方面，古人的寓言方法在现代学术中正在演变为一种新的范例方法。所谓范例方法就是构造范例、分析范例、解释范例的方法。范例方法也就是案例（英文的 case）方法。由于在中文里，案例往往是指"真实案例"，人们往往不把虚构的故事称为案例，所以在本文中我们主要使用范例这个术语，但也不排除对案例这个术语的使用。

在现代科学研究和教学活动中，许多人都忽视、轻视和低估了范例方法的重要作用和意义。但在这个"整体背景"下，也出现了几个比较重视运用范例的学科领域，例如，现代西方经济学和博弈论就是这样的学科领域。经济学家和博弈论学者在他们的科学研究中较多地运用了范例方法。举例来说，"囚徒困境"就是一个在博弈论和一些相关学科中"应用范例方法"的"范例"。我们知道在 20 世纪 50 年代构造出这个"假设"的范例之后，谈论、分析、解释、研究"囚徒困境"问题的人愈来愈多，现在它已经成为一个几乎无人不知的"现代寓言"和非合作博弈的典型范例了，可以说，所有的博弈论教材都是毫无例外地要讲"囚徒困境"这个范例的。其他的范例，如智猪博弈（boxed pigs）、性别战（battle of the sexes）、斗鸡博弈（chicken game）[3]、纽可姆问题[4]等，也都是在博弈论、决策论中运用范例方法的具体例子。翻开博弈论的论著，简直可以说是无范例就"不成书"了。

在方法论的理论研究方面，我们看到库恩就是一位倡导范例方法的"第一旗手"和"孤独旗手"。虽然库恩的范式理论已经成了"闻名遐迩"的理论，但库恩对范例方法的倡导目前还没有在方法论理论研究领域获得多少重视，可以说是应者寥寥，几乎无人响应。

库恩的《科学革命的结构》一书现在已经成了一本经典著作。《科学革命的结构》一书出版后，有不少人批评该书中范式的含义不明确、太多义。1969 年，库恩为《科学革命的结构》一书增写了一个《后记》，对范式这个概念作了一些新的说明和解释。在这个《后记》中，库恩强调了"范例"（exemplar, examples）概念的重要性。库恩更强调说："范式是共有的范例，这是我现在认为本书中最有新意而最不为人所理解的那些方面的核心内容。"① 但令人遗憾的是，科学哲学界和方法论学界的大多数人在理解范式时并没有注意库恩的这个"自白"，库恩所特意点出的"最有新意"之处许多人仍然不认为有什么新意，库恩所深深感到的"最不为人所理解"的地方仍然是一个"最不为人所理解"的地方。

邱仁宗先生说："库恩（Kuhn）的特点是思想深刻，但拙于表达。可能由于他本来是学习自然科学的，缺乏哲学、逻辑上的高度训练，因此一谈到哲学层次的概念就不能给人以前后一贯、明晰的印象。本来他的思想新颖，足以引起很多歧见，而上述的情况使歧见就越加增多了。在争论过程中，Kuhn 又百般解释，一波未平，一波又起。"[5] 我赞同邱仁宗先生的这个评价。我认为，无论是库恩在 1962 年版《科学革命的结构》中对范例方法的解释，还是他在 1969 年版的《后记》中对范例方法的解释，都是非常富有新意但

---

① 见库恩《科学革命的结构》（金吾伦，胡新和译，北京大学出版社，2003 年，第 168 页）。感谢胡新和教授代为查核了该书中"范例"的英文原文。

又是有许多缺陷的，甚至可以说是有些"笨拙"的。与其他"拙于表达"之处导致了"很多歧见"和"一波未平，一波又起"的后果不同，库恩对范例问题的"拙于表达"所造成的后果是使库恩所自鸣得意的这个"本书中最有新意"之点成为一个被人遗忘的角落。

在库恩写《科学革命的结构》时，博弈论还只是一个初问世的婴儿，一个刚刚会摇摆走路的丑小鸭，而现在博弈论已经在科学园地中成长为一个众所瞩目的"明星"了。以博弈论中范例方法的广泛应用和显赫地位为"范例"和"支点"，我们再也不能冷落库恩关于范例方法在范式中的作用和地位的观点了。

在哲学研究中，我们不但需要重视运用论说方法，而且需要重视运用范例方法——"构造范例、分析范例、讨论范例、解释范例"的方法。范例方法的突出优点是形象生动，易于把理论和现实密切结合起来，有利于结合实际进行具体分析，有利于增强文章的说服力，有助于避免空发大而无当、模糊空洞、游谈无垠的议论。在 20 世纪 90 年代郭贵春教授曾多次撰文介绍 20 世纪西方哲学发展中所出现的"修辞学转向"，郭贵春教授说："美国著名哲学家 R. 罗蒂将'修辞学转向'称为本世纪以来，继'语言学转向'和'解释学转向'之后，人类哲学理智运用的第三次转向，并认为它构成了社会科学和科学哲学重新建构探索的'最新运动'。"[6] 如果罗蒂的这个观点可以成立的话，那么可以说在西方学术界中所出现的重视运用范例方法的现象，就是构成修辞学转向的一个重要的方法论内容和方法论表现。

在本文中我们将对两个范例——"布里丹的驴子"和"萨马拉问题"——进行一些粗浅的分析和讨论。

二、布里丹的驴子

布里丹（Jean Buridan）是欧洲 14 世纪的哲学家，巴黎大学教授。据说他曾讲述了一个这样故事：有一头饥饿的驴子，虽然在它前面有两堆完全相同的干草，可是由于它不能决定究竟应该吃哪一堆而终于饿死了。数百年来人们都相传这个寓言是出自布里丹。熊彼特在《经济分析史》中也提到了这个寓言①，在该书中，虽然熊彼特并没有直接说明这个寓言出自何处，但其行文却似乎有暗示这个寓言是出自布里丹的《辩证法纲要》和《逻辑纲要》。可是，十月革命后被迫流亡国外的俄罗斯哲学家洛斯基却明确地指出："在他（指布里丹）的著作中没有找到被认为是他所举的例子。"[7]但是，尽管有洛斯基这样的说法，人们却仍然继续把这个寓言称为"布里丹的驴子"。

有经济学家认为可以利用这个寓言讨论理性、机会成本和无差异曲线分析问题[8]，但哲学家却主要是利用这个寓言来讨论自由意志问题的：要是这个驴子只知道根据理性进行选择的话，它是免不了要被饿死的；但如果有了自由意志，它就可以想吃哪堆干草就吃哪堆干草，而不会被饿死了。

在这个范例中，真正的讨论对象无疑地不是驴子而是人，是人的本性和人的生存的根本前提、特性和根据的问题。

人是理性的动物，同时又是有自由意志的动物。在哲学中，认识人性和讨论人生（人的生存）是离不开对理性和自由意志的认识和讨论的。这个寓言的情景和寓意是耐人寻味的。正像熊彼特所说的那样，这个寓言首先已经承认了这头驴子是具有"完全理性"的。在欧洲哲学中，承认人是理性动物的传统是根深蒂固、源远流长的。相形之下，对意志的认识和研究就要稍晚一些了。米切姆说："……意志是一个在哲学史上几乎没有什么一致意见的概念。在古希腊思想中没有出现意志（will）这个术语，它是通过基督教哲学传统进入西方理智史的。"[9]

自由意志的直接表现是进行选择。容易看出，没有选择便没有自由意志。自由意志是一个带根本性的哲学问题，许多重大的哲学问题都是和自由意志问题密切联系在一起的。起初，哲学家最关心的是自由意志与善恶的关系的问题，而后来，哲学家关心更多的却是自由意志与理性的关系的问题了。

早期基督教哲学家——例如护教者和奥古斯丁——对自由意志问题进行了许多讨论[10]。奥古斯丁是被誉为"第一个现代人"和"早期基督教会最伟大而有创见的思想家"的人。数年前我读了他的《论自由意志》（中译文收

① 见熊彼特《经济分析史》（第一卷）（商务印书馆，1991年，第148页）。该书中译文把"布里丹"翻译为"比里当"。

入《独语录》[11]）。读后使我非常吃惊的事情是奥古斯丁写此文的一个重要目的竟是为了回答关于恶的来源的问题——伦理的恶来源于人的自由意志。

伦理学是研究善恶问题的。人为什么要对自己的善行或恶行负责呢？这是因为人有自由意志，因为为善或为恶是出于自己的自由选择，所以人才必须为自己的行为负责；反之，如果人的行为不是出于自己的自由选择，人自然也就不必为自己的善行或恶行负责了。

但在"构造""布里丹的驴子"所面临的问题时，我们看到：要讨论的核心问题已经不是自由意志和善恶的关系的问题，而是自由意志和理性的关系的问题了。

在"布里丹的驴子"这个范例中，其作者构造了一个理性选择的困境——怎样在两堆没有差别的干草之间进行选择？这个选择困境是一个事关"解决它才有生路，解决不了它便要饿死"的"生死攸关"的问题。

有些哲学家认为，走出"布里丹的驴子"式的理性选择困境的出路——或者说解决理性选择困境的关键问题——是诉诸人的自由意志。因为人是有自由意志的，所以人也就得以在面临理性选择困境的时候"绝处逢生"了。很显然，坚持这种认识和答案的哲学家在自由意志和理性的相互关系的问题方面实际上是主张在人性中自由意志占据了比理性更根本的地位和"高于"理性的地位的。与这种观点相反，也有另外的一派，他们主张理性至上，认为意志应该服从理性，应该由理性指挥意志。在近代欧洲哲学史上，如果说叔本华、尼采是前一派的代表人物，那么黑格尔就是后一派的代表人物了。

在近现代西方哲学史上，自叔本华、尼采的意志主义哲学流派崛起后，在整个20世纪的西方哲学史上，非理性主义思潮有愈演愈烈之势。我认为对于意志主义哲学流派所发挥的引起哲学界空前注意哲学中的意志问题的重大功绩，我们是应该给予高度评价的，但对于他们那种把意志和理性绝对对立起来的观点和立场又是必须给予批评的。

有人说，哲学问题是没有最终答案的，我赞成这个观点。在此应该强调指出的是，不但理论形态的哲学问题是如此，而且范例形态的哲学问题也是如此。例如，由于20世纪有了许多科学上的新进展，于是人们也就可以根据新的科学理论和观点对"布里丹的驴子"这个范例作出新的解释和新的解答了。

现代物理学认为，物体不可能处于绝对静止状态，原子也都是处于不停振动状态的，甚至真空也是存在涨落的。著名科学家普里戈金提出了耗散结构理论，认为在耗散结构中可以出现"通过涨落的有序"[12]。这是一个很深刻的思想和有重大意义的科学进展。

根据"通过涨落导致有序"的观点，我们可以推断"布里丹的驴子"也是不可避免地存在状态"涨落"的。于是在出现随机涨落的那一瞬间，它同那两堆干草的距离便不再完全相等而是必定有一堆离它更近了，这个"布里丹的驴子"在这一瞬间便可以作出一个理性的决策去吃那距离更近的一堆干草了。于是，"布里丹的驴子"原先所面对的选择困境也就可以摆脱了。

我们也可以给出一个更"形象"的解答和解释：如果这个"布里丹的驴子"有时免不了也要打一个喷嚏的话，那么，在它打喷嚏的那一瞬间，原来存在的它与那两堆干草距离完全相等的绝对平衡的状态就要被打破了，这个"布里丹的驴子"也就可以作出理性的选择和决策了①。

很显然，在这个新的解释方式中，选择的意志是从属于理性分析和理性推理的结果的。在这种分析中，理性重新"获得"了对选择和自由意志的"指导"和优先的地位。

那么，在理性和意志的相互关系问题上的不同观点的争论是否可以就此而画上一个句号呢？问题当然绝不会这样简单。

在以上的分析中，我们没有考虑进行决策所"需要"的时间的问题，如果我们承认任何决策都是需要经历"一定的时间"的，那么，这个"布里丹的驴子"便不能确定：在经历了这个进行决策所需要的"一定的时间"之后，在它要行动的那个时刻，究竟原先决策要选择的那堆干草是否仍然还是离它更近的干草。如果在它要行动的那个时刻，随机涨落的结果是使得原先决策要选择的那堆干草反而成为了离它更远的干草，那么，它岂不反而又成为了一个"非理性"的"动物"了吗？如果它有了这更深一层的理性思考，它就又会成为一个"昏头昏脑"无法进行理性选择的动物了——它又要再次地陷入一种新的理性选择的困境了。

① 大约15年前本文作者曾与曹忠胜讨论过这个问题，他提出了这个解释。

米切姆说："人的行动最终不是由理性决定的。存在着某种更基础、更根本、更现实的东西——即意志。那些不能自制的事实证明了这一点。有些人虽然在理性水平上知道什么是善，但同样仍然别样行事。"[9]

理性分析和哲学思考的结论似乎在启示我们：意志是一个与理性有密切联系但又不能完全归结为理性的问题。

三、萨马拉问题

古希腊戏剧家索福克勒斯的《俄狄浦斯王》是许多人都熟悉的故事：俄狄浦斯王生下来便被预言将来他要杀父娶母，于是他就远走他乡以避免应验那个预言，由于他的父母也远走他乡以避免应验那个预言，结果反而是俄狄浦斯王最终还是未能逃脱杀父娶母的命运。在古代波斯也有类似的传说。现代文学家毛姆在他的剧本中也讲述了一个类似的故事。索贝尔根据类似的故事构造了一个更便于进行哲学分析的"范例"，并把它称为"萨马拉问题"（The Samarra Problem）[13]。问题是这样的：

如果我的敌人和我明天是在同一个城市，他就要杀死我。他已经预测到明天我会在那里并且已经上路了。他已经上路一段时间了。无论我做什么都不会改变他的行程。所有这一切我都是可以肯定的。我的选择是有限的。我处在巴格达和萨马拉之间，明天我可以在这两个城市中的一个城市里，并且必须在二者中的一个城市里。只要明天我能避开敌人，明天我究竟是在哪个城市对我是无关紧要的。问题是：我有最好的理由设想我的敌人已经正确地预测了明天我将在哪个城市。我认为他是一个高度可靠的预言家。作出一个决策应当并不一定等于或接近于等于认识到他的预测和目的地，因为在作出一个决策后我可能很想知道我的决策是否是最后的决策。而且，无论我尝试地或三思后决定了要去哪个地方，对于这个决策我都会认为那个地方很可能就是我原来要去的地方，因此那个地方也就是我的敌人已经预测到的我要去的地方。

我要去哪个地方呢？哪个选择是理性的？

可能有两种分析、两种答案。第一种答案说无论哪一种选择都是理性的；第二种答案说无论哪一种选择都不是理性的。这两种答案都可以用不止一种方法进行辩护。

对第一种答案可以这样进行论证：

几乎可以肯定的是：如果我去巴格达，那么我的敌人就会已经预料到我要去那里并且在那里杀死我。假定我要去萨马拉，那也是一样的。所以我究竟是去哪里就不是紧要的了。当究竟我做什么无关紧要时，无论我做什么就都是合理的（reasonable）了，或者至少说不是不合理的（not unreasonable）了。选择去巴格达和选择去萨马拉都应该不是违背理性的，因为我所想的是一个低劣的目的地。

对第一种答案也可以这样进行论证：

至少在我进行思索开始时我应该不知道我将作出哪个选择。我应该不知道我将去哪里，我的敌人将去哪里。对于我的敌人的两个目的地我应该有相等的概率。可是，因为所有对我要紧的事只是我要避开我的敌人，所以我的这两个选择的预期效用是相等的。既然一般来说，一个选择是理性的权且仅当没有任何其他选择的预期效用超过它的预期效用，于是我们得出结论：每个选择都是理性的。

对第二种答案可以进行这样的论证：

要是我决定去巴格达，那么在这个决策吸引我的时候，我会想我的敌人很可能正在去那里。可是，对这个决策的反省会揭示一个不再坚持这个决策的理由。我会发现一个理由改变我的决心，决定去萨马拉而不是去巴格达。尽管决定去巴格达并不必然是非理性的（not necessarily irrational），但它必然不是理性的（necessarily not rational）。如果我选择去巴格达然后再反思这个选择，我反而会想我的敌人正在去那里，因而去萨马拉才是我最好的选择。如果我坚持原先选择的话，那么，坚持原先的选择应该是非理性的。然而，当我改变选择而决定去萨马拉后，我又会发现有理由改变这个新的决定。于是，我无法作出一个稳定的决策。在这个案例中，没有可能有理性的选择。

索贝尔批评了对第一种答案的论证，认为在论证中存在着混淆陈述句和虚拟句的错误。他赞成和支持第二种答案。

索贝尔认为：一个选择是理性的，当且仅当①这个选择有最大的预期效用，并且②经过思想反省它被证明是稳定的。根据这种理解，尤其是根据对于"稳定性"这个标准的坚持,索贝尔赞成第二种答案,不赞成第一种答案[13]。

本文不再介绍索贝尔和其他学者对萨马拉问题和其他相关范例所进行的具体分析、论证和具体结论了。在此我只想从方法论的角度进行一些评论:国外学者对这些范例进行分析时他们很注意语言分析和逻辑分析方法的运用。他们努力具体结合这些具体范例澄清那些原来存在的诸多模糊不清之处,揭示在什么地方、在什么问题上出现了怎样的不同解释和不同理解,努力消除"不经意间"出现的误解——尤其是关键性的误解和错误,特别是注意宣示导致不同解答和不同分析的不同的理论"标准"和理论原则。这些方法论上的优点,我们是应该注意借鉴和学习的。索贝尔认为,在争论中,不同的学者不仅是不同选择的拥护者,更是不同理论的拥护者。例如在对纽科姆问题的争论[4]中,之所以出现两种答案的分歧,重要原因之一是一派学者主张理性行动的标准是证据的预期效用(evidential expected utility)的最大化,而另一派学者主张理性行动的标准是因果的预期效用(causal expected utility)的最大化[13]。

索贝尔的《意志之谜:宿命论,纽科姆问题和萨马拉问题,决定论和全知全能》[13]一书谈到和分析了萨马拉问题,从书名中我们可以看出这本书是通过分析纽科姆问题和萨马拉问题这两个范例来研究自由意志、决定论和预期问题的。

自由意志、决定论和预期问题是"成组"的理论问题,而萨马拉问题和其他问题一起又构成了"成组"的范例。我认为索贝尔这本书的突出特点就是通过对"成组"范例进行分析的方法来研究"成组"的理论问题。

作为一个"单独"的问题,意志问题已经是一个重要的哲学问题。我国哲学界已有人指出:"当代中国的意志哲学仍呈'贫困'状态是个不争的事实……社会公众甚至很多学者对意志哲学迄今都仍然存在着严重的误解。""迄今为止的中国意志哲学研究,相对于马克思主义经典意志理论所达到的研究水平来说,它相对'退步'了;相对于同期中国其他分支哲学研究所取得的进步和意志哲学应当达到的水平来说,它明显'落后'了;相对于当代实践对当代合理形态的意志哲学的迫切需要来说,它更是严重'滞后'了。"[14]目前,我国研究哲学原理的学者已经开始关注对意志问题的研究了,而在我国的科学哲学界仍然很少有人关心研究意志问题，我国科学哲学界的学者也应该迅速地关注对这个问题的科学哲学的研究才对。

作为一个"单独"的问题，预期问题也是一个重要的哲学问题。经济学中已经十分注意研究这个问题了，经济学中理性预期学派[15]的出现便是一个突出的"标志"。波普尔也高度注意了预期问题。他"建议把预测对被预测事件的影响（或者更一般地说，某条信息对该信息所涉及的境况的影响）称为'俄狄浦斯效应'。这种影响或者会引起被预测的事件，或者会防止这种事件的发生"（按：他对俄狄浦斯效应的分析和观点与索贝尔对萨马拉问题的分析颇有不同）。他还由此而得出了"精确而详尽的科学的社会预测是不可能的"的结论[16]。与国外学者已经高度关注对预期问题的研究相比，我国哲学界还很少有人对这个问题进行哲学研究，在这方面我国哲学界也应该"急起直追"才对。

上文谈到可以把某些相互关联的范例称为"成组"的范例，如萨马拉问题、纽科姆问题和"疾病问题"（the disease problem）就是一组结构相似的范例。但索贝尔认为这三个"范例"的答案的性质却是很不相同的：萨马拉问题不是一个可以有理性选择的答案的问题，而纽科姆问题却是一个可以有理性选择的答案的问题；在萨马拉问题中有"我"和"敌人"两个行动者（agent），而在疾病问题中，"我"的位置又恰恰是和萨马拉问题中的"敌人"的位置是一样的[13]。应该注意的是，有些理论问题也是"成组"的，例如意志问题和决定论问题就是密不可分的问题。在我国的哲学界，虽然有很多人都在关注研究理性问题①，但却很少有人把理性问题和预期问题联系在一起进行研究，希望我国今后也能有人像索贝尔那样把理性、意志、决定论和预期问题结合在一起进行深入的哲学研究。

在本文最后我想再重复地强调以下三点：我们应该重视范例的作用和运用；科学哲学界应该重视对意志和预期问题的研究；我们应该尝试以构造和分析"成组"范例的方法来研究"成组"的理论问题。

---

① 本文中没有区分"理性"和"合理性"、reason 和 rationality——虽然这是一个有分歧看法的问题。参考胡辉华《合理性问题》（广东人民出版社，2000 年，第 80～93 页）。

参考文献

［1］王夫之．庄子解．王孝鱼点校．北京：中华书局，1964：246.

［2］杨柳桥．庄子译诂．上海：上海古籍出版社，1991："庄子'三言'试论（代序）"，4-5.

［3］张维迎．博弈论和信息经济学．上海：上海三联书店，上海人民出版社，1996：15-20.

［4］Cambell R，Sowden L. Paradoxes of Rationality and Cooperation. Vancourver：University of British Colombia Press，1995.

［5］邱仁宗．科学方法和科学动力学．北京：知识出版社，1984：87.

［6］郭贵春．"科学修辞学转向"及其意义．自然辩证法研究，1994，10（12）：13.

［7］洛斯基．意志自由．董友译．上海：上海三联书店，1992：15.

［8］斯考森·泰勒．经济学的困惑与悖论．吴汉洪等译．北京：华夏出版社，2001：11-12.

［9］Mitcham R. Thinking through Technology. Chicago：University of Chicago Press，1994：254，266.

［10］梯利．西方哲学史（上册）．葛力译．北京：商务印书馆，1975：168-170，176-178.

［11］奥古斯丁．独语录．成官泯译．上海：上海社会科学出版社，1997.

［12］湛垦华等．普利高津与耗散结构理论．西安：陕西科学技术出版社，1982：174.

［13］Sobel J H. Puzzles for the Will：Fatalism，Newcomb and Samarra，Determinism and Omniscience. Toronto：University of Toronto Press，1998：55-56，59-62，69，51-71.

［14］张明仓．中国意志哲学"贫困"的成因及出路探析．求是学刊，2000，（1）：19.

［15］杨玉生．理性预期学派．武汉：武汉出版社，1996.

［16］波普．历史决定论的贫困．杜汝楫，邱仁宗译．北京：华夏出版社，1987：10-11.

关于纽科姆问题 *

纽科姆问题是一个耐人寻味和富于挑战性的问题，它涉及了决策论和哲学中的许多重要问题，已经成为对若干重要哲学概念的辨析和不同理路交锋的一个令人兴奋的"演武场"。本文就是对这个问题的一些介绍、分析、评论和思考。

一、何谓纽科姆问题

纽科姆问题是美国利弗莫尔放射实验室物理学家威廉·纽科姆（William Newcomb）首先构造出来的。1963 年，诺齐克（Robert Nozick）从一位朋友那里听到这个问题，对其产生了浓厚的兴趣，后来他撰写了一篇著名的论文《纽科姆问题与两个选择原则》，命名并首次撰文讨论了这个问题。这篇论文已经被称为一篇"经典论文"[1]。

纽科姆问题是这样的：假设有一个预言家，你知道他能够相当准确地预言人们的选择行动。现在，在你的面前有两个盒子，第一个盒子是透明的，里面放着 1000 美元；第二个盒子不透明，里面或者放着 1 000 000 美元，或者什么都没有，其中是否放钱是由预言家决定的。

＊ 本文作者为李伯聪，原载《哲学研究》，2000 年第 5 期，第 70～76 页。

现在你面临着以下两种行动的选择：①两个盒子都要；②只要第二个盒子。你知道预言家已经作出了他的预言并且已经采取了相应的行动，你面临的情况是：如果预言家预见到你两个盒子都要，他就不在第二个盒子里面放钱；如果预言家预见到你只要第二个盒子，他就在里面放 1 000 000 美元。这时你该怎样选择呢？

饶有趣味和带有悖论性的是，竟然两种选择都能够得到看来是颇为合理的论证。

论证之一：如果我两个盒子都要，由于几乎可以肯定预言家已经预见到了这一点从而他便不在第二个盒子里面放钱，于是几乎可以肯定：我将只能得到 1000 美元。另一方面，如果我只要第二个盒子，那么，也由于几乎可以肯定预言家已经预见到了这一点并且已经采取了相应的行动，于是几乎可以肯定：我将可以得到 1 000 000 美元。两相比较，我的选择自然是只要第二个盒子。

论证之二：既然现在在我要进行选择的时候，预言家已经完成了他的选择和行动，也就是说，在第二个盒子里面是否有钱已经是一个不可能由我现在的选择决策所改变的既定事实，于是，如果我选择两个盒子都要的策略，那么，不管预言家已经有何决策，我将都可以额外再多得到 1000 美元。结论自然是我应该选择两个盒子都要的策略。

以上的两种论证和两种结论是互相冲突的。互相冲突的论证和结论中，哪个是正确的，错误又是怎样产生的，何种选择才是理性的选择，理由是什么，这些都是我们在思考纽科姆问题时必须回答的问题。

二、纽科姆问题认识和分析中的两个派别

诺齐克认为对纽科姆问题的两种不同的答案是在分析问题时分别依据决策论中的两个不同的原则——预期效用原则（expected utility principle）和占优原则（dominance principle）——得到的。根据预期效用原则行为者要选择那个有最大预期效用的行动方案。一个行动的预期效用可以用该行动的一组各个互斥且已穷尽的结果的价值与相应的概率之积的总和来表示。而占优原则是说，如果有一种状态划分，行动 A 在每种情况下都优于行动 B，则行为

者实行行动 A。

在纽科姆问题中，我们可以用 C 表示行为者只要第二个盒子，用 D 表示行为者两个盒子都要。在这个问题中，有可能出现的是两种情况。第一种情况是预言家预见到行为者只要第二个盒子，从而他在第二个盒子中放入 1 000 000 美元（S1M）；第二种情况是预言家预见到行为者两个盒子都要，从而他不在第二个盒子中放钱。以上两种情况我们分别用 c 和 d 表示。根据以上分析我们可以列出行为者的行动结果如下：

	c	d
C	S1M	S0
D	S1M + S1000	S0 + S1000

很显然，在每种情况下，行动 D 的结果都要优于行动 C。根据占优原则，选择行动 D 即两个盒子都要才是理性的选择。

再看第二种分析。在纽科姆问题设定的问题情景中，预言家决策正确的概率是很高的，我们不妨假定这个概率高达 0.99，于是预言家决策错误的概率就是 0.01。这也就是说，在行为者只要第二个盒子时，盒子里有百万美元的概率是 0.99，而盒子里没有钱的概率是 0.01；在行为者两个盒子都要时，盒子里有百万美元的概率是 0.01，而盒子里没有钱的概率是 0.99。我们再假定，每 1000 元的效用是 1，行为者便可以根据上述数据和计算方法分别计算出他选择行动 C 或者行动 D 时的预期效用如下：

$$E(C) = (1000)(0.99) + (0)(0.01) = 999$$
$$E(D) = (1001)(0.01) + (1)(0.99) = 11$$

两相比较，选择行动 C 的预期效用远大于选择行动 D 的预期效用，根据预期效用原则，行为者自然要决定选择行动 C 了[1]。

在许多决策问题中，占优原则和预期效用原则是一致的，而在纽科姆问题中，这两个原则和根据这两个原则进行的推论的结果产生了冲突。怎样认识、分析和解决这个矛盾冲突呢？

很显然，在这个问题上可以有两大派：一派主张正确的答案是只要第二个盒子，他们是一盒论者（one-boxers）；另外一派主张正确的答案是两个盒子都要，他们是两盒论者（two-boxers）。在这个问题上，双方不但需要千方百计地使自己的理论和方法更严谨、无漏洞，使自己的主张更有说服力，而且需要指出对方的错误和疏漏之所在。

为了支持两盒论，吉伯德和哈玻指出，有两种预期效用、两种独立性和两种占优原则。一种预期效用是根据反事实（count factuals）概率（吉伯德和哈玻所理解的"反事实"并不要求它的前提一定是假的）而计算出来的预期效用，吉伯德和哈玻称之为 U 效用；另一种预期效用是根据条件概率计算出来的预期效用，吉伯德和哈玻称之为 V 效用。两种独立性是因果独立性和随机独立性，两种占优原则是有因果独立性的占优原则和有随机独立性的占优原则。吉伯德和哈玻说："如果合理性要求 U 最大化，则有因果独立性的占优原则适合；如果合理性要求 V 最大化，则有随机独立性的占优原则适合。"根据吉伯德和哈玻的分析和计算结果，"一盒选择"的 V 效用大于"两盒选择"的 V 效用，而"两盒选择"的 U 效用大于"一盒选择"的 U 效用。吉伯德和哈玻说："诺齐克认为纽科姆悖论表现了预期效用最大化原则和占优原则的冲突。而根据我们提出的观点，宁可说问题在于两种预期效用最大化之间的冲突。"[1]

吉伯德和哈玻认为，一个行动的 V 效用度量的是某人要实行该行动的消息受欢迎的程度，而 U 效用才是真正的预期效用。吉伯德和哈玻是两盒论者，针对一盒论者的批评，他们说："对某些人来说，指定两盒都要是非理性的。一个可能的反对两盒论者的论证简单地说是这样的：'如果你这么精明，为什么你不发财呢？' V 最大化者趋向于在（纽科姆）实验中产生百万富翁，而 U 最大化者则非。两种人都很想成为百万富翁，而 V 最大化者常常成功。因此，（某些人会认为）必定正是 V 最大化者作出了理性的选择。我们认为由此悖论得出的是另外的教训：如果有人非常善于对行为进行预测并且充分地奖励预测到的非理性，那么非理性将充分地受到奖励。"

为了增强自己的论点的说服力，吉伯德和哈玻又构造了一个纽科姆故事的变体："被实验者应该首先取得暗盒中的东西，首先知道里面有钱没钱，然后他可以选择拿走第二个盒子中的 1000 美元，或者不取这 1000 美元。预言家有很好的预言记录并且有一个严密可接受的理论支持它。在 1 000 000 被实验者中，有 1% 的人发现第一个盒子中有 1 000 000 美元，非常奇怪的是，这些人中只有 1%，即 10 000 人中的 100 人，随后拿走他们每人都能看到的在第二个盒子中的 1000 美元。当那些不拿那 1000 美元的人后来被问为什么不拿时，他们说出了类似这样的话："如果我是在这种情景中拿走这1000美元的那类人的话，我就成不了百万富翁了。'"不难看出，吉伯德和哈玻构造的纽科姆故事的这个变体，是他们对一盒论者的一种讽刺[1]。

之所以出现一盒论和两盒论的争论，关键之点在于原来设定的问题情景中有许多不确定和模糊的地方，所以争论双方都不但需要按照自己的理解用语义分析和逻辑的方法去消解不确定和模糊性，而且需要找出对方在语义分析和论证中有何错误之处。霍根说："纽科姆问题的关键涉及了为了实际决策怎样才能最好地消除相似情况中的模糊性的问题。"[1]霍根指出，一盒论者和两盒论者对"能够"（can）和"力量"（power）有不同的理解和用法。他说："两盒论者主张实行那个在他的本位能力（standard power）中产生最好结果的行动，而一盒论者主张实行那个在他的回溯能力（backtracking power）中产生最好结果的行动。"[1]霍根是一盒论者。霍根在提出他的论证时清楚地意识到对方会指责他犯了假定行为者能够逆时间地因果上影响预言家先前的预测的错误。他说："我没有作这样的假定。我确实推荐了好像行为者现在的选择能够因果上影响预言家先前的预测的行动，但是我的论证并没有以逆时间的因果性为前提。"[1]

霍根强调了他的主张的实用性。为了增强一盒论的说服力，霍根构造了如下的一个纽科姆故事的变体："假定你处在有如下特点的纽科姆情景中：①你是一个饥饿的囚徒，被判明天处死；②预言家已经正确地预言了你将怎样行动；③第一个盒子中有美味佳肴；如果你两个盒子都要，你可以立即吃它；④如果预言家预见到你只要第二个盒子，则他就在第二个盒子里放一个使当局撤销你的死刑并释放你的字条；⑤如果预言家预见到你两个盒子都要，则第二个盒子里什么都不放；⑥你知道所有这些事实。""现在可以肯定，在这样一个情景中，你会有一种强烈的倾向认为你自己有力量选择自己的命运——尽管事实上你的选择将不会从因果上影响第二个盒子里有何东西。"[1]

纽科姆问题是一个复杂的问题，也有学者，例如费希尔，主张当预言家不可错（infallible）时应只要一个盒子，反之则应两个盒子都要。这种主张受到了两盒论者索伯尔的批评[2]。

需要顺便指出的是，所谓纽科姆问题不但可以用来指上述一类的问题，而且也可以"用于指在基本结构上与之类似但其中的概率依赖关系用存在有共同原因来解释的问题"[1]。费希尔的吸烟——肺癌问题就是这方面的一个典型问题。费希尔假定，某基因素质是吸烟和肺癌的共同原因。现在的决策问题是在吸烟（S）和不吸烟（-S）之间进行选择，假定行为者或者有此基因素质（G）或者没有（-G）。为使问题简化，假定肺癌唯一地由 G 引起（注意：这是一个问题情景的设定而不是一个经验事实的认定），于是，有肺癌和没有肺癌在评价上的全部差别就成了 G 和-G 之间的差别。既然吸烟（S）是令人惬意的，我们假定它本身有某些价值，于是有了 V（S，G）＞V（-S，G）和 V（S，-G）＞V（-S，-G）。换言之，S 优于-S。既然V（-S，G）远小于 V（S，-G），这就有了纽科姆问题的支付结构。此外，既然 S 无论如何也不会引起 G，这就有了因果独立性的情况。最后，既然我们已经设想所有的 S 事例皆由 G 引起，这就又有了概率依赖性的情况：Pr（G/S）＞Pr（G/-S）。总而言之，我们有了一个纽科姆问题的决策问题[1]。

三、纽科姆问题和"囚徒困境"问题

诺齐克在他的那篇"经典论文"中已经注意和分析了纽科姆问题和"囚徒困境"问题的关系问题，后来，有一些学者又进一步分析和讨论了这个问题。

戴维·刘易斯认为，"囚徒困境"是一个纽科姆问题。假定你和我是两个被隔离的"囚徒"。简单地说，我的决策问题如下（你也完全一样）：

1）我被给予 1000 美元——拿或是不拿。

2）大概我还将被给予 1 000 000 美元；但是我是否将被给予 1 000 000 美元在因果上独立于我现在的行动。我现在的行动将不会对我是否得到我的1 000 000 美元有任何影响。

3）我拿到我的 1 000 000 美元当且仅当你不拿你的 1000 美元。

纽科姆问题关于 1）和 2）是相同的，唯一的区别是 3）被代之以

①我将拿到我的 1 000 000 美元当且仅当我不拿我的 1000 美元被预测到。

刘易斯认为我们还可以设想预测过程是自动进行的：如果有一个能发出

电脉冲给取款机的"预测计算机",则有

②我将拿到我的 1 000 000 美元当且仅当一个潜在的预测过程（它可以在我的选择之前，同时或之后进行）产生一个结果，这个结果能保证一个我不取我的 1000 美元的预测。

刘易斯认为，为了进行预测，我们还可以制造一个"我的拷贝人"（复制出来的另一个"我"），在这种具体情况下就有了

③我将拿到我的 1 000 000 美元当且仅当"我的拷贝人"不拿他的 1000 美元。

刘易斯认为，最容易得到的一种"我的拷贝人"就是放到我的困境的复制情景中的另一个人，例如我的囚徒同伴，于是就有了上述的 3）。这就证明了"囚徒困境"是另一版本的纽科姆问题[1]。

索伯尔不同意刘易斯的观点和分析，他研究和分析的结果是：有一些逻辑上可能的"囚徒困境"是纽科姆问题，也有一些不是。一个具体的"囚徒困境"的性质将依赖于参加者关于相互行动的观点的根据是什么。"简而言之，依赖于每个囚徒关于他自己的行动和对方的行动的观点，在认识上是独立的或者是有依赖性的，如果有依赖性，程度如何。"[1]

可以看出，通过对"囚徒困境"和纽科姆问题的相互关系的研究和分析，不但可以加深对"囚徒困境"的认识，而且可以加深对纽科姆问题的认识。

四、若干分析和思考

从问题的"来源"上看，也许可以说"囚徒困境"和纽科姆问题都是"象牙之塔"的产物，是人为构造出来的问题情景和问题。但是，通过对"囚徒困境"问题的进一步研究，已经揭示出所谓"囚徒困境"问题其实是一个具有相当普遍的现实性的问题，在现代生活中人们常常会陷入"囚徒困境"之中。另一方面，尽管至今仍然应该说纽科姆问题在很大程度上只是一个"纯理论"性质的问题，然而从理论思维和方法论的角度来看，纽科姆问题实在是一个富有挑战性的多重"难题"，其中值得研究和思考的问题很多。以下将仅简单地谈一谈作者对由此引发的两个问题的一些粗浅看法。

首先是逻辑方法、语义分析方法和理论概念、哲学范畴、基本原理的研

究的关系的问题。

在阅读国外学者研究纽科姆问题的论文时，许多中国学者的最突出的感觉和印象大概会是现代逻辑方法和精细入微的语义分析方法的普遍运用了。这些论文中经常出现甚至大量出现逻辑符号和逻辑运算，如果没有必要的逻辑学知识，可以说是无法看懂这些论文的。

对于现代西方哲学中的语言哲学和逻辑分析方法的运用，有人大声叫好，也有人尖锐批评，本文自然无意介入这些争论。但本文想指出，也许确实应该承认，某些语言哲学家对于逻辑分析方法的认识是有某些偏颇的。徐友渔说："古代哲学家把研究语言当做研究哲学的手段，而现代哲学家则几乎当成了目的。"我们认为，逻辑学家是可以而且应该"为逻辑而逻辑"的；可是对于哲学家来说，逻辑方法和语义分析的方法只应该是手段而不应该是目的。令人印象深刻和感到高兴的是，在对纽科姆问题的研究中，逻辑方法和语义分析方法始终只是作为方法和手段而发挥作用的。徐友渔又说："现代哲学家可以利用以前没有的十分新颖和强有力的逻辑手段。这显然不仅仅是一个技术的问题，因为某些哲学家利用现代逻辑作出的分析和得到的结论具有根本性。"[3] 在对纽科姆问题的研究中，如何认识、分析和解释诸如"因果性"、"合理性"、"理性选择"、"能够"、"能力"等概念或原理具有关键性的意义。在这里，泛泛而谈是没有意义的，在争论中那种只知谈一些大而无当、不着边际的空论的"战法"也是毫无用武之地的。可以看出，在研究纽科姆问题的论文中逻辑方法和语义分析的方法不是可有可无的，而是不可或缺的、非用不可的。那些许多人习焉不察的模糊语义，不用逻辑方法和语义分析的方法是无法澄清的；许多争论的分歧究竟何在，不用逻辑方法和语义分析的方法是不可能水落石出的；许多深刻和令人耳目一新的结论，不用逻辑方法和语义分析的方法是无法得到的。在对纽科姆问题的研究中，逻辑方法和语义分析方法的运用与对基本原理、基本概念的研究，已经密不可分地结合在一起了。

从对纽科姆问题的研究中我们可以看出，在许多情况下，对一些重要的哲学概念和重要原则的研究，实际上乃是对使用逻辑方法的前提的研究。然而，人们对这些概念和原则的具体含义又往往是未加深思的，对这些概念和原则的具体含义，不同的人对它们的具体解释又往往是含义模糊或有歧义的，于是，这就必须运用语义分析的方法来解决这些问题了。如此看来，我们又需要在另一个"层次"和另一个含义上使逻辑方法在研究前提和基础问题时发挥其作用了。

在研究纽科姆问题时，可以说最关键的问题既不是单纯的逻辑方法和语义分析方法运用的问题，也不是单纯的基本原理和基本概念的阐释的问题，而是逻辑和语义分析方法的运用与基本原理和基本概念的阐释的良性互动的问题。很显然，这种良性互动的意义是非常重要的。应该承认，对于当前许多中国哲学家的现状来说，逻辑知识和语义分析能力的欠缺是一个严重的问题（我本人也深感这方面能力的薄弱）。然而，如果这个问题不解决，我们是没有可能真正加入到对纽科姆问题的讨论中去的。

其次，是关于运用寓言案例方法和修辞学方法的问题。

在中国古代哲学的传统，特别是先秦哲学中，许多哲学家都是善于运用寓言方法的，在现代学术研究中则出现了案例研究这种重要的研究方法。所谓"囚徒困境"，所谓纽科姆问题，由于它们都是在现代构造出来的"故事"，也许我们可以把它们称为"现代寓言"。所谓"现代寓言"同现代案例的一个重要区别就是所谓案例一般来说是真实的事例，而寓言一般来说是虚构的事例。虽然也有人直接地把编造的故事称为案例，但是我们还是应该注意到二者的重大区别。

作为一种研究方法，案例研究是有它独具的特点和优点的。可是，运用案例研究方法的前提是找到合适的案例，如果对于某些研究目的来说找不到合适的案例，又如果在这时能够虚构一个合适的"故事"，以此作为分析和研究的对象，那么，也许我们可以说，这就是在运用寓言案例研究方法了。按照这种解释，对"囚徒困境"的哲学研究，对纽科姆问题的哲学研究，都是在现代哲学研究中运用寓言案例研究方法的具体表现。

从方法论的角度来看，现代哲学家运用的现代寓言案例研究方法和古代哲学家运用的"古代的寓言方法"是有很大的甚至是根本的不同的。在古代哲学著作中，寓言故事同哲学家要讲的结论之间的联系是明显的，二者之间的联系主要是类比、联想之类。而在现代寓言案例研究中，寓言故事同哲学家要讲的结论之间的联系是"暗藏"的，哲学家必须运用现代分析的方法才能找到结论。甚至会出现以下这种情况：哲学家自己心里也很清楚，对于他运用现代分析方法找到的那个结论，读者很可能是半信半疑、充满疑虑的，甚至有些读者在直觉上是难以相信的，因此，他必须再运用其他一些方法去说服读者。这就是说，现代哲学家在现代寓言案例研究中必须运用以现代分析方法为核心的综合说服方法。

对于说服方法的研究，属于修辞学的范畴。在中国哲学文献中，很少有人论及修辞学问题，这同西方文献中大量论及修辞学问题的状况形成了鲜明的对比。几年前，郭贵春教授写了一篇文章《"科学修辞学转向"及其意义》。该文一开头就说："美国著名哲学家 R. 罗蒂将'修辞学转向'（rhetorical turn）称之为本世纪以来，继'语言学转向'和'解释学转向'之后，人类哲学理智运用的第三次转向，并认为它构成了社会科学与科学哲学重新建构探索的'最新运动'……它为 20 世纪末西方科学哲学的发展和重新定向，已经并将继续产生重大的意义。"我的感觉是郭贵春教授的这篇重要文章尚未在我国哲学界引起足够的重视和反响。郭贵春说："科学修辞学是在引入修辞学分析的前提下，在科学解释学、科学社会学和科学哲学统一的基础上，所产生的一种发明科学'语言战略'或'论述战略'的论辩方法论，并具有着跨越学科之间、理论之间和论述之间绝对界限的横断的元分析方法的性质。"[3] 从西方学者对纽科姆问题的讨论和论辩中，我们可以清楚地看出以现代分析方法为核心的科学修辞学方法是非常重要的，我们确实需要高度重视科学修辞学方法的运用和对科学修辞学的研究了。

在讨论和分析纽科姆问题时，学者们为了更鲜明地显示问题分歧的关键之所在，或者为了增强文章的说服力，他们常常构造一些纽科姆故事的变体。在一些讨论纽科姆问题的论文中，我们常常可以看到符号演算方法和编写寓言故事方法密切交织的奇特"景观"，甚至可以说，这已经成了研究、讨论纽科姆问题的一种常见的论文风格。我们希望对于那些适宜的主题来说，在我国的哲学讨论中也能更多地看到一些具有这样风格的论文（事实上在我国哲学文献中已可看到这种风格的论文，可惜数量太少了）。

纽科姆问题还涉及获取信息和知识的成本问题。总的来看，在西方学者中两盒论者的人数要超过一盒论者的人数[5]，但是，学术问题不是一个可以用少数服从多数的办法来解决的问题，希望今后能有更多的中国学者来关心和研究这个问题。

参考文献

［1］Campbell R，Sowden L. Paradoxes of Rationality and Cooperation. Vancourver：University of British Columbia Press，1985：107-132，23，149-150，151，162，232，167-168，232，32，33，251-254.

［2］Sobel J H. Puzzles for the Will：Fatalism，Newcomb and Samara，Determiniism and Omniscience. Toronto：University of Toronto Press，1998：172.

［3］郭贵春．"科学修辞学转向"及其意义．自然辩证法研究，1994，（12）：38.

符号世界与符号异化 *

计算机和通信技术作为现代的最新、最重要的技术创造之一，它的出现极大地改变着人类的生存环境和生存状态。同时，通过对计算机和通信技术这一符号加工工具的创造及其与人的生活的相互关系的思考，我们也可以对人的本性和人的存在这一古老的哲学主题有一些新的认识。

一、人作为符号动物

人的本性是什么？历代的哲学家从不同的观点和角度出发，对这个问题给出了多种回答。一种回答说，人是理性的动物；另一种回答则曰，人是制造工具的动物。

21 世纪的德国哲学家卡西尔提出了一种新的回答：人是符号动物。卡西尔说："对于理解人类文化生活形式的丰富性和多样性来说。理性是个很不充分的名称。但是，所有这些文化形式都是符号形式。因此，我们应当把人定义为符号的动物（animal symbolicum）来取代把人定义为理性的动物。只有这样，我们才能指明人的独特之处，也才能理解对人开放的新路——通向文化之路。"[1]

---

* 本文作者为李伯聪，原载《哲学研究》，1998 年第 7 期，第 11～15 页。

上面谈到的三种回答，虽然并不相同，但从逻辑的观点来看，它们也并不是互斥的。

1946年，人类发明了第一台电子计算机。电子计算机的发明及其以后的发展向我们提供了一个认识人的本性的新基点、新例证。第一台电子计机"埃尼阿克"内装 18 800 个电子管，7 万个电阻，占地 170 平方米，重量 30 多吨，耗电 150 千瓦，是一个名副其实的"庞然大物"。根据这些数据，我们有理由说电子计算机是一种具有物质性的工具。电子计算机在其发展过程中经历了电子管时代、晶体管时代、集成电路时代和大规模集成电路时代等多个时代的发展，其体积已不断小型化。但计算机无论怎样发展变化，在它必须有其硬件基础这一点上并无变化。从这个意义上说，计算机仍然可以看做一种特殊的带物质性的工具。

然而计算机又与人类以往发明的工具有根本性的不同。人类以往发明的工具或是进行物质加工的工具，或是进行能量转换的工具，而计算机却是进行符号加工的工具。

在 20 世纪后半叶，计算机技术大概要算是变化最快、发展最迅速的技术了。计算机的功能与技术指标有了很大的提高，但就其输入仍是符号输入、其输出仍是符号输出而言，就其本质仍是符号加工与处理这一点而言，并无变化。

从计算机的应用范围来看，计算机最初主要应用于科学研究和先进技术开发的领域中，即它主要是作为人类的一种理性思维的辅助工具而应用和发挥作用的。可是，由于许多因素共同作用的结果，计算机的应用范围已不断地被扩大，于是，有些人就情不自禁地要用中文里的那个形容神通广大的词——"万能"——来形容计算机了。然而这种"万能"又只是具体用途数目上的"万能"，而绝不是性质和类型上的"万能"。计算机的能力万变不离其宗，无论怎样千变万化，其实质仍然只能归结和概括为符号能力。

总而言之，计算机的发明与广泛应用虽然并不与"人是理性动物"和"人是制造工具的动物"的传统观点相冲突，但它却更直接、更有力地支持在 20 世纪提出的一种新观点——"人是符号动物"。

在卡西尔看来，人、符号、文化是三位一体的，所以，当人们肯定"人是符号动物"时也就意味着肯定了人是进行文化创造的动物。

符号本身的具体形式是多种多样的，人的符号活动的具体形式也是多种多样的。我们甚至可以说，人类文化发展史的一个重要方面就是从属于人的符号形式和人的符号活动与符号功能的发展史。从某个特定的意义上我们甚至可以说，人类的文化史也是一部符号世界的发展史。

现代科学技术向我们提供了计算机这种新的符号工具。现代人正在运用多媒体技术和因特网进行新形式的符号创造和符号交流活动。

二、符号的本性和符号世界的创造

在多种符号系统中，语言系统大概要算是最古老而又最重要的一种符号系统了。由于语言本身就是一种符号系统，而语言的历史照许多人的设想又可以追溯到人类的起源时期，所以，我们有理由说人类从远古时期就开始符号世界的创造了。

符号的使用和符号世界的创造不但生动地反映和体现了作为意识主体和意识性存在的人的本性，而且生动地反映和体现了作为社会主体和类存在的人的本性。

语言这种符号系统的创造使得人类有了一种在困难、复杂的环境中生存和发展的有力工具和武器。可是，由于符号世界同实体世界在本性上有着根本性的不同，这又使人类在认识符号世界时出现了许多困惑，出现了语言和符号现象认识上的难解之"谜"。

在原始人的思维和认识中往往无法把符号同符号指称的对象区别开来，而是把二者混为一谈、等同起来。正如法国学者列维-布留尔在《原始思维》一书中所说的："原始人把自己的名字看成是某种具体的、实在的和常常是神圣的东西"，"涉及谁的名字，就意味着涉及他本人或涉及这个名字的存在物。就意味着对他这个人施加暴力，强迫他现身"[2]。在历史上，许多地区的许多族群都曾相信和使用过咒语。而咒语的特点和"本质"就是企图和认为可以通过念咒这种在"语言符号世界"中发生变化的方法，直接地在现实世界中产生相应的变化。如果咒语也是一种方法（尽管必须把它归于巫术类的方法之中）的话，那么，它的"理论基础"正是"幼稚"地把语言符号世界同现实世界混为一谈。

在人类思想史上对符号问题认识中的一个重大进展是明确地认识到符号世界自身是一个与现实世界不同的"虚存"的世界。

在中国思想史上，战国时期的学者公孙龙的《指物论》一文是中国历史上最早的一篇研究符号问题的专题论文。《指物论》云："指也者天下之所无也；物也者天下之所有也。"这就明确地区分了实有的实物世界（"物"）和人为创造而并非实有的符号世界（"指"）。

自然，把符号世界同现实的实有世界加以区分并不是要否认与割裂二者之间的联系。相反，把二者加以区分乃是进一步深入研究二者的联系与关系的前提条件。

也许可以说，在20世纪所进行对符号和语言问题的哲学研究中，最值得注意的一项进展是许多学者从各个不同的出发点和各种不同的角度，都特别强调了必须从某种形式的"三元关系"中认识符号现象和符号过程。主体-符号-对象（客体）的三元性符号关系与主体-对象（客体）的二元性感知关系之间是有根本性的区别的。相形之下，符号关系是一种间接性、中介性、约定性的关系，而感知关系则是一种直接性、不随意性、"现实性"（非约定性）的关系。由于客观对象是一种不依赖于主体的存在，可以借用康德的术语将其称为自在之物。

索绪尔在分析语言符号时，认为语言符号是所指和能指的统一。对于口头语言即声音形式的语言来说，索绪尔认为所指就是概念，能指就是音响形象[3]。索绪尔的观点若推广到书面语言即文字符号上，则所指即词义，能指就是字形和读音，而文字符号就成了形、音、义的统一体。

在索绪尔的理论中，所指所说的是概念，而概念仍为意识世界中的存在。所以，我们认为最好还是将索绪尔的理论进行一些修正：以"音响形象、概念"的统一体（对口语而言）或形、音、义的统一体（对于书面语言而言）为能指，以相应的客观世界中的对象为所指。作为符号的能指（例如"珠穆朗玛峰"这五个汉字）同客观世界中的所指（位于西藏的那座海拔8848米①的山峰）之间的关系不是一种不以人的意志为转移的客观关系，而是一种依赖于主体、由主体所约定和规定的关系。

---

① 2005年测定为8844.43米。——编者注

三元关系的符号关系与二元关系的感知关系是大不相同的。我们可以用黑墨汁写出"白颜色"这三个字。这时虽然字符的颜色本身是黑色的，但我们又知道它指代和表达的不是自身的黑颜色而是现实中的白颜色。这个典型的例子显示：符号在符号关系中不再是"自在之物"而是某种"非自在之物"了。

对于二元的感知关系来说，主体只能是一个个体，并且其感知的对象只能是极其有限的时空范围内的一些客观对象；而对于三元的符号关系来说，其主体不再是一个个人而是一个承认共同约定且有特定承诺的类主体（即特定群体）了，其所用符号的指代和"映射"范围也大大扩大了，不但可用于指代不在个体感知范围内的客观对象，而且可用于指代可能对象及其他"模态对象"，甚至还可用来指代纯粹想象而实际并不存在的"对象"，即虚构对象。符号现象、符号关系对于人类生存和发展的极端重要性是不言而喻的。

符号现象、符号过程的复杂性不但表现在符号系统、对象系统、主体系统自身的复杂性上，更表现在这三个系统的相互关系的复杂性上。

主体在使用符号进行指称或表达时，有两种必须加以区分的用法，一种是实指用法，另一种是虚指用法。前者要求符号与现实世界的某种对象或现象（包括关系性现象）有某种对应性关系，而后者却不要求有这种真实的对应关系。符号的实指用法的基础是主体间的"实在论约定"。在运用实指用法时，说话人承诺其传出的符号同实现现实世界的某些对象有"对应"、"指称"、"映射"关系，听话人根据这个承诺"有权"依据"指称"关系是否成立来检验说话人的实指用法是否运用得正确与恰当。而在虚指用法的条件下，主体间无此"实在论约定"，说话人未作出"实在论承诺"，听话人也"无权"以"指称"关系不成立为理由来"宣布"说话人在符号的用法方面犯了错误。

对于符号的虚指用法，我们又可将其分为两类：指代可能对象（可能世界）的用法和指代虚构对象（想象的世界）的用法。主体在使用符号指示或表现一个可能对象时，从"可能对象"不是现实的存在这个含义来说，这是一种虚指用法。

卡西尔说："'现实'与'可能'的区别，既不对低于人的存在物而存在，也不对高于人的存在物而存在。低于人的存在物，是拘囿于其感官知觉的世界之中的，它们易于感受现实的物理刺激并对之作出反应，但是它们不可能形成任何'可能，事物的观念"；"只有在人那里……可能性的问题才会发生。"[1]

人的感觉系统只能感知现实的实在世界而不可能感知仅是一种"可能"的世界。人对可能世界的想象和认识必须而且只能通过符号才能进行。通过符号的虚指用法去认识一个"可能世界"，是人的智力本性的根本特征之一。人类社会如果丧失了这种能力，则人类社会也就无法继续存在，当然也就更谈不上人类社会的发展了。

符号的虚指用法，还可用于表现神话、虚构小说这些类型的"非存在"的对象，这是符号的虚指用法的第二类用法。

当然，我们也要承认：符号的上述不同用法之间的界限不是绝对的，而是存在着某种程度的渗透和转化现象的。符号的这些不同用法各有其重要性，对于人类生存和发展来说都是不可或缺的。由于人类进行符号创造时使用了不同的方法，这就使符号世界成了一个比"现实世界"更"丰富多彩"的世界。

人之所以成为人，不但在于人进行了物质的创造（此指制造汽车、建造房屋等活动），而且在于人进行了符号的创造活动。随着人类文明的发展，在人类的"全部"的创造活动中，符号创造的分量和重要性不但在绝对量上大大增长，而且其"相对量"也在不断地增长之中。

计算机的发明及其发展的重大意义和重要影响，乃是它成了人类历史上继文字发明和印刷术发明之后的第三种强有力的进行符号创造和符号传播的工具。

由于符号本质上是一种"非自在之物"的"他在之物"，符号既不能吃也不能穿，符号现象从本质上说乃是一种思维性的现象。对于思维现象，绝大多数的哲学家都限于从真理论和认识论的角度来对其进行研究，只有极少数的哲学家注意到了思维现象和思维过程中的"经济"和"效率"问题。马赫提出了著名的思维经济原则。他在《力学史评》中说，凡是有价值的知识，在人的短暂的生命及有限记忆的条件下，只能通过最高的思维经济才能达到[4]。

计算机的发明及计算机与通信技术的迅猛发展所显示的最重要的哲学含义之一就是：人类已经开始进入了在关注真理论与认识论的同时空前关注"思维经济"与"思维效率"的时代，现代社会的最重要的特点之一就是拥有了空前强大、有效与便利的进行符号创造和传播的工具，现代人正在以空前有效与便利的符号手段、以空前的"效率"创造面貌空前的符号世界。

三、符号的异化

黑格尔最早从哲学上研究了异化现象。马克思也对异化问题进行了深刻的分析。20世纪30年代以来，特别是第二次世界大战后，异化问题引起了许多学者的关注和热烈讨论。不但许多哲学家，而且一些心理学家、社会学家、作家、艺术家、文学批评家也卷入了对异化问题的讨论之中。

异化的形式是多种多样的。

随着工业化后社会（post-industrial society）或所谓信息社会的来临，异化的新形式的出现应该也是在意料之中的。随着信息技术、计算机技术、通信技术的迅猛发展，种种符号异化现象接踵而至，人们亦对其不再陌生。在这种新的环境和条件下，对符号异化的研究之应该进入异化研究的焦点区也实在是一件势所必然的事了。这是一个重要的哲学理论研究的新课题。

这里有两个问题也许是值得首先予以特别关注和认真分析研究的。

1）符号异化同历史中发展的社会环境——更具体地说同信息社会——的关系问题。

也许可以一般地说，在工业社会中物的异化（更具体地说是机器等人造物）是异化的最主要的表现形式，而在信息社会中则是符号异化现象成了最主要的异化表现形式。

在卓别林的《摩登时代》中，机器异化这一主题得到了令人终生难忘的艺术典型表现和深刻揭露与批判。随着科学技术与经济的发展，随着社会的进步，机器异化的问题虽然不能说已经解决了，但至少可以说比一个世纪前大大缓解了。旧的机器异化现象缓解了，新的符号异化现象却逐渐突出起来了。看来，异化现象的产生确实有其深刻的内在社会原因，需要深入研究。

2）符号异化与物的异化相比，二者的主要相同点和主要不同点是什么？

在物的异化的现象中，主体（人）的创造物本来是主体为了自己的目的而创造出来的，是达到人的特定目的的工具和手段，是达到人的某种控制性目的而使用的工具，可是，在异化现象中，物却反过来成了奴役人、控制人的力量，主体成了被动的、可怜的、受制于物的"成分"。本来是以人的尺度为标准而"设计"的人-物关系，在异化现象中变成了以物的尺度为标准的人-物关系。可以看出，物的异化现象的一个基本特点就是反客为主和工具性压倒了目的性。

虽然符号异化现象是与物的异化现象有颇大不同的另一类异化现象，但二者在都以"反客为主和工具性压倒目的性"为基本特点方面却又是相同的。

我们知道，所谓电脑控制实质上乃是一种符号控制。电脑控制本是主体（人）控制的一种辅助工具。可是，当有些人盲目迷信电脑、放弃了人的"最终控制和判断权"、把电脑控制权当成"最终控制权"时，这就难免要出现符号异化现象了。

许多人都读过尼葛洛庞帝那本《数字化生存》的书。在现代社会和现代技术条件下，为了便于进行电话通信、网络交流、货币存取及其他社会交往，人们常常需要利用各种号码或代码：电话号码、网址、账号及其他形形色色的代码或密码。使用这些号码或密码往往给我们带来许多方便。但是，当我们遗忘或搞错了自己的有关号码时，当我们遇到那种种"只认号码不认人"的烦恼时，我们不是也分明地感到了符号异化的阴影了吗？

至于说到符号异化与物的异化的不同点，我想符号异化在这方面的最主要的表现很可能要算是其所表现出的真假易位和虚实不辨的特征了。

在物的异化现象，如机器异化现象中，是真实的机器发挥真实的作用，这里没有什么真假易位或虚实混淆的问题。

可是，在符号异化现象中，真假易位和虚实不辨既可能表现在符号异化的形成原因方面，又可能表现在其形式特点或造成的后果方面。

中国著名的古典小说《红楼梦》中描写了一个"太虚幻境"。"太虚幻境"有一副对联，文曰："假作真时真亦假，无为有处有还无。"

真实的人本来生活在真实的世界中。真实的人又可以用多种方式"创造"出一个"符号世界"。但真实的人知道如何分辨真实的世界与符号的世界。在正常情况下，他们清楚地知道他们在创造和运用符号时作出了什么样的本体论约定和承诺；可是，在另外一些情况下，他们在本体论约定和承诺方面，在符号的用法上糊涂起来了，有时以真为假，有时又以假为真，这就造成了符号异化现象。

符号异化的严重性和复杂性更表现在人们有时甚至是在故意地去制造真假易位的现象。

互联网建设的目的之一，就其初衷而言，应是为了使真实的人与真实的人的相互交往更方便、更有效、更简捷。应该承认，在许多情况下，这个目的是达到了。

可是，也出现了另外的现象。

有人说："几乎所有网员在网上都不露自己的真实姓名，他们只有用英文拼写的化名，用他们的话说就是'网名'。""许多人问我初次上网的感觉，我说，很有意思，有点像做地下工作似的，也有点像与一帮蒙面人交谈。我的回答得到了许多人的附和，他们说他们也有大致一样的感觉。"[5]

于是出现了一些真真假假、假假真真、似真还假、似假还真、半真半假、半假半真、以真为假、以假为真，乃至无法辨其真假的"故事"。在这种条件和情况之下（当然也只是针对这种现象而言），网络简直成了一个热闹的"假面舞会"。举办一个假面舞会在现实生活之中往往可以是一个不错的主意和一次"浪漫"的活动和体验。

可是，如果人们竟然"自投罗网"地生活在一场漫长的"假面舞会"中，人人都戴上一个面具，人际交往变成了"假面人"的交往，则这种异化的生活与工业化社会中异化的生活相比，岂不更令人悲哀！

至于所谓虚拟实在技术，则其社会后果就更加复杂和更是一个值得关注的问题了。

符号世界的创造和符号异化的问题是具有重要理论与现实意义的问题，本文如果能对某些问题的研究起到抛砖引玉的作用，那目的也就算达到了。

参 考 文 献

[1] 恩斯特·卡西尔. 人论. 上海：上海译文出版社，1985：34.

[2] 列维-布留尔. 原始思维. 北京：商务印书馆，1981：42.

[3] 索绪尔. 普通语言学教程. 北京：商务印书馆，1980：102.

[4] 董光璧. 马赫思想研究. 成都：四川教育出版社，1994：77.

[5] 李河. 得乐园，失乐园——网络与文明的传说. 北京：中国人民大学出版社，1997：94.

解析芝诺悖论内含的逻辑漏洞 *

芝诺（Zeno，约公元前495～前425年）提出的关于运动的四个著名悖论，在哲学史、数学史和逻辑学方面都具有重大影响。其结论荒谬，推理又似乎合理，引起不少学者的关注。而芝诺悖论是否能被破解，似乎仍有疑义[1]。甚至有学者断言，芝诺悖论在逻辑上是正确的，尽管与事实不符。

人们曾经试图从哲学的角度或是逻辑的角度对该悖论进行反驳或破解。这种反驳或破解是否令人满意甚至是否可能，仍有争论。下面本文将就此展开讨论。

一、芝诺的诡辩与亚里士多德的逻辑

芝诺的悖论包括"二分辩"、"追龟辩"、"飞矢辩"和"运动场辩"。

需要指出的是，这些悖论实际上是一个否认运动的总的悖论的组成部分。芝诺为了维护他的老师巴门尼德关于运动是不可能的论点，证明如果承认运动就会导致这四个悖论[2,3]。据希腊史学家普罗克修斯说，实际上芝诺从"多"和"运动"出发，曾一共导出过40个悖论，留存下来的有8个，其中4个与运动有关。

---

* 本文作者为刘二中，原载《自然辩证法研究》，2005年第11期，第1～4页。

按照克莱因（Morris Kline）的看法，当时人们对空间、时间和运动有两种对立的看法：一种认为空间和时间无限可分，这样的话运动将是连续而又平顺的；另一种认为空间和时间是由不可分的小段组成的，那样的话运动将是一连串的小跳动。芝诺的"二分辩"和"追龟辩"针对的是前者，"飞矢辩"和"操场辩"针对的是后者[2,3]。也就是说，他对两种运动学说连同运动本身都加以反对。

实际上，希腊数学家在发展数学的过程中已经形成了逻辑的基础。在巴门尼德和芝诺活跃的年代，雄辩与推理风行一时。然而，严密的逻辑学尚未形成，雄辩常常变成诡辩。例如，如果你同意"你身上不可能有位于远处的东西"这一判断，就只能得出"你身上没有头"的结论。因为"远处有只狗，狗有头，头在远处，而你已经承认身上不可能有位于远处的东西，所以你身上没有头"。

由于人们往往不能指出这些"雄辩"的毛病，所以诡辩成为包括芝诺在内许多学者所向披靡、令人无可奈何的"法宝"。这种情形直到亚里士多德的时代才得到改变。

正是亚里士多德（Aristotle，公元前384～前322年）创立了严密的逻辑学，使之成为科学。他提出了逻辑学的三大基本规律：同一律、矛盾律、排中律。同一律是指"推理或思想的内容必须是确定的"。甲就是甲，甲代表的内容不能在推理过程中改变，否则就是"偷换概念"。矛盾律是指"一个命题不能既是真的又是假的"。排中律是指"一个命题必然是真的或者是假的"。亚里士多德的逻辑学为科学研究提供了最根本的分析工具，也是戳穿诡辩的利器。

本人以为，尽管包括黑格尔、罗素在内的众多学者对芝诺的悖论作了多种哲学解释，但是芝诺诡辩毕竟是靠逻辑导出的，对其彻底破解必须找出它推理过程中的逻辑漏洞。如果做不到，那不应该是逻辑学的悲哀，而是人们在运用逻辑时把握不当。

二、亚里士多德对二分辩和运动场辩的分析

芝诺悖论是亚里士多德在他的《物理》中陈述的[2,3]。

他说："第一个悖论（以下称为二分辩）说运动不存在，理由是运动中的物体在到达目的地前必须到达半路上的点。"其意思是，一个物体要通过A点到B点之间的距离，首先要通过AB之间的C点；然而，要通过A点到C点之间的距离，首先要通过AC之间的D点，依此类推。换言之，如果空间无限可分，有限长度含有无限多的点，就不可能在有限时间内通过有限长度。

对此，亚里士多德已经作了自己的破解。他说，关于一个事物的无限性有两种意义：无限可分或无限宽广。在有限的时间内可以接触从可分的意义上是无限的东西，因为从这个意义上讲时间也是无限的，所以在有限时间内可以通过有限的长度。

换言之，亚里士多德的意思是，有限的距离和有限的时间都是无限可分的；有限距离和有限时间在无限分割时的总长仍是有限的；无限可分或无限分割的有限距离和有限时间并不意味着它们变成无限宽广；所以在有限时间内可以通过有限的长度。在这里，实际上必须强调的是二分辩违反了同一律：芝诺用"无限可分"偷换了"无限宽广"的概念。

有人认为，在距离被不断二分的过程中，距离会被分成无穷多个小段，而运动物体经过每个小段的时间都不为零，因而总的时间为无穷大。实际上，距离会被分成无穷多个小段的时候，经过这段距离的时间也被分成无穷多个小段，每个时间小段与每个距离小段是一一对应的，因而，时间总和与距离总和的有限性和无限性也是对应的。

人们常常把二分辩的矛盾归结到"无穷小量是否为零"的两难问题[1]，我们会在后文讨论中证明该问题已经得到解决。

运动场辩是芝诺的第四个悖论。亚里士多德说，它"讲到两列物体，每列都由数目相等的一样大的物体组成，在一段跑道是以同样速度循相反方向前进，互相越过。其中的一列原来占据跑道终点与中点之间的空间，另一列原来占据跑道中点与起点之间的空间。他认为这就可以得出一半时间等于一倍时间的结论"。

"例如（他就是这样论证的），假设AAAA是同样大小的静止物体，BBBB是与AAAA数目相等大小相同的物体，原来占据跑道上从起点到A列中央的那一半，CCCC是原来占据从终点到A列中央那一半的物体，与

BBBB 数目、大小、速度都相等。

于是导出三个结论：第一，B 列和 C 列互相越过时，第一个 B 达到最后一个 C 的时刻，就是第一个 C 达到最后一个 B 的时刻。第二，在这个时刻，第一个 C 越过了所有的 B，而第一个 B 只越过了 A 列的一半，因此只占了第一个 C 所占时间的一半，因为这两个物体中的每一个越过每一个 A 或 B 时所占时间相等。第三，就在这个时刻，所有的 B 越过了所有的 C，因为第一个 C 和第一个 B 将同时到达跑道的相反末端，这是由于（芝诺这样说）第一个 C 越过每一个 B 时所占时间等于它越过每一个 A 所占时间，因为第一个 B 和第一个 C 越过每一个 A 时所占时间是相等的。"[4]

对此，亚里士多德已经分析得很清楚，他说芝诺的"错误在于假定一个物体以相同的速度通过一个移动物体和一个同样大小的静止物体时，所需时间相等，而这个假定是错误的"。

与另外三个悖论相比，至少现有版本的"运动场辩"缺乏足够的说服力，也不被亚里士多德以后的哲人所重视。亚里士多德对它的破解已经可以令人满意，而一些学者对该悖论的过度猜测和演绎（甚至联系到量子理论），本人认为是不必要的。我们不必将现代人的智慧强加于古人，再因受惠于先贤而感激不尽。

三、追龟辩的逻辑漏洞

对于第二个悖论（追龟辩），亚里士多德提到："它说动得最慢的不能被动得最快的东西赶上，因为追赶者首先必须到达被追者出发之点，因而行动较慢的被追者必定总是跑在前面。"

如果描述得更具体的话，就是追赶者到达被追者出发点时，被追者又有了新的出发点，追赶者到达被追者新的出发点时，被追者又离开了……因此，追赶者永远也追不上被追者。

亚里士多德分析说："这个论点同二分法论证在原则上一样，所不同者是不必再把所需通过的距离一再平分。这个论证的结论是'追不上最慢的'，但是论证的路线与那个二分法论证是一样的（因为在这两个论证中，都是从距离的某种分割中得出不能到达目的地的结论，虽然'阿喀琉斯论证'走得更远，断定连传说中跑得最快的人也追不上跑得最慢的），因而解决的办法必定是一样的。论证的前提'领先的永远不能被追上'是错的，在领先的时候没有被追上是对的，可是，如果让他跑过一段指定的有限距离，他就被追上了。"

亚里士多德的说法有些笼统。显然，他似乎认为：正像从他有关追龟辩论点所引出的"有限的距离和时间被分成越来越小无限多的小段后其总和仍是有限的"那样，按比例越来越缩小的一段一段距离之和与对应的时间之和也是有限的。然而，对于大多数人来说，追龟辩所述图景的追赶距离和所需时间的无限次的外延与二分辩的距离内分大不相同。因此，亚里士多德的说法似乎不能令人十分信服。因此，本文有必要另行分析。

确实，按照追龟辩的追赶方法，无数次地追过越来越小的距离也不可能追上被追者。然而，无数次就意味着"永远"吗？

我们知道，在追赶过程中，一个又一个的出发点分割出一段段越来越短的距离，相邻段距离之比以及经由相应所需时间之比同为被追者与追赶者速度之比 q，其中，设最初两者距离为 S，追赶者跑过最初距离的时间为 t_1；那么追赶者跑过 n 段距离的总长 S 所需时间为 t_n；

$$t_n = t_1 \ (1 + q^1 + q^2 + \cdots + q^{n-1})$$
$$t_n = t_1 \ (1 - q^n) \ / \ (1 - q)$$

由于 $1 - q^n < 1$，即使 n 趋于无穷大

$$t_n = t_1 \ (1 - q^n) \ / \ (1 - q) < t_1 / \ (1 - q)$$
$$t_n < t_1 / \ (1 - q)$$

显然，$t_1 / \ (1 - q)$ 为常量，因此，即使 n 趋于无穷大，t_n 仍然小于一个常量。

可以看出，按照追龟辩规定的追赶方法，无数次的追赶所用的时间实际上是被限定在特定值以内的。时间短到一定限度，阿喀琉斯当然追不上乌龟。可是在追龟辩里，在"无数次"掩盖下的限定时间（t_n）被偷换为"永远"，违反了亚里士多德逻辑学的同一律，因而其推理是错误的。由此我们可以清楚地看到，芝诺的第二悖论——追龟辩的逻辑漏洞确实已被锁定。

应该提及，吴国盛在《芝诺悖论今昔谈》中谈到人们可以利用无穷数列的方法证明，追赶者"所走的空间距离并不是一个无限量"，但是"算出了

距离是有限的并未解决问题"，因为"在这个方法中有一个前提，那就是阿喀琉斯最终追上了乌龟。这个假定说明，数学所告诉我们的不过是，如果能的话，需要多少时间，但数学不解决'是否能'的问题"[5]。

经过比对可以看出，首先，与吴国盛所谈方法不同，本文直接证明的是"按照追龟辩规定的追赶方法，无数次的追赶所用的时间实际上是被限定在某个特定值以内的"，而不是"距离有限"；其次，本文证明"在追龟辩里，在'无数次'掩盖下的限定时间被偷换为'永远'，违反了亚里士多德逻辑学的同一律"。话又说回来，这里证明的仅仅是芝诺追龟辩的"逻辑推理本身"是否包含逻辑错误、"能否成立"的问题，而不是去解决"能否追上"的全面论证问题。

四、飞矢辩的破解

对于"飞矢辩"，亚里士多德说："他（芝诺）讲的是飞矢不动。他是在假定了时间由瞬间组成之后得出这个结论的。如果没有这个假定也就不会有这个结论。"亚里士多德又说，芝诺的意思是箭在运动的任一瞬间必定在一个确定位置因而是静止的，所以箭就不能处于运动状态。

亚里士多德指出，如果我们不承认时间具有不可分的单元，这种悖论就站不住脚了。

亚里士多德的看法显然是时间不具有不可分的单元，即时间是无限可分的。但是，我们并没有看到亚里士多德如何由此驳倒飞矢辩。

应该承认，飞矢辩的破解也许是四个悖论中最困难的，甚至连罗素也感到有些拿不准。

罗素为了解决自己称之为"四个无限微妙无限深邃的悖论"之一的飞矢辩，甚至提出了三种办法[6]。

其一，时空虽确由点和瞬间构成，但其数目在任何有限的间隔中都是无限的。因为任何两个瞬间之间都有无穷多个瞬间，所以，任何一个瞬间的下一个瞬间是找不出来的。

其二，可以根本否认时空由点和瞬间构成。

其三，可以根本否认时空的实在性。

尽管第一条的某些内容可以让人接受，但要破解该悖论，这三种办法都不能令人信服。

实际上，飞矢辩的根本问题在于混淆了"瞬间"这一概念的两种含义。第一种含义是代表"时刻"（t），表示时间流程的一个数学意义的点，类似于运动中的"位置"；第二种含义是代表很小的"时间段"，表示两个比较接近的"时刻"之差（Δt，或 $t+\Delta t-t$，或时间的无穷小量 dt），类似于运动中的"位置差"或小段距离。"时刻"是没有长度的，而"时间段"是有长度的，即使有时其长度为无穷小。

其实，一个物体在一个特定"时刻"（第一种含义的瞬间）具有一个特定的位置，是十分自然的，既不能表示它一定是静止的，也不能表示它一定是运动的。在这一点上，吴国盛有过相近的说法："如果说一点物体在每一瞬间都处在一个位置，那么在这一瞬间，我们的确无法知道它是否是运动的，特别是当时间和空间不连续时。"但是，他尚未意识到"瞬间"一词可能具有两种不同的含义。

没有时间段或时刻差，就谈不上速度的大小，或动或静；只有当物体在一个"时间段"（第二种含义的瞬间）内保持同一位置（例如 $\Delta x/\Delta t$ 或 $dx/dt=0$），才表示它在这段时间或瞬间是静止的。

芝诺悖论之所以长期给人们带来很大困扰，还在于他看似简单的推理中包含着多重内涵。他所说的"箭在运动的任一瞬间必定在一个确定位置因而是静止的，所以箭就不能处于运动状态"这段话，实际上包含着几层意思：

1) 箭在运动的任一瞬间必定在一个确定位置。（此处"瞬间"只能代表"时刻"，假如代表的是小"时间段"［t，位于 t 与 $t+\Delta t$ 之间］，箭将具有一段微小移动的非确定"位置"［x 与 $x+\Delta x$ 之间］。）

2) 箭在运动的任一瞬间都在一个确定位置，因而在任一瞬间都是静止的。（此处"瞬间"又转而代表小"时间段"［Δt］。在任一个小"时间段"只有一个确定的位置，当然是静止的了。如果此处"瞬间"仍代表"时刻"，则无法推出箭是静止的。）

3) 箭在运动的每一瞬间都是静止的，而时间是由瞬间组成的，所以整个时间内箭就不能处于运动状态。（此处"瞬间"只能代表小"时间段"［Δt］；因为时间由小"时间段"组成，在每个时间段箭都静止，整个时间内箭就不能处于运动状态。)

这里，我们终于可以看清楚芝诺如何在其悖论中深藏不露地偷换"瞬间"概念的内涵了（在 1）里代表的是时刻，在 2）、3）里代表的是时间段）。找到违反同一律的逻辑破绽，飞矢辩亦被破解。

可能有人认为，如果视"瞬间"为无穷小量，而无穷小量可以是零，那么两种含义的"瞬间"就可以成为单一的"时刻"意义了。然而，这是不可能的。

实际上，关于无穷小量问题在 19 世纪已由柯西等数学家解决。答案是：无穷小量自身不为零，但其极限为零。无穷小量同其极限是没有交集的两个不同概念。此后，在严肃的数学分析的演算中，无穷小量不再被等同于零[8]。

在文献［1］中，曾举出一个例子（该例的 ds、dt 的写法不够准确，似应写作 Δs、Δt）：

$$ds = x_1 - x_2 = gtdt + \frac{1}{2}gdt^2$$

$$v = ds/dt = gt + \frac{1}{2}gdt$$

令 $dt = 0$，得 $v = gt$。

这种推导是牛顿时代不严谨的做法，尽管结果是准确的。实际上，按照柯西的理论

$$v \neq \Delta s/\Delta t, \quad gt + \frac{1}{2}g\Delta t \neq gt$$

但

$$\Delta s/\Delta t = gt + \frac{1}{2}g\Delta t$$

由于 $\Delta s/\Delta t$ 的极限为 v，$gt + \frac{1}{2}g\Delta t$ 的极限为 gt，所以 $v = gt$（相等的函数其极限也相等，极限存在的准则 I 的推广，参考文献［9］）。

这里，并不需要令 Δt 或 $dt = 0$，实际上 Δt 或 dt 也不等于零，尽管它无限接近于零。

柯西的理论确实使用了无穷小量的概念，但它从来不需要也不允许无穷

小量等于零，也就不受错误的所谓无穷小量悖论的影响[8,9]。

因此，无论"时间段"意义的"瞬间"是否为无穷小量，它都不会等同于"时刻"。

需要指出的是，为了走出飞矢辩的窘境，有的学者走得太远了。他们认为：芝诺悖论的"全部要害在于用运动轨迹代替自身"，或是"用数学化的运动轨迹代替物理的运动轨迹"。吴国盛也认为"时空的分立点结构所导致的问题也许是更为深刻的"。

事实上，本文的论证过程表明，对飞矢辩的破解既不依赖数学化的运动轨迹，也不牵涉物理的运动轨迹，也未求助于时空的分立点结构。对亚里士多德逻辑学的准确把握和严密运用或许更为重要。

芝诺悖论的逻辑破解，或许会压缩某些"哲学戏说"的空间，但对芝诺概念的借用、转化和升华不会终止。思辨更多转向更尖锐的前沿领域，也许是哲学发展新的契机。

参 考 文 献

［1］张兴. 芝诺悖论的结构. 自然辩证法研究，2004，(11)：27-30.

［2］Kline M. Mathematical Thought. New York：Oxford University Press，1972.

［3］莫里斯·克莱因. 古今数学思想. 上海：上海科学技术出版社，1979.

［4］北京大学哲学系. 西方哲学原著选读. 北京：商务印书馆，1981.

［5］吴国盛. 芝诺悖论今昔谈. 哲学动态，1992，(12)：23-26.

［6］Apostle H G. Aristotle's Philosophy of Mathematics. Chicago：University of Chicago Press，1952.

［7］吴允曾. 关于形式化的几个问题. 哲学研究，1998，(12)：38-42.

［8］Boyer C B. The Concept of Calculus. New York：Hafner Publishing Company，1949.

［9］樊映川. 高等数学讲义. 北京：高等教育出版社，1964.

芝诺悖论若干解释的辨析 *

芝诺（Zeno，约公元前495～前425年）关于运动的悖论流传下来的有四个:"二分辩"、"追龟辩"、"飞矢辩"和"运动场辩"。多年来，在如何看待和解释这些悖论所引起的矛盾方面，众多学者提出了各不相同的见解。本文作者在《解析芝诺悖论内含的逻辑漏洞》[1]一文中曾给出了自己对"追龟辩"、"飞矢辩"的看法。限于篇幅，该文对于他人有关芝诺悖论的看法未能作具体考察，现对其中几种典型论点进行分析。

一、对芝诺悖论的经验反驳和推理反驳

一种典型意见是利用经验或实验来证明芝诺的推理是错误的。例如，我们很容易就可以安排一个实验，证明"跑得快的可以追上跑得慢的"或者"射出去的箭在移动"。其实最早的经验反驳提出者是古希腊时代犬儒学派的创始人第奥根尼。据说当他的学生向他请教如何反驳芝诺时，他一言不发，在房间里走来走去，学生还是不理解，他说，芝诺说运动不存在，我这不是正在证明他是错的吗？

显然，所谓的经验反驳者并没有真正理解"悖论"的实质。所谓悖论，

---

* 本文作者为刘二中，原载《自然辩证法研究》，2008年第8期，第109～112页。

就是指从公认的或者假定的同样前提出发，经过正确的逻辑推理，得出相互矛盾或者与前提矛盾的结论。当论证出现悖论时，只有两种解释：要么推理出现错误，要么前提不成立。芝诺当然清楚，他的推理与经验事实矛盾。他以运动存在为前提，导出"追龟辩"和"飞矢辩"的荒谬结果。既然他的推理没有毛病，只能得出一个结论：运动是不存在的，只是假象。因为他的老师"巴门尼德曾争论说运动或变动是不可能的，而据说芝诺为之辩护"[2]。

另一种典型意见是利用相反的推理来证明芝诺的推理是错误的。与上面的做法不同的是，这种意见没有直接依靠经验，而是依靠具体推理或计算证明，"跑得快的"可以在某一具体的时间（$T = S/V2 - V1$）内"追上跑得慢的"，或者证明箭在飞行过程中的速度不可能处处为零（否则箭不可能完成飞行），以此来驳斥芝诺的结论。面对这种说法，芝诺会在天国暗自发笑，因为这正中他的下怀。

在他看来，从同样的前提出发，经过不同的逻辑推理过程，得到两种相互矛盾的结果，恰恰证明前提是错误的。

因而，我们可以认为，这两种意见在芝诺悖论面前实际上是无能为力的。

二、罗素对芝诺悖论的分析

20世纪著名的逻辑学家罗素（H. N. Russell）曾多次谈到芝诺悖论，他指出："我们可以用下述的几种方法来避免芝诺的悖论：一是主张时空虽确由点和瞬间构成，但其数目在任何有限的间隔中都是无限的；二是根本否定时空由点和瞬间构成；三是完全否定时空的实在性。芝诺本人作为巴门尼德的支持者，在这三种可能的演绎中似乎采取最后一种，无论如何就时间来说是这样的。"[3]

显然，罗素把前两种方法留给自己，但对第一种方法有些犹豫。他曾说过："从形式上看，数学采取一种绝对时空的理论，即假定除了在时空中的事物之外，还有被称为'点'和'瞬间'的实体，它们为事物所占有。不过，这个观点虽为牛顿所倡导，数学家们却久已认为只是一个方便的虚构。"[4]"因此首先我们且承认点和瞬间，并与这个较简单的或至少熟悉的假设和联系来考察这些问题。"[5]

罗素还说过:"芝诺曾经证明,如果我们坚持有限空间和时间中的点和瞬间的数目必定是有限的,那么就不可能把空间和时间分析为点和瞬间。""根据芝诺提出的理由,空间和时间不可能是由无限数目的点和瞬间构成的。因此空间和时间如果是实在的,就一定不能是由点和瞬间构成的。"[6]

没有点和瞬间的时空又该如何理解呢?罗素说:"解决就在于连续系列的理论。我们看到很难不假定,箭矢在飞行时在下一个瞬间占据下一个位置,但是事实上并没有下一个位置,也没有下一个瞬间,一旦在想象上领悟了这一点,就可看到这个困难消失了。"[7]他还说:"如果我们像数学家那样避开运动也是不连续的这个假定,就不会陷入哲学家的困难。假若一部电影中有无限多张影片,所以这部电影中决不存在相邻的影片,这样一部电影会充分代表连续运动,那么,芝诺悖论的说服力到底在哪里呢?"[8]

这里,罗素由于找不到"飞矢辩"的漏洞,似乎只好接受了芝诺推理潜在的另一个哲学结论:"空间和时间不可能是由无限数目的点和瞬间构成的。"由于罗素又不可能同意"空间和时间是由有限数目的点和瞬间构成的"的假设,他实际上就放弃了他提出的第一种方法,只保留了第二种方法——"根本否定时空由点和瞬间构成",或者说,时空是连续的,但"没有下一个位置,也没有下一个瞬间"。

罗素的以上论述无法令人满意。与其像是论证,不如说更像是比喻。由于无法解释"飞矢辩"而后退尚可谅解,但因为不能确定"下一个位置"和"下一个瞬间",就否定时空中的点和瞬间的存在,显得过于牵强。

需要指出,罗素的与"点"相对应的"瞬间"一词含义有些含糊。因为运动中空间的点应该对应于时间的"时刻",而时刻是没有长度的。罗素也许深受牛顿的影响。在牛顿的理论中,"瞬间"(moment)有时为 0,有时不为 0,这也严重影响了当时数学分析基础的严密性。该问题直到 19 世纪后期才由柯西解决。也许罗素并不熟悉柯西的极限理论(可参考文献 [1]),或者忽略了其在数学分析中的重要性。

很明显,正如我们不能"因为不能确定与某一实数例如'20'相邻的下一个实数是什么数(其差别为无穷小),就否认'20'附近有其他实数"一样,因为不能确定"下一个位置"和"下一个瞬间"就否定时空中的点和瞬间的存在。因此罗素在此处出现了致命的逻辑缺陷，未能真正解决"飞矢辩"的难题。

三、从物理时空到数学时空

其他一些学者试图找出物理时空与数学时空的本质区别，以此来解开芝诺悖论。其主要说法不尽相同，这里仅对代表性的说法进行分析。

吴国盛在《芝诺悖论今昔谈》一文中认为："柏格森说得对，芝诺论辩的全部要害在于用运动轨迹代替运动本身。许多现代分析哲学家进一步指出，芝诺用数学化的运动轨迹代替物理的运动轨迹，就将真实的物理运动导入关于无限的数学迷途之中。"[4]

他的具体说明是："用实数连续统描述时间出现两个问题：第一，任一时刻不存在一个紧随其后以及它所紧随的之前的时刻；第二，任意两时刻之间有无穷多个时刻。这两个特征都与我们的时间经验发生了抵触，若时间真是一个连续统，那之前和之后关系在时间的结构中就找不到依据了，而之前之后关系恰恰是我们时间经验中最重要的因素。把空间当成一个实数连续统也同样存在这个问题。而且，在物理世界中，从没有一个时刻是没有延续性的，从没有一个物体是没有广延的。"因此时空的"数学结构显见要与物理结构区分开来"。

吴国盛显然认为"数学化的运动轨迹"不同于"物理的运动轨迹"，或者说时空的"数学结构"不同于"物理结构"，因为时空如果用实数连续统描述的话，就会与我们的时间经验（可能也包括空间经验）发生抵触。这里，我们似乎看到了罗素分析方式的影子，不过，吴国盛不是用这种方式直接"根本否定时空由点和瞬间构成"，而是否认实数连续统对经验时空或物理时空的适用性。

不过，他的推理也像罗素那样不十分严密。如果说"任一时刻不存在一个紧随其后以及它所紧随的之前的时刻"（更准确地说"无法确定一个紧随其后以及它所紧随的之前的时刻"）就"与我们的时间经验发生了抵触"，那么，我们不禁要问：凭"我们的时间经验"来看，那个"紧随其后以及它所紧随的之前的时刻"在哪里或何以确定？如果仍然确定不了，吴国盛的上述推理就站不住了。同样，凭"我们的时间经验"不允许"任意两时刻之间有无穷多个时刻"，那么，"任意两时刻之间"有穷多个时刻的数量限度又如何确定呢？

他进一步认为："一旦把运动事件看做第一位的，而把时间空间看成对运动事件的抽象，那么飞矢问题就不难解决。飞矢作为一个物理事件在分析时应作为最基本的要素，而不是作为一个被导出的东西，相反，时空的结构应从像飞矢这样的物理事件中导出。飞矢问题完全是由于分析次序的颠倒所造成的。"

吴国盛的结论是："总结一下由芝诺悖论所引出的哲学结论：运动本身是第一位的，而运动轨迹是第二位的；物理经验是第一位的，而数学描述是第二位的；物理事件是第一位的，而时空结构是第二位的。对运动轨迹的分析引出了数学和逻辑上的许多问题，即使这些问题最终能够解决（现在当然还不能说已经解决），也不意味着最终解决了运动问题本身。运动更为基本而且不可分析，它超出了理论理性。芝诺没能证明运动的不可能性，因为运动根本不可证。"

吴国盛的论述富含哲理，也不乏值得商榷的说法。无论如何他未能证明"应从像飞矢这样的物理事件中导出"的"时空的结构"是什么样的，也未能具体分析怎样彻底解开"飞矢辩"之谜。不过，其基本思路还是明确的：芝诺的推理是"数学描述"，是"第二位的"，适于时空的"数学结构"，而物体的运动是"物理经验"，是"第一位的"，适于时空的"物理结构"，因而引出了推理和经验的悖论。

无论如何，自20世纪30年代量子力学逐步形成以来，这类论点似乎有了更有多的支持。因为微观世界时空的量子性质确实不是简单地利用理想的连续数学时空就能描述的。

然而，这又带来一个新的问题：难道芝诺的深邃哲学远见真的预见到时空的量子性质？或者换一种提法：芝诺悖论的破解真的有赖于时空的量子性质？

很难令人相信答案是肯定的。这首先是因为，我们至今并没有得到或看到一个利用量子力学或量子时空观对芝诺飞矢辩的完满解释。其次，即使有这种解释，也只是有可能消除芝诺推理与量子时空运动的矛盾。然而，更重要的原因也许来自这样一个问题：芝诺悖论真的仅仅是针对经验（特别是量子时空运动经验）的悖论吗？

四、数学时空中的芝诺悖论及其破解

实际上，芝诺悖论不仅是经验悖论，它还可以是或者首先可以是数学推理悖论或理想实验悖论。

如图1，我们可以设想一个实数连续统的数轴，令一开始分别位于数轴上 S_1、S_2（相距 S_0）的两个数学点（P_1、P_2）同向作连续运动，令后面的点 P_2 以较快的速度 V_2 追赶前面移动较慢的速度为 V_1 的点 P_1。这是理想化的追龟辩。这里，芝诺仍然能以同样的推理证明较快的点 P_2 永远追不上较慢的点 P_1：

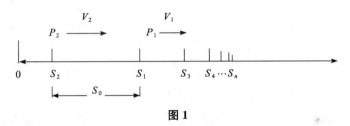

图1

P_2 若要追上 P_1 先要到达 P_1 一开始的位置 S_1，但 P_2 到达 S_1 时 P_1 又已移动到 S_3，待 P_2 移动到 S_3 时，P_1 已到达 S_4……这样 P_2 到达 S_n 时 P_1 却在 S_n+1，即使追赶的次数无穷大，P_2 也永远无法追上 P_1。

同时，我们可以（当然芝诺也可以）通过计算得出经过长度为 $T = S_0/(V_2 - V_1)$ 的时间，较快的点 P_2 就会追上较慢的 P_2 点，从而得到矛盾的结果。于是，我们看到了一个数学的或理想实验的芝诺悖论。

我们还可以设想一个实数连续统的数轴上有一个数学点 Q，令其沿数轴以某种规定速度 V（它的位置为 $S_i = VT_i$）连续移动（图2）。这是理想化的飞矢辩。芝诺仍然可以证明这个点是不动的：

在这一过程中该数学点 Q 在任一瞬间都具有相应的一个确定位置，因为有一个确定的位置，因而在这一瞬间是不动的，同样 Q 在所有的瞬间都是不动的。

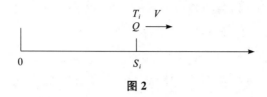

图 2

同时，我们（包括芝诺）也可以从另外的角度从前提（点 Q 具有速度 V）出发证明这个点是动的。

显然，在这两个理想实验中，芝诺相应的两个推理仍然有效。由于我们可以用严密的推理或计算，得到与芝诺推理矛盾的结果，因而芝诺悖论仍然成立。只不过，我们完全可以避开量子时空（或物理时空或经验时空）的干扰，因此我们显然可以看到，这里利用物理时空与数学时空的差别来消解芝诺悖论的途径是行不通的。

更为严重的是，如果我们真的无法破解数学时空内的芝诺悖论的话，将意味着逻辑或数学推理的可靠性令人可疑，因为问题只能出自逻辑系统的内部。这无疑将是灾难性的结果。

事情当然不至于那么糟糕。本文作者确信芝诺推理自身存在着逻辑漏洞，无论在物理空间还是在数学空间都是如此。实际上，根据类似于本文作者发表的《解析芝诺悖论内含的逻辑漏洞》一文稍加修改的论证方法，就可以给出破解数学时空芝诺悖论的答案。

我们可以证明：在理想实验的追龟辩里，在"无数次"掩盖下的限定时间被芝诺偷换为"永远"（偷换概念），违反了亚里士多德逻辑学的同一律（推理或思想的内容必须是确定的），因而其推理是错误的。

具体来说（图 1），在 P_2 追赶 P_1 过程中，一个又一个的出发点分割出一段段越来越短的距离，相邻段距离之比以及经由相应所需时间之比同为被追者 P_1 与追赶者 P_2 速度之比 $q = V_1/V_2$，其中，设最初两者距离为 S_0，追赶者跑过最初距离的时间为 $t_1 = S_0/V_2$；那么追赶者 P_2 跑过 n 段距离的总长 S 所需时间为 t_s；

$$t_n = t_1 \ (1 + q^1 + q^2 + \cdots + q^{n-1})$$
$$t_n = t_1 \ (1 - q^n) \ / \ (1 - q)$$

由于 $1 - q^n < 1$，即使 n 趋于无穷大

$$t_n = t_1 \ (1-q^n) \ / \ (1-q) < t_1 / \ (1-q)$$
$$t_n < t_1 / \ (1-q)$$

显然，$t_1 / \ (1-q) = S_0 / V_2 \ (1-q) = S_0 / \ (V_2 - V_1)$ 为常量，因此，即使 n 趋于无穷大，t_s 仍然小于一个常量，绝不是"永远"。因此，芝诺的方法只是绕了一个大圈子证明 P_2 在少于 $S_0 / \ (V_2 - V_1)$ 的时间内追赶不上 P_1，实际上并不存在悖论。我们还可以看到：在前面设想的数学时空飞矢辩（图2）里，按照芝诺的思路来证明"数学点 Q 是不动的"实际上包含着三层推理，其中"瞬间"的含义不尽相同：

1）Q 在运动的任一瞬间必定在一个确定位置。此处"瞬间"只能代表"时刻（T_i）"。

2）Q 在运动的任一瞬间都在一个确定位置，因而 Q 在任一瞬间都是静止的。此处"瞬间"又转而代表"小时间段（$T_{i+1} - T_i$）"，否则我们无法判定 Q 在该瞬间是否为静止。

3）Q 在运动的每一瞬间都是静止的，而时间是由瞬间组成的，所以整个时间内 Q 就不能处于运动状态。此处"瞬间"只能代表"小时间段"。

可以看出，按照芝诺推理，必须不断地偷换"瞬间"概念的内涵，在1）它里代表的是时刻，在2）和3）里它代表的是小时间段，这违反了同一律。至此，我们利用揭示芝诺推理逻辑漏洞的方法破解了数学时空中的芝诺悖论。不过，这又引出了新的问题。十分明显，该破解方法不仅适用于数学时空的芝诺悖论，还适用于涉及物理时空的芝诺悖论。那么，我们不禁要问：在前几节谈到的化解芝诺悖论的种种途径还有必要吗？

综上所述，我们可以看出，对芝诺悖论的经验反驳和推理反驳未能抓住芝诺悖论的要害，因而是无用的。罗素"否定时空中的点和瞬间的存在"的看法，由于缺乏有力的论证，其对芝诺悖论飞矢辩的说法无法令人信服。至于依靠物理时空与数学时空差异的分析理由，既不够充分，甚至也是不必要的。

这就使我们有更多的理由相信：针对芝诺悖论的纯粹理性思辨很可能是靠不住的。芝诺悖论毕竟是靠逻辑导出的，对其彻底破解必须找出它推理过程中的逻辑缺陷。如果我们无法清晰解释芝诺悖论，那不应该是哲学和逻辑学的混乱和悲哀，而是人们对逻辑工具的理解和运用不够严密和恰当。

参 考 文 献

［1］刘二中. 解析芝诺悖论内含的逻辑漏洞. 自然辩证法研究，2005，（11）：1-4.

［2］莫里斯·克莱因. 古今数学思想（第一册）. 上海：上海科学技术出版社，1979：40.

［3］罗素. 我们关于外间世界的知识. 上海：上海译文出版社，1990：133，109，90，90，131，134.

［4］吴国盛. 芝诺悖论今昔谈. 哲学动态，1992，（12）：23-26.

［5］罗素. 人类的知识. 北京：商务印书馆，1989.

［6］罗素. 西方哲学史. 北京：商务印书馆，1976.

对梅洛-庞蒂与拉可夫、约翰逊的涉身哲学思考 *

一、引　文

随着认知科学的不断发展，涉身性的思想被越来越多的人提及和关注，尤其在近些年来，涉身哲学在认知科学的发展中起着举足轻重的作用。

而说到涉身哲学，就不能不提梅洛-庞蒂以及乔治·拉可夫（Geoge La-koff）和马克·约翰逊（Mark Johnson）的名字，前者是现代法国著名的哲学家，他的思想中贯穿着涉身的理念，而后两位美国哲学家更是强调涉身的哲学思想。他们的思想之间既有相似之处，又有一些区别，应该说，他们的思想都对认知科学的发展产生了较大的哲学影响，研究这些思想对于我们更好的学习、研究、发展认知科学具有重要的意义。

二、梅洛-庞蒂

梅洛-庞蒂是法国 20 世纪最具影响力的哲学家之一，他提出了涉身哲学的思想，认为心灵与身体是相互作用、相互联系的，并不是单独存在的，强

＊　本文作者为路寻，原载《心智与计算》，2000 年第 2 卷第 3 期，第 196～202 页。

调人是心身统一体，强调这种统一的多层次性，强调精神对于人而言的独特价值。这一思想与笛卡儿的心身二元论是相对立的。心身交互的思想的提出，对于整个西方哲学界产生了巨大的影响。

梅洛-庞蒂作为现象学中继胡塞尔之后的代表人物，他的"身体哲学"既是对现象学的继承，也是对现象学的极具独创性的解读和发展。梅洛-庞蒂在其代表作《知觉现象学》中用大量的篇幅来阐述自己关于身体的理论。在这本书的第一部分中，梅洛-庞蒂论述了自己关于身体的多个观点，比如身体的体验、身体本身的空间性等一系列问题。

梅洛-庞蒂认为，知觉的主体是身体，身体本身在世界中，就像心脏在机体中一样，身体不断地使可见的景象保持活力，内在地赋予它生命和供给它养料，与之一起形成一个系统。他认为我们把作为自己朝向世界的观看位置的身体当做这个世界中的物体之一。在梅洛-庞蒂看来，只有当我实现身体的功能，我是走向世界的身体，我才能理解有生命的身体的功能。因此，外部的感受需要外界的刺激，身体的意识波及身体，灵魂在身体的各个部分表现出来，行为超越了身体的中枢神经区域。在这里梅洛-庞蒂讲到了灵魂和身体之间的"含混"关系。他说道："我的身体难道不是和外在的身体一样，是作用于感受器并最终引起身体的意识的一个物体吗？有一种'外感受性'，难道就没有'内感受性'吗？我难道不能在身体里发现从内部器官通向大脑、由大自然设置的以便能使灵魂感知自己的身体的导线吗？身体的意识和灵魂就这样被清除出去，身体重新成为一架彻底清理过的机器，含混的行为概念几乎使我们忘乎所以。"[1]他还举了截肢者的例子，比如在被截肢者中，用某种刺激代替了从残肢到大脑的神经通路上的大腿刺激，那么他就能感觉到幻腿，因为灵魂直接联系大脑。梅洛-庞蒂认为灵魂和身体的结合不是由两种外在的东西——客体和主体之间的一种随意决定来保证的，灵魂和身体的结合每时每刻在存在的运动中实现。从这一段话中可以看出，梅洛-庞蒂是认为身体与心灵之间是密不可分的，是一体的，是相互作用的。

此外，梅洛-庞蒂还提出了身体的不变性的概念，认为身体不处在无边际的探索范围内，它拒绝探索，始终以同一个角度向我呈现。梅洛-庞蒂说道："说它（身体）始终贴近我，始终为我而存在，就是说它不是真正地在我面前，我不能在我的注视下展现它，它留在我的所有知觉的边缘，它和我在一起。"[1]在他看来，我们可以用自己的身体来观察外部物体，但是我们却不能观察到自己的身体，为了观察自己的身体，必须要有另一个本身也不能被自己观察到的身体。

梅洛-庞蒂还对身体本身的空间性进行了描述。他说："如果我的手臂放在桌子上，我不会想到说我的手臂在烟灰缸旁边，就像烟灰缸在电话机旁边。我的身体的轮廓是一般空间关系而不能逾越的界限。"[1]这是因为身体的各个部分以一种独特的方式相互联系在一起：它们不是一些部分展现在另一些部分旁边，而是一些部分包含在一些部分之中。从这一段话我们可以看出，身体是作为一个整体的，身体的每一个部分都是相互联系作用的，并不是单独存在的。比如说，有人打了我的左手，那我不仅仅会感到左手的疼痛，同时，整个左边的胳膊以及传输到大脑神经都会感到疼痛，即使是我们的内心，也会下意识地有疼痛感。在梅洛-庞蒂看来，人的整个身体不是在空间并列的各个器官的组合。我们在一种共有中拥有我们的身体。我们通过身体图式得知自己的每一条肢体的位置，因为我们的全部肢体都包含在身体图式中。关于身体图式，梅洛-庞蒂说道："人们把'身体图式'理解为我们的身体体验的概括，能把一种解释和一种意义给予当前的内感受性和本体感受性。身体图式应该能向我提供我的身体的某一部分在做一个运动时其各个部分的位置变化，每一个局部刺激在整个身体中的位置，一个复杂动作在每一个时刻所完成的运动的总和，以及最后，当前的运动觉和关节觉印象在视觉语言中的连续表达。"[1]通过"身体图式"的概念，我们可以了解到自己的身体在和外界事物接触交互的过程中，会产生哪些反应和变化，我们是以哪种方式来接触世界、理解世界的，以及在这之后，我们的视觉语言又是怎样表达的。

浙江大学杨大春教授对梅洛-庞蒂有过深入的研究，在其著作《杨大春讲梅洛-庞蒂》中，他曾对《知觉现象学》进行了详细解读。

杨大春教授指出："在批判理智主义和经验主义传统，尤其是理智主义传统的基础上，梅洛-庞蒂探讨了本己身体的性质，既克服了机械的物质身体，也否定了身体的观念化。身体意向性或全面意向性的概念至为重要，它把身体看做是物性和灵性的统一。梅洛-庞蒂最终把一切建立在身体行为、身体经验或知觉经验基础之上，用身体意向性取代了自笛卡儿以来一直受到强调的意识意向性，用身体主题取代了意识主体。梅洛-庞蒂围绕空间性、运动机能、性问题和表达问题来展开讨论，最终告诉我们的是，'我们通过我们的身体在世界中存在'，'我们用我们的身体知觉世界'。"[2]

此外，关于梅洛-庞蒂对于身心关系的描述，杨大春教授在其著作中说道："知觉本身就是一种前断言的表达，一种无言的表达，语言表达只是派生的表达形式。原因在于，我的身体是我的'理解'的一般工具。或者说，正是身体在表现，正是身体在说话。这是梅洛-庞蒂最初的、最基本的立场：语言与身体行为联系在一起，它似乎是本己身体的某种属性，是身体的整体图式的一部分。"[2]

梅洛-庞蒂的思想浩如烟海，他把这样一个心身一体的可贵倾向继续地发扬光大。虽然，也有一些人对梅洛-庞蒂"身体性"的理论提出了批评，认为其感觉理论仍然是心理学和认识论层面的，肉体和心灵的关系从根本上还是没能得以解决。但是我们也必须承认，梅洛-庞蒂的理论促成了当代西方哲学在解决身心关系问题方面的一个重要转向，即从肉体或灵魂的"非此即彼"到两者的"亲密无间"，从"主体性"思维到"身体间性"。因此，他的这一理论无疑在当代西方哲学"身体"理论中是具有划时代意义的，也成为当代认知科学研究的重要哲学基础。

三、乔治·拉可夫和马克·约翰逊

与梅洛-庞蒂一样强调身体重要作用的还有两位美国的著名哲学家，他们就是加利福尼亚大学语言学教授乔治·拉可夫和俄勒冈大学哲学教授马克·约翰逊。建立在认知神经科学和其他认知科学新近发现的基础上，拉可夫和约翰逊提出了一种认知科学哲学的新观点：涉身心灵（embodied mind），凸显了身体在认知中的地位和作用。

拉可夫和约翰逊的主要思想都集中在他们的著作《涉身哲学：涉身心灵及其对于西方思想的挑战》中，按照传统的笛卡儿二元论哲学，只有心灵是认知的主体，认知是与身体无关的。而拉可夫和约翰逊依据认知神经科学的成就，提出了涉身心灵的概念。涉身心灵的含义是：心灵是与身体相关的，认知活动大部分是无意识的，大量的认知活动是隐喻的，认知是与感性相关的。认知科学告诉我们：人类的理性并不是什么抽象的、先天的东西，而是由身体的特性，由脑中的神经结构，由日常功能来定型的，是在与外界环境的互动中进化的。对于传统的西方哲学而言，其中的许多观点可谓惊世骇俗，是颠覆性的。

按照拉可夫和约翰逊的观点，认知科学由于自身的发现，重启了对传统哲学中什么是理性、什么是认识、什么是心灵等中心问题的认识，主要有三点发现：心灵是内在地涉身的；思想大部分是无意识的；抽象概念很大程度上是隐喻的。这是认知科学三个具有哲学意义的主要发现。由于这三个发现，两千年来关于理性的这些方面的先验哲学思辨已宣告终结。由于这些发现，哲学将再不同于以前。如果从认知科学关于心灵本性的这些经验发现出发，我们将抛弃某些最深层的哲学假设，构造出的应当是一种经验主导的哲学[3]。

拉可夫和约翰逊在其书中指出："对于传统哲学而言，我们对于心灵的理解至关重要。我们许多的基本哲学信念都与我们关于理性的观念密切相连。两千年来，理性被作为人类的基本特性，不仅包括我们的逻辑推理能力，而且包括我们进行探究、解题、评价、批评、慎思如何行为以及理解我们自身、他人和世界的能力。因此，对于理性理解的急剧变化，涉及对于我们自身理解的急剧变化。然而令人吃惊的是，基于认知科学的经验研究，我们发现人类的理性并非如西方哲学传统所认为的那种理性；我们人类本身，也并非如哲学传统所说的那样的人。按照传统的观点，理性是与身无关的，作为理性的人，我们的身体也是微不足道的。然而认知科学告诉我们，我们的理性来自于我们的大脑、身体和与身相关的经验等的本性。这种涉身性不同于那种常识的观点：我们需要一个身体作为基础来进行推理；相反，它强调的是一种惊人的主张：正是理性自身的结构，来自我们涉身的细节。正是那种允许我们感知和运动的神经和认知机制，同样也创造了我们的概念系统和理性模型。因此，要理解理性，我们必须理解我们的视觉系统、运动系统、神经联结的一般机制。简言之，理性无论如何都不是宇宙的，或是与身无涉的心灵的一种超验的特性。相反，它在根本上是由我们人身的特性、由我们大脑神经结构的那些值得注意的细节、由我们在世的感官的细节所塑形的。"[3]

从拉可夫和约翰逊的《涉身哲学：涉身心灵及其对于西方思想的挑战》这本书中，我们可以了解到理性不是天赋的，一成不变的，而是进化的。它的普遍性在于为全体人类所普遍共享。而它之所以是共享的，在于这么一种共同性：它存在于我们的思想是涉身的这种方式中[3]。按照认知科学的解读，理性并非完全有意识的，而是大部分是无意识的；理性并不是纯粹确实的，而在很大程度上是隐喻的和想象的；理性并不是不动情感的，而是与感情相关的。

拉可夫和约翰逊提出：认知科学在较短的时间内取得了令人瞩目的成果。首先，它发现大部分我们的思想是无意识的，这种无意识，不是弗洛伊德意识上的受压抑，而是说它的操作是在低于认知上能意识到的层面上，不能为意识所接近，操作太快，无法聚焦等。他们举了一个例子，说假设你正在进行一次谈话，考察在此过程中所有在有意识的层面下进行着的事。以下所列举的只是你在相继的瞬间中正在做的事的一小部分：

存取与正在说的事相关的记忆；

理解作为语言的声流，把它分解为有特色的声音特征和片断，鉴定音素，组成词素；

对语句指定一个结构，以与你的母语中的大数量的语法构造相一致；

挑出语词并赋予以与语境相合适的意义；

使语句的语义与实际意义成为一体；

按与讨论相关的内容来构造；

按与讨论相关的方式来推论；

构造相关的精神图像与检验它们；

填补论说中的空白；

注意并解说你的对话者的身体语言；

预见对话的走向；

计划如何对对方作出反应，如此等等[3]。

从这个认知科学的实验中我们可以看出，即使是我们要进行一个最简单的对话，哪怕只有一句，也要经过这些非常复杂的过程才能实现，但是我们想一下，我们平时在日常生活中在说话之前是这样思考的吗？肯定大多数人都会觉得不可思议，我们平时说话不是想说就说了吗，哪会这么复杂呢？这就是拉可夫和约翰逊所说的认知无意识，我们的思想大多都是无意识的，我们说出的话也是在无意识中就脱口而出的。

此外，拉可夫和约翰逊分析说，当我们说概念和理性是涉身的，这是什么意思呢？这是指知觉和运动系统在形成特定种类的概念中的作用：包括颜色、基本层次、空间关系、外表（事件结构）等的概念。我们所做的任何使用概念的推理，都需要大脑的神经结构来进行这一推理。相应地，我们大脑的神经网络的构造，决定了我们有什么样的概念，以及可从事什么样的推理。神经建模领域，研究的就是从事神经计算的神经元的构造，我们把这些计算经验为理性思想的特定形式。它也研究这些神经构造是如何学习的。神经建模从一个方面可以详细地表明，心灵是涉身的是什么意思。按照神经计算原理操作的特定的神经元构造，是如何计算我们所经历的理性推理的。在此，"理性能运用感觉运动系统吗"这一模糊的问题，成为技术上可回答的另一问题，即"理性推理能由在知觉和身体运动中所用的神经构造所计算吗"？[3]也许在有些方面，对这一问题的回答应该是肯定的。

拉可夫和约翰逊说，从西方哲学传统中，我们继承了一种能力心理学理论，我们有一种理性"能力"，它分离并且独立于我们的身体能力，尤其是独立于感知和身体的运动。在西方传统中，正是这种理性的自主能力，使我们成其为人，使我们区别于其他动物。如果理性不是自主的，不独立于知觉、运动、情感和其他身体的能力，那么我们与其他动物之间的哲学分界就不那么清晰。这一观点是在进化论之前形成的，而进化论告诉我们：人类的能力是由动物能力演化而来的。认知科学的证据告诉我们：经典的能力心理学是错误的。不存在如此完全自主的能力，分离和独立于像感知和运动这样的身体能力。认知科学的证据支持了进化论，即理性运动和成长于这样的身体能力。其结果是一种关于理性是什么，进而人是什么的大为不同的观点。理性根本上是涉身的[3]。

最后，拉可夫和约翰逊强调，认知科学作为心灵与大脑的科学，在其短短的生命周期中取得了丰硕的成果。它给了我们一种更好地理解我们自己的方式，来看待我们这种物理存在，一种有着身体、血液、肌肉、荷尔蒙、细胞和神经元的物理存在，如何与我们在世界上日常遇到的一切，共同造就了我们自身，这就是涉身哲学。

四、二者思想之比较

事实上，虽然梅洛-庞蒂与拉可夫和约翰逊的思想内涵复杂丰富，但是，他们之间还是有一些相似之处的。

首先，他们都强调身体的重要性，认为心灵与身体是相互作用、相互联系的，并不是单独存在的，强调人是心身统一体，强调这种统一的多层次性，强调精神对于人而言的独特价值。他们的思想都与传统的西方哲学，尤其是笛卡儿的身心二元论是相对的，因为传统西方哲学的观点在认知的过程中强调的是心灵，忽视了身体的作用，但是他们都强调在认知过程中身体的重要作用。

比如，梅洛-庞蒂提出知觉的主体是肉身化的身体-主体，而知觉活动是人的身体与外部世界相互联系作用的结果，这与传统的西方哲学并不一样。而拉可夫和约翰逊的代表作《涉身哲学：涉身心灵及其对于西方思想的挑战》就是强调涉身的思想，认为心灵是与身体相关的，认知活动大部分是无意识的，大量的认知活动是隐喻的，认知是与感性相关的。人类的理性并不是什么抽象的、先天的东西，而是由身体的特性，由脑中的神经结构，由日常功能来定型的，是在与外界环境的互动中进化的。这与梅洛-庞蒂的思想有相同之处。

其次，梅洛-庞蒂使用"身体图式"的概念来说明身体的各个部分之间是一个整体，在与外界的交互过程中是相互作用的。而拉可夫和约翰逊同样把身体看做一个整体，身体的每一个部分在认知的过程中都是密不可分的。

当然，他们思想流派的不同以及其他一些原因的影响，使得他们在思想以及一些方法上也有不同之处。

其中一个最大的区别在于，梅洛-庞蒂继承并发扬了胡塞尔和海德格尔等人的现象学的思想。虽然受到了胡塞尔等人的影响，但是他在此基础上又发展了自己的思想，与胡塞尔等人相比，梅洛-庞蒂更加重视身体在知觉世界中的作用。但是，由于所处的时代的原因，那时的认知科学以及计算机等学科还没有得到发展，因此他主要是通过哲学的反思和论证来阐述自己的涉身哲学的观点，而从科学上还很难获得有力的支撑，所以在他的著作中，涉及科学的东西比较少。相对来说，拉可夫和约翰逊虽然也是强调涉身，但是在认知科学以及相关的计算机科学、神经科学等经过迅速发展之后，他们可以利用的科学的资源比较丰富，他们的研究也更偏重于认知科学中科学的一面，在他们的著作中，涉及一些科学实验，通过这些实验来证明认知的过程是涉身的，这与梅洛-庞蒂有着明显的不同。

另外，拉可夫和约翰逊在自己的著作中对于理性谈得很多，他们给予理性全新的解释，认为理性是涉身的，不是一成不变的，是在不断变化的，理性在人的认知中起着重要的作用，这与传统西方哲学的理性概念是不一样的。而梅洛-庞蒂在自己的代表作中对于理性谈得并不多，他主要是讲述通过身体的知觉、感知等问题，侧重点与拉可夫和约翰逊的并不是很一致。

拉可夫和约翰逊更多地谈到了涉身心灵、心与身的关系等，而梅洛-庞蒂虽然也谈到了心与身的关系，但是梅洛-庞蒂更多地使用灵魂这个词来讲述灵魂与身体之间的一体性、它们之间的相互作用关系，这也是二者思想的一个小小的区别。

此外，由于梅洛-庞蒂的思想受到胡塞尔等人的影响，因此带有较深的现象学的印记，与前人的思想具有连续性。而拉可夫和约翰逊的思想给人感觉更加激进一些，比如，他们提出的心灵是内在地涉身的、思想大部分是无意识的、抽象概念很大程度上是隐喻的这些观点，可以说是对传统西方哲学的巨大冲击。由于所处的时代以及思想流派的不同，拉可夫和约翰逊并不像梅洛-庞蒂一样受到太多现象学的影响，他们的思想更多的是受到认知神经科学的影响，尤其是一些科学成果，拉可夫和约翰逊提出了具有颠覆性的思想。

梅洛-庞蒂的思想博大精深，而拉可夫和约翰逊的思想同样对于当今认知科学的发展起着重要的启示作用，现代涉身认知科学也正处于高速的发展中。因此，梅洛-庞蒂以及拉可夫和约翰逊的涉身性思想对于认知科学，尤其是涉身认知科学的发展有着重要的理论意义和价值。总的来说，研究和理解他们的涉身哲学的思想，不仅能够为更好地研究认知科学提供理论支撑，而且也能够从新的角度来理解传统的哲学问题，深化我们对于心身关系等问题的认识，从而有利于我们把哲学与认知科学等学科更加合理地结合起来，研究和发现新的问题。我们坚信，涉身认知科学在 21 世纪的发展，必定会为我们更好地认识和理解人类的认知现象和一系列哲学问题开辟新的视野。

参 考 文 献

［1］梅洛-庞蒂．知觉现象学．北京：商务印书馆，2005：103，106，109，114，115．

［2］杨大春．杨大春讲梅洛-庞蒂．北京：北京大学出版社，2005：83，87．

［3］Lakoff G，Johnson M. Philosophy in the Flesh：the Embodied Mind and its Challenge to Western Thought. New York：Basic Books，1999：3，10，74，97．

第六部

科学哲学新动向

P. A. 希伦和诠释学的科学哲学 *

一、前　　言

诠释学的科学哲学运用现象学、诠释学方法研究科学哲学。它的哲学渊源，一方面是欧洲大陆的胡塞尔、海德格尔的现象学，伽达默尔的诠释学（虽然他没有明确指出诠释学也适用于自然科学），阿贝尔和哈贝马斯的科学论等[1]；另一方面是英美的后经验主义的科学哲学：库恩是这方面的代表人物，他在 1947 年就发现，必须用诠释学方法研究科学史[2]。而库恩的思想深受波兰科学哲学家弗雷克（L. Fleck）的影响[3]。希伦（P. A. Heelan）是近 40 年来运用诠释学研究科学哲学的一位先驱。

二、希 伦 其 人

希伦 1926 年生于爱尔兰的都柏林。1942 年入耶稣会，获爱尔兰国家大学数学硕士学位，并在都柏林高等研究院工作，曾受教于杰出物理学家薛定谔（E. Schrödinger）和辛格（John Synge），向他们学习相对论宇宙学模型。

---

* 本文作者为范岱年，原载《自然辩证法通讯》，2006 年第 28 卷第 1 期，第 22～28 页。

1952 年获美国密苏里州圣路易斯大学地球物理学博士学位。随后回到都柏林高等研究院宇宙物理系工作，同时从事神学研究。1960～1961 年，他到纽约福德汉姆（Fordham）大学物理系做访问学者。1961～1962 年，他到普林斯顿大学作博士后研究，随杰出物理学家维格纳（E. Wigner）研究用量子场论进行基本粒子的定域化问题。然后，他到都柏林大学教物理学和宇宙学，后又到比利时罗万大学（该校是胡塞尔档案馆所在地）攻读哲学，阅读了胡塞尔、海德格尔、梅洛-庞蒂、伽达默尔和利科等人的著作，并深受隆纳尔根（Lonergan）的神学的影响，开始了现象学和诠释学的研究。他于 1963 年写了他的第一部有关胡塞尔和海森伯的著作《量子力学与客观性》。1964 年获哲学博士学位。1964～1965 年在都柏林大学教理论物理。以后到纽约福德汉姆大学教哲学，任助理教授。后在纽约州立大学石溪分校任哲学教授，并任文理学院院长直至 1992 年。现任华盛顿乔治镇（Georgetown）大学哲学教授，并任该校校本部常务副校长[3]。

三、希伦的主要著作之一：《量子力学和客观性：对海森伯物理哲学的研究》（1966）

这是希伦 1963～1964 年所写博士论文的修订版。本书的第一部分，主要根据海森伯的著作，讨论了量子力学的客观性问题。希伦在第一章"导言"中，首先介绍了胡塞尔的现象论哲学和方法论；介绍了认知行为的意向性结构，人的意向行为和意向对象；介绍了作为人类经验研究的一切实显的或可能的客体的视界的世界，其中包括我们的世界（日常实在的视界）和物的世界（科学说明的实在的视界）；介绍了存在与真理、决定论的因果论和概率论。在第二章"量子力学的发现"中，希伦指出海森伯建立量子力学的意向性结构不同于经典物理学的意向性结构。经典物理学关于物理实在的观点是理性主义的朴素实在论（海森伯称之为唯物论）。经典物理学的意向对象是一可以在时空中客观化的客体（粒子和场），它们外在于人的认识主体，具有经验客观性，物理客体服从决定论的因果律。物理客体概念具有公众客观性。而量子论中出现的自旋、不相容原理、原子中的电子（其行为违反经典物理定律）与经典物理学的实在图像不一致。于是，海森伯在创建量子力学时，采取了不同于经典物理学的意向性结构，即经验论的意向性结构，认为物理学只讨论可观测量之间的关系，并提出了测不准关系（不确定关系）。

第三章概要地介绍了玻尔提出的、海森伯也赞同的互补性原理和互补性的意向性结构。在第四章中希伦对互补性原理进行了批评。互补性原理认为量子力学概念只能用经典物理概念（精炼的日常生活概念）来定义。希伦认为这是心-物平行论（即有意识的观测行为的内容与无意识的物理事件是同构的）的错误。他认为，经典物理和量子物理有同样的操作概念和观察概念，这属于我们的世界；但说明、解释意向对象的概念却是不同的，这属于物的世界。希伦也批评了海森伯提出的测量理论。他指出测量过程对量子系统的扰动对我们接近物理实在并没有什么限制。他也指明，在经典物理中与量子物理中一样，也有观察主体的存在。所不同的是，在经典物理中，人们有"理想化的规范化的对象（客体）"，而在量子物理中，对象是"理想化规范的个别实例"。接着他在第五章中讨论了量子力学的主体性与客观性问题。海森伯断言在量子论中不可避免地存在着主观因素。因为：①康德的"实体""范畴"不适用于原子系统，不能对一个原子系统作出对一切观察者都普遍有效的"实在论的"描述；②作为私人意向性行为的观察行为导致波包收缩，抑制了物理的相互关联性（或叠加状态），从而改变了实在的物理面貌。关于①，希伦认为，应该把可观测符号与被符号化的物或性质区分开，将物或性质符号化的数学理论具有形式客观性和一致性，它们的实在性则通过可观测符号显现同来；关于②，希伦认为，在经典物理中，观测者对经典的理想化的、规范化的客体的观测结果也具有统计性，这由统计的"误差理论"处理。在量子物理中有所不同的是，共轭性质的观测误差是具体地关联的，量子力学说明的统计部分是不能与其非统计部分分离的。所以，在量子力学中，一个原子系统是用一个虚系综来表示的，其中（作为物的性质的）物理变量与它们相对于平均值（或期望值）的分布是在单一的数学形式体系中联系在一起的。测不准关系正是量子力学对象的具体品性和共轭量"误差"的相互关联性的表达。希伦认为，作为物理学中的说明要素的物或其性质本身是不能用感觉来表示的（本身不可观测），只有通过与所研究的物理对象无歧义地相联系的适当的可观测符号的显现才成为可观测的。所以，希伦所说的量子力学的客观性是一种严格的、形式的客观性。在现象论者看来，在量子物理学家的世界中既有实显的客体，也有可能的客体。在第六章中，希伦讨论了在极限情况下联系经典物理与量子物理的对应原理以及量子力学的完备性原理。

本书的第二部分（第七、八、九章）讨论了"量子力学中的实在——原子系统的本体论结构"。第七章介绍了物理学家中的两种倾向：①以爱因斯坦为代表的理性主义实在论的倾向。他们相信有独立于人的感觉、观测行为的物理实在。他们相信科学的普遍性、必然性，相信宇宙是决定论的。他们是本质主义者，认为科学的目的就是要发现事物的不变的、绝对的、规范性的本质。②反本质主义的经验论和工具主义倾向。马赫的实证论、维也纳学派的逻辑经验论、布里奇曼的操作主义、皮尔斯及杜威的实用主义都是其中的不同类型，以玻尔为代表的哥本哈根学派信奉的也是这种哲学。维格纳也坚持这种观点。他认为，实在（不论是主观的还是客观的）是在感性中得到它的原始意义的，概念知识的功能纯粹是工具性的。希伦对这两种观点都作了简要批评。

第八章探讨了海森伯的实在观。希伦指出，从 1925 年到 1955 年，海森伯的哲学倾向从经验论转向了理性论。一方面，海森伯的理性论主要来自康德的先验的批判哲学，坚持世界有普遍的必然的规律；另一方面，他也深受柏拉图的观念论的影响，相信在感觉的虚幻世界后面有实在的理念世界，基本粒子的世界，它们是纯粹的数学形式，是数学对称性。他还吸取了亚里士多德的潜能说和物形不分论。他认为，能量是构成世界的普遍的基本物质，是潜能。他在 20 世纪 50 年代致力于建立一个非线性的统一场的基本"物质"方程，一个概括了一切必然的、普遍的物质对称性的自然律，一切基本粒子都可以作为这个方程的本征值而得出。他所说的"潜能"，类似康德的"物自体"，只有通过物理学家根据理论设计的实验和观测的实践，它才实显为基本粒子的"实在的"可观测符号。所以，他自称他的实在观是实践实在论。但希伦认为他的哲学仍然是类似于康德的观念论。

在第九章"物理实在的本体论结构"中，希伦认为人的认知实在的行为有多面性，其中特别重要的是：经验直观、概念理解和理性断言（判断）。经验论者和理性论者都只片面地强调了一个方面。而海森伯早年倾向于经验论，晚年又倾向于理性论。在柏拉图的影响下，他把感性客体（对象）与理性客体（对象）对立起来，在康德的影响下，他又承认本体客体。他把这些看成三种客体（对象）。而希伦认为，这实际上是一个客体（对象）的三个方面。希伦反对普遍的怀疑论，认为科学的断定、科学实在论是可信的。他进一步讨论原子实在的本体论结构。他反对还原论，认为原子系统整体（束缚态）中的部分，不同于解体后的"部分"，氢原子中的质子、电子（它们是虚的实在）不同于自由的质子、电子。能量不是原始物质或普遍性物质，而是物质背景确定的"可能性的本体论条件"。

第三部分（第十章）讨论了物理科学的结构、逻辑和语言。在"物理科学的性质"一节中，首先论述了物理学的数学化，又讨论了仪器在物理学中的特殊重要性。在"物理学的语言"一节中希伦再次强调，物理学作为一门科学，取决于"为我们的世界"（用操作语言或观测语言描述）与"物的世界"（用说明、解释的语言描述）的接合。正因为世界有这样的二重性，所以物理学家要使用上述两种语言[4]。

希伦的这部著作，是用现象学和诠释学哲学研究物理学哲学的先驱性著作，值得我们重视。

四、希伦的主要著作之二：
《空间知觉和科学哲学》（1983）

希伦在本书的"前言"中指出，他的这本书是三项研究的产物。第一项是关于量子力学结构的研究。这项研究的结论是：量子逻辑，或量子力学中句子的非经典行为不是不完备性的表现，而是由于量子力学描述句的语境特性，量子力学是一种依赖于语境（或情境）的新型科学。第二项是关于自然科学认知价值的研究。这项研究的结论是实验科学的观测总是依赖于情境的，是诠释学的。科学知觉依赖于研究的情境，一些科学哲学家［如汉森、图尔明、库恩、费耶阿本德、赫斯（M. Hesse）、波朗尼、格林（M. Grene）、胡克（C. Hooker）等人］得到过类似的结论。而希伦是最早从现象学、诠释学哲学传统来探讨这一问题的。第三项则是关于空间知觉的研究[5]。

本书的第一章题为"现象学、诠释学和科学哲学"。希伦在这一章中首先介绍了现象学。他的进路是把胡塞尔的数学、逻辑兴趣与梅勒-庞蒂和早期海德格尔的知觉与本体论兴趣以及后期海德格尔的诠释学兴趣相结合。他关注科学的和非科学的认知形式之经验基础的形成，关心数学模型、科学理论和技术仪器影响、改变、增进知觉内容的方式。接着他介绍了现象学中的知觉、视界、世界、意向性、身体（世界中的存在）等概念。他批评了笛卡儿主义和实证主义的唯客观主义、唯科学主义、唯技术主义、非历史的、非诠释学的、还原论的倾向，提倡胡塞尔的"回到实事本身"，反对用图式化的、抽象的、因果的、数学的模型来取代生活世界的丰富性、自发性和新颖性。他肯定利用数学模型、科学理论和技术仪器可以：①增进可能的世界；②增加我们的知觉分辨力的敏锐性；③扩大所与和必然性的领域[5]。

第一部分题为"双曲视觉空间"。在"导言"（第二章）中，希伦首先指出，人们在日常生活经验中，在视觉幻觉中，在古代与现代著名画家的作品中，空间知觉的结构是有限的双曲空间，而不是无限的欧几里得空间。在第三章中他介绍了一个视觉空间的双曲模型［诠释学的龙伯格（Luneburg）模型］，并论证了它的可信度。第四章描述了双曲视觉中的具体结构，并概述了支持这一模型的日常证据。第五章探讨了视觉幻觉中支持这一模型的证据。第六章中探讨了艺术史中有关的证据，其中包括梵·高（van Gogh）的名画"在阿勒斯的卧室"（Bedoom at Ales）[5]。

第二部分题为"走向基于知觉优先的科学哲学"。在这部分中，希伦探讨了知觉的哲学，提出了现象学、诠释学的知觉哲学[5]，批判了知觉的因果生理模型[5]，批判了把知觉看做是自然之镜的反映论的实在论[5]，批判了把知觉行为这类精神现象还原为脑的状态或物质状态的同一性理论[5]，提出了认知依赖于情境的视域实在论[5]。在题为"科学实体的知觉"的第十一章中，希伦认为科学仪器是"可阅读技术"，仪器读数就是科学"文本"，科学观测就是对科学"文本"的解读，是理论荷载的；科学实体是对科学"文本"的理论解释的结果，是科学的本体论意向对象[5]。在第十三章希伦探讨了诠释学与科学史。他认为自然科学也需要用诠释学方法来诠释类似文本的材料（仪器读数等观测资料），以达到对文本材料表达的有关"事物本身"的叙述。要了解文本，必须了解文本的语境、史境，即当时当地的情境和文化环境。而要了解当时当地的情境，又必须了解文本本身。这是一种整体论的研究方法，也就是诠释学循环。这不是"恶的"循环，而是"善的"循环，逐步地、螺旋式地达到理性的进步[5]。在第十四章希伦进一步论证了欧氏空间结构是"技术与科学实践"的产物，是"科学的人造物"[5]。在第十五章，希伦又从双曲世界论述了世界的多种可能性[5]。

总之，本书运用现象学和诠释学的观点、方法，对科学哲学、美学、心-身问题、文化理论都有所贡献。

五、希伦的诠释学的科学哲学

从 20 世纪 80 年代到本世纪初，希伦写了数十篇有关现象论-诠释学的科学哲学的论文[3]。其中较重要的有《自然科学中的诠释学视野》(1998)[6]、《诠释学和科学哲学》（1999)[7]、《现象学与自然科学哲学》(2003)[8]以及为《诠释学的科学哲学，梵·高的眼睛和上帝》一书所写的"后记"[3]（2002)。下面我将就希伦有关现象论-诠释学的科学哲学的基本观点作一简要综述。

（一）历史

希伦在上述论文中也谈到了现象论、诠释学科学哲学的有关历史。希伦指出，现象论哲学的出现反映了 20 世纪早期新康德学派围绕近代科学哲学发生的分化。以卡尔纳普、卡西勒、H. 科恩为代表的马堡学派集中关注自然科学。而以海德格尔、利克特（H. Rickert）为代表的西南德国学派集中关注社会科学与人文学科。从 1901 年到 1916 年，在柏林、哥廷根学习、研究数学的胡塞尔虽然关注数学、自然科学，但在政治倾向上不同于马堡学派。纳粹在德国掌权后，马堡学派的成员流亡到英美及其他国家。他们的分析的、经验论的科学哲学在英美占据了统治地位，他们的观点成了"公认观点"。而欧洲大陆的现象学哲学一直不为英语国家所重视。两个学派之间有着很深的鸿沟。但是，胡塞尔的现象学观点对科学史家柯依列，逻辑学家哥德尔，心理学家梅勒-庞蒂，分子生物学家波朗尼、普里戈金，物理学家外尔，科学哲学家基泽尔（T. Kisiel）、柯克尔曼斯（J. Kockelmans）、斯特勒克尔（E. Ströker）、蒂明尼卡（A-T, Tymieniecka）都有所影响。海德格尔的思想对当今的科学研究、技术与文化的现象论有重大影响，对阿贝尔、巴比希（B. Babich）、克拉克（A. Clark）、克利斯（R. Crease）、菲尤（I. Fehér）、金纳夫（D. Ginef）、豪格兰（J. Haugelan）、希伦、伊德（D. Ihde）、柯克尔曼斯、基泽尔、马尔库斯、波朗尼、鲁斯（J. Rouse）和沙夫（R. Scharff）都有所影响[8]。

关于诠释学，希伦指出，源自施赖尔马赫、狄尔泰和伽达默尔[6]。但他们都认为诠释学只适用于历史、艺术、人文学科与社会科学。而希伦认为，它也适用于自然科学。1974 年 4 月，伽达默尔到波士顿学院讲学，希伦当时正在该校访问。他对伽达默尔提出了异议，主张诠释学也适用于自然科学与技术。对于当时的讨论，希伦在近年仍记忆犹新[3]。

（二）生活世界、存在论、视域实在论

现象学的本体是胡塞尔的生活世界[9]、海德格尔的存在[10]。超越论的现象学超越唯物论与唯心论的对立，超越主观论与客观论的对立。它承认知觉主体、人体是世界中的物，是存在，是"此在"。而世界是被"此在"感知和理解的。"一方面是事物与世界，另一方面是对事物的意识。"人是偶然地在人类史上被"定域"于某时、某地，有有限的生命期。每个人继承一种语言、一种文化、一个社区、一组忧烦——有的或许还不止一种，这些给出他或她所共有的生活世界的意义、结构和目的，虽然生活世界不是个人自己的创造或选择，但它在有意识和无意识的层次上渗透了个人的生活经验[6]。生活世界中的器具包括"自然的"（例如树）和"文化的"（例如制度或技术），它们用语言命名或描述，它们有的是知觉对象，它们都是存在状态下的存在[6]。

科学家有他们的日常生活世界，又有他们特有的科学共同体的实验室的生活世界。科学家的研究活动不是不变的生活世界中封闭的环，而是诠释学的螺旋，生活世界也随着科学研究和技术的发展而变化。生活世界中新的理论-设计的过程（包括技术的和体制的），会产生突现的（感知）主体和（感知）对象，会"产生和发展出"新的现象。科学研究中主体与对象的相互适应与"可阅读技术"密切相关。"可阅读技术"包括仪器和体制。它们能产

生新的现象，其中有社会现象（如大学），有物理现象（如电子）。这些现象会改变人类的政治、社会和环境结构以及他们的生活世界[8]。

科学家通过理论研究提出"理论实体"，理论实体通过实验观测而成为科学家的生活世界中的现象。观测过程包括两个不同的而又协调的职能：一是提出可观测对象，这是实践荷载的文化职能；二是从观测对象取得数据（即通常所说的观察），这是理论荷载的数据职能。这些涉及两种不同的认识视角（或寻视）：一种是实践荷载的文化寻视（它属于实验室环境中实验文化战略），另一种是理论荷载的（或说明的）寻视，这两种寻视应当从逻辑上、语义上和实用上区分开来[6,10]。实验设计是理论荷载的。提出可观测对象是实验室科学文化中实践荷载的公众文化事件，可观测对象的意义不是从观测事件本身导出的，而是从研究纲领导出的。所以观测事件是实践荷载的。要说电子这样的"理论实体"本身存在，必须能把它们定域在公众论坛之中，首先是在实验的科学研究纲领或计划之中，在那里，它们作为公众的文化实体，显然是实践荷载的，因为它们不仅依赖于理论，还依赖于制造实验室设备的技术实践[6]。希伦进一步论证了："理论实体"通过技术应用，可以成为广大公众的"文化实体"，例如，通过电视，连儿童与文盲都可以被告知是电子束"画出"电视图像的[6]。"理论实体"通过观测仪器，通过"可阅读技术"，可以成为生活世界中的"知觉实体"。例如，通过云雾室，看到质子的径迹。对现象论者来说，生活世界、世界的实在性是自明的[9,10]。所以"理论实体"也是实在的。对常人来说，这张桌子是实在的，对物理学家来说，这是一张由分子、原子构成的桌子。二者看到的是同一张桌子，但二者的视域不同。所以希伦自称为"视域实在论"[5]。

（三）"回到实事本身"，意向性结构，意义与解释，观测依赖于实践，视角（透视）主义认识论

胡塞尔批判柏拉图的理念论，反对把伽利略的数学化的自然等同于现实的具体的生活世界，主张"回到实事本身"，强调感官知觉（直观显示）对认识世界的重要性[9]。但希伦仍肯定科学理论对形成当代生活世界的十分积

极的作用[8]。但是，现象论也反对经验论和反映论的认识论，不同意洛克的"白板说"，认为人对世界事物的认识是对世界事物的意义的理解与解释。人在理解世界事物之前，有意向性结构（意向行为与意向对象）[9]，"此在"对"实事本身"的解释是以"前有"（Vorhabe）、"前见"（Vorsicht）和"先行掌握"（Vorgriff）为基础的[6,10]。海德格尔以锤子为例，认为事物的意义有两重性，一种是文化实践-荷载的意义，一种是理论-荷载的意义。因此人对事物的理解也有两种视角，一种是实践-荷载的文化视角，一种是理论-荷载的（或说明的）视角[6,10]。不同的视角（或透视）理解了事物不同的侧面（或剖面）（profile）。这些不同的理解、不同的侧面（剖面）是相互补充的。这就是视角（透视）主义认识论。

希伦指出："现象论与分析哲学生活在两个不同的文化和语言世界，在根本不同的平台上工作。前者强调在认知中意向性的主观与客观的作用，强调意识自我——使用（self-appropriation）的重要性，后者则几乎集中注意认知的客观作用。"[8]也就是说，前者强调主观与客观的结合，"生活世界中意向性的主客观统一"[8]，后者则继承了笛卡儿的客观主义倾向。

联系到科学哲学，希伦认为，科学共同体的科学传统、库恩所说的"范式"，实际上就是科学家原有的意向性，是他们的前有、前见和先前掌握[6]。希伦强调科学观测依赖于实践，是实践荷载的[6]，这就变传统的科学哲学只强调"观测渗透理论"为"观测依赖于理论"，大大开阔了视野，看到了科学观测对制造实验仪器的技术的依赖，对确定研究计划时对社会经济、政治、文化等因素的依赖，从而也扩大了科学哲学研究的范围或视域。

（四）诠释学循环（螺旋）

希伦认为，诠释学方法不仅适用于人文科学与社会科学，也适用于科学史和科学哲学，而且也适用于自然科学，因为它有助于理解"为什么定量研究方法给予经验内容以意义，为什么理论荷载的数据依赖于作为公众文化实体的受测实体向公众的自我显现，特别是为什么观测仪器起着既创造、改进理论意义，又创造、改进文化意义的双重作用"[6]。人文学科的诠释学的结构是：作者/文本/读者（ATR），存在论的诠释学的结构是：编码了的能量/

具体的接受器/生活世界的解释（CE/ER/LI）[3]。也就是说，自然界是作者；仪器测出的数据成为文本；生活世界中的人（此在）是读者，来作出解释。希伦一再强调，诠释学方法在本性上是历史的、文化的、人类学的和多学科的[6]。

诠释学要求，在解释文本时，要注意到作者写文本时的语境、史境或有关情境（context），而要理解情境时，又需要理解文本；犹如要理解部分，必须理解整体；要理解整体，又必须理解各个部分。这就是诠释学循环。但科学研究的诠释学循环不是封闭的环，而是开放的诠释学的螺旋式上升。因为科学研究开始时的生活世界，由于科学研究的成功与进展，由于科学理论被应用于技术、应用于文化实践，已发生了巨大的改变，成了新的生活世界。而新的生活世界又提出了新的研究课题[8]。但科学的进展不一定保证有益于人类。因为科学进展如何进入生活世界，取决于掌握、管理新技术、新体制的人[8]。

（五）真理，去蔽，揭示状态，展开状态

诠释学的真理观不同于传统的真理符合论或真理融贯论。希伦批评了塔尔斯基的真理定义："设'p'（'雪是白的'）是一个陈述。那么：'p'（'雪是白的'）是真的，当且仅当 p（雪是白的）。"他指出这是以假设为论据，是空洞的；他没有考虑到陈述的语境、史境，没有考虑到陈述者的共同体。对于不同的语境、史境，不同的共同体，陈述可以有无数的变化。而作出判断靠经验，塔尔斯基又预设了人们都有正确使用语言的能力，预设了经验能作出确定的判断。在诠释学看来，真理是人类理解的产物，理解通过解释而实现。而解释通过共同的行动、理论和语言来建构意义。理论意义贡献了意义的抽象部分，共同的行动贡献了意义的文化或实践部分。

海德格尔选用"无蔽"（或"去蔽"）一词来体现意义的这种双重性[10]。这标志着对那种认为真理对人类的理解是完全透明的经典模型的否定。海德格尔认为，人类只能部分地、历史地、局域地、实践地、依赖于具体情境地揭示真理[10]。真理的意义不是永恒的，而是历史的，局域的和变化的。所以是局域的，是因为使用真理的专家共同体是排他的。所以是变化的，是因为

实践会改变文化上的意义，会使实践依赖的某一特定理论变得明白、新颖和更好。理论驱动的文化变革会带来新的历史性的视角，不可避免地遗忘、淘汰旧的理论。希伦认为，现代性的大错误就是信奉经典的、静态的真理符合论，以为科学理论能在逻辑上，或本体论上与暂时性和文化相脱离。而诠释学的反思证明上述观点是与经验不符的[6]。真理的意向性是去蔽的真理，对于突现的可能性是"自由的"和"开放的"[8]。

（六）科学与价值

传统的科学哲学认为科学是价值中立的，科学哲学不讨论价值问题。而现象论-诠释学的科学哲学认为生活世界中的一切事物，包括科学中的"理论实体"都有多重价值的意义。科学的"理论实体"是文化实体，科学观测依赖于实践，科学观测依赖于技术，这些都表明科学理论与文化、价值有着千丝万缕的联系[6]。像哥白尼学说、达尔文的进化论就对当时欧洲人的宗教世界观产生了巨大的冲击。20 世纪核物理、电子学、空气动力学、信息控制理论等学科的发展与第二次世界大战、冷战时期的军事需要有密切的关系。科学理论一旦转化为技术，产生了核武器、核电站、喷气飞机、洲际导弹、人造地球卫星、电子计算机、互联网等新事物，就大大改变、扩展了人类的生活世界，改变了人们的政治、经济、文化生活，改变了人类生活的生态环境，也必然影响了人们的价值观。在今天大科学的时代，物理学家要从事基本粒子的实验研究，不能仅凭个人的科学兴趣、个人的手工操作，一个大加速器，只有大国或若干国家的联合体才有经济实力来建造。所需拨款，在民主国家，要由国会议员来表决通过，在极权国家要由最高领导来拍板定案。所以科学研究也依赖于政治家的价值观。当今生物科学、医学的发展，提出了许多生命伦理问题。目前制约克隆技术的因素，主要是伦理、价值观的考虑，而不是科学技术本身。

所以，诠释学的科学哲学反对唯科学主义。唯科学主义认为，实证科学的方法论原则上能够回答所有意义问题；前科学时代的哲学虽曾推动科学的产生与发展，但在当今的科学文化中将要衰亡[5]。而现象论-诠释学科学哲学认为，实证科学不能解决人生的意义和价值问题，实证科学的方法不能取代诠释学方法。哲学在科学文化时代不仅不会衰亡，相反，现代科学的发展，需要哲学、伦理学的指导。诠释学的科学哲学也反对唯技术主义。唯技术主义的目的就是操纵和控制自然[5]。但是他们忘了技术本身是要由人来控制的，要由哲学、伦理学来指导它们的使用与发展的。

（七）比喻在科学中的作用

科学家共同体、科学家的实验室生活是他们的局部的生活世界，他们还必须生活在更广大的日常生活世界之中。科学家在科学共同体中使用的是数学的或专业的语言，但当他们向政治家申请课题经费时，向企业家申请经济资助时，写课题申请报告时，因为对象不是同行科学家，所以他们不能使用数学的或专业的语言，他们必须使用比喻。当科学家向大众普及或传播科学时，他们也必须使用比喻。不仅如此，科学家在形成他们的理论时，在解释他们的理论成果时，也时常使用比喻和模型。例如，完全光滑的球、完全弹性的带、无质量的以太、无摩擦的力学器械、"分子凳"模型、理想计算机模拟、正弦波振荡器、10维空间、上帝看自然的心灵之眼，这些形象，都有助于形成科学理论。为了理解现代物理学、现代生物学，在学习过程中，不通过使用比喻的阶段，也是不可能的。总之，在理论探索过程中，在理论的应用过程中，在以社会协商的方式把理论工具应用于实际情况时，都要使用比喻[6]。所以，比喻在科学中的作用，也是诠释学科学哲学中的一个重要研究课题。

（八）诠释学的科学哲学的一些研究课题

希伦认为，为了研究传统科学哲学所忽略（或缺乏研究准备）的科学的一些方面，科学哲学的诠释学转折是必要的。这些就是科学的动态的、叙事的、历史的和生活世界的方面[6]。对于海德格尔的现象论，对生活世界的真实性要求是局域的、历史的、情境依赖的、突现的、文化的[8]。传统科学哲学的目的似乎是关注科学对自然界的说明、预测、管理和控制，而忽视了科学在人类生活和历史中的背景，这是与更广泛、更长期的问题有关的。接着他提出了一些研究课题：①科学发现，或科学传统是如何开始的。②一种科学传统在文化变迁条件下的传承过程中意义的坚持或变化。③比喻对科学的作用。④科学传统如何终结。⑤神话作为一种宏大叙事，如何在科学传统的传承中起作用。⑥从诠释学哲学的视角探讨下述认识论和形而上学问题，如实在论、相对主义、建构主义、真理、客观性、因果性、目的、历史等，研究下述与生活世界有联系的问题，如空间、定域化、时间、测量、数据、说明、宏观与微观、基本粒子、科学论断的多重价值、不确定性、量子物理的悖论等。⑦因为以科学理论为基础的技术能够改变生活世界，改变人类生活与行动的可能的意义领域，诠释学应该研究一个变化中的生活世界以什么方式改变新旧科学的研究领域。⑧对科学进行跨学科研究提出的认识论问题，历史学家、哲学家、社会学家、文化人类学家等因为他们彼此之间不能很好交流而苦恼。诠释学的科学哲学可以为他们提供一个共同的平台以改善这种状况，把这些学科的不同研究事项、不同的基本资料（在各种文本、技术、文化习惯等之中）与它们观察后现代世界中的不同视角联系起来。⑨诠释学科学哲学的一个重要兴趣焦点是经验社会科学、认知科学、心理学、神经生物学和医药科学，其中有大量理论模型彼此竞争，彼此（以人们在他们自己的文化实践中理解他们自己的方式）相互冲突。⑩在伦理学前沿，需要用诠释学方法研究如下一类问题，科学理论，例如医学，如何与文化经验的生活世界相联系（例如妇女的怀孕）。科学理论是否应当取代人类文化中的"民间智慧"，这绝不是一个浅显的问题。⑪在宗教和政治前沿，诠释学方法是最强大的。但对科学的公众作用需要作更诠释学意义上的说明。在当今文化中，理论知识起着重要的作用，对这种知识有巨大的需要，人们十分尊重这种知识，但又为对理论知识时常隐含的文化影响的深刻不安而痛苦[6]。如此等等。上述课题，尽管还不够全面，但已可看出，其中有许多是传统的科学哲学所忽视、所舍弃的方面。所以，诠释学的科学哲学不仅对传统科学哲学是一种必要的补充，也是研究视野的巨大扩展，很值得我国科学哲学界予以充分的重视。

参 考 文 献

[1] 施雁飞. 科学解释学. 长沙：湖南出版社，1991：71-138.

［2］库恩. 必要的张力——科学的传统和变革论文集. 北京：北京大学出版社：2004：iv.

［3］Babich B E. Hermeneutic Philosophy of Science，Van Gogh's Eyes，and God. Dordrecht：Kluwer Academic Publisher，2002：5-11，xi，461-467，445-459，445，450.

［4］Heelan P A. Quantum Mechanics and Objectivity：A Study of the Physical Philosophy of Werner Heisenberg. Hague：Nijhoff，1965.

［5］Heelan P A. Space-Perception and the Philosophy of Science. Berkeley：University of California Press，1983：xi-xii，1-23，27-128，131-146，131-146，147-154，155-172，214-219，214-219，173-191，192-213，220-246，246-253，249-263，175-178，16，16.

［6］Heelan P A. The scope of Hermeneutics in natural science. Studies in History and Philosophy of Science，1998，29（2）：273-298.

［7］Heelan P A. Hermeneutics and natural science//Watson R. Continental Philosophers in America. Bloomington：Indiana University Press，1999：64-73.

［8］Heelan P A. Phenomenology and the Philosophy of the Natural Sciences//Tymieniecka A-T. Phenomenology World Wide. Dordrecht：Kluwer Academic Publisher，2002：631-641，631-633，633，637，632，633，633，634，633，632-633.

［9］胡塞尔. 欧洲科学的危机与超越论的现象学. 北京：商务印书馆，2001：209-211.

［10］海德格尔. 存在与时间. 北京：生活·读书·新知三联书店，1987：422-423，242-256，181-188，421-429，256-230，43-48.

科学哲学认知转向的出色范例*

导　言

　　唐纳德·吉利斯（Donald Gillies）在对还没完结的 20 世纪的科学哲学进行历史总结时不无自信地断言：“所有的人都会同意”，归纳主义及其批评者、约定主义与迪昂-蒯因论点、观察的本质以及科学与形而上学的分界，是 20 世纪“最重大的”四个主题[1]。但如果不是从主题而是从方法的角度看待 20 世纪科学哲学所发生的变化，我们同样可以断言，从逻辑主义到历史主义的转向是这门学科所发生的最重大的变化。不过，离我们现在时间最近、有可能直接影响到 21 世纪科学哲学发展的，是另一次转向，即认知转向。80 年代以来，达登（L. Darden）、纳塞斯安（N. Nersessian）、萨伽德（P. Thagard）、吉尔（R. Giere）、丘奇兰德（P. Churchland）、所罗门（M. Solomon）等人借助人工智能和认知心理学的思想和手段，研究科学是如何发展的。其中，保罗·萨伽德倡导一项他称之为计算科学哲学的事业，试图对科学哲学和科学史进行综合[2]。他还提出了能够在运行的计算机程序中

　　*　本文作者为任定成，原题为《科学哲学认知转向的出色范例——论保罗·萨伽德的化学革命机制计算理论》，原载《哲学研究》，1996 年第 9 期，第 48～55 页。

执行的，高度详尽的，包括问题解决、概念形成、假说形成和理论评价在内的科学思维模型。与以往的科学发展模型极为不同的是，这个模型在应用于对科学史个案的说明时，是显著可检验的。

萨伽德甚至比历史主义更加强调科学发展模型应当符合科学史中的特殊个案。他分析过科学史上几场最重大的科学革命，但着力最多的是拉瓦锡（Antoine-Laurent Lavorsier，1743～1794）的化学革命。除了利用施塔尔（Georg Ernst Stahl，1660～1734）和拉瓦锡的原始著作之外，他还充分吸收了库恩发表科学革命结构理论之后化学史学家们，尤其是格拉克（H. Guerlac）[3]、霍姆斯（F. Holmes）[4]、佩林（C. Perrin）[5]等人所取得的新的史学成就，提出了关于这场科学革命机制的计算理论，从而为科学哲学的认知转向提供了一个出色的范例。它的意义已经远远超出了这项工作本身。

一、概念革命、解释一致性与理论的优劣

社会因素在社会发展中的作用已经得到普遍承认。但是人们关于这种作用的程度和范围的看法，却大相径庭。科学社会学中的"强硬纲领"，主张科学家们获得信念靠的是利益而不是理性依据，把科学变化看做是纯社会学的。科学哲学家们则强调科学家们获得信念靠的是理性依据而不是利益，他们提出条件对科学社会学的范围加以限制。拉里·劳丹（Larry Laudan）的不合理性假定就是这样的限制，他认为："当且仅当信念不能用它们的理性优点解释时，知识社会学才可以插手解释信念。"[6]在萨伽德看来，劳丹的这种先验立场是武断的，我们并没有什么理由应当特别偏爱根据理性对科学变化作出解释。对于一个特定的科学事件，是社会因素还是理性因素至上，应当具体分析。我们应当做的，是尽量给出对科学事件的最佳解释[7]。

科学哲学家和科学社会学家们分别偏爱的这两类科学发展模型都很模糊。认知科学为了提供精确的计算模型，把认知分为"热""冷"两类。动机和情感因素在其中起作用的称为热认知；不包括动机和情感因素的叫做冷认知。萨伽德开发出一个叫做 ECHO 的程序，这个程序只考虑相互竞争的诸理论与证据的关系以及它们之间的关系，而不涉及采纳这些理论的科学家的利益，是一个冷认知模型。他和奇瓦·孔达开发的 Motiv-PI 程序，模拟有动

机的概括，是一个热认知模型。他提出，还可以把 ECHO 和 Motiv-PI 发展成为 Motiv-ECHO 程序，就不难得到一个既模拟有动机的概括又模拟有动机的理论选择的热认知模型。

那么，科学认知是热认知呢，还是冷认知？库恩对于科学理论的选择曾提出一套一般的看法。他认为对立范型斗争的结局不是由这些范型与证据之间的关系以及范型之间的关系决定的，新范型战胜旧范型不存在元标准，靠的只是说服而不是证明。在他看来，拉瓦锡声称他解决了气体特性和重量关系问题，就是说服，库恩还以普里斯特利 (Joseph Priestley, 1733～1804) 为例说明只有旧范型的辩护者们死去之后，新范型才占优势[8]。萨伽德不同意库恩的观点。他认为，对于科学史上的事件，是应用热模型还是应用冷模型，必须视具体情况而定。萨伽德把科学家的动机分为三个范畴，即名望、职业成就、金钱收益之类的个人目的，想要自己所属的研究队伍胜过竞争者的群体目的，以及希望与自己国家或种族相联系的观念占优势的民族目的。这三种动机通过在国际标准基础上的评论和理性辩护，都将被取消。通过对一些重要个案的具体分析，他倾向于主张，大多数科学思维都是冷认知。就这场化学革命而言，拉瓦锡做了广泛的实验表明燃烧物质重量增加以驳斥燃素理论，而且根据佩林的考证，在 1775 年之后的 20 年中，整个科学共同体实际上就接受了氧理论[5]。在这场化学革命中，没有科学家的动机变化的证据，因此它是一场概念革命[7]。

为了说明概念变化，萨伽德提出了解释一致性的计算理论，并将其应用于描述化学革命[9]。该理论提供了一套确立科学理论内部各命题之间的关系的原则。令科学解释系统 S 由命题 P、Q 和 P，…，P_n 组成。命题之间的关系有一致和反一致两种。如果两个命题彼此支持 (hold together)，它们就一致。如果两个命题抵制彼此支持，它们就反一致 (incohere)。解释一致性原则有以下 7 项：对称原则、解释原则、类推原则、数据优先原则、矛盾原则、竞争原则和可接受性原则。

通过对历史材料的分析，萨伽德得出 1783 年燃素理论和氧理论论战中这两个理性都必须解释的证据共 25 个，其中最重要的是：E1，燃烧中发热发光。E2，易燃性可由一物体传给另一物体。E3，燃烧只在有纯空气存在时发生。E4，燃烧物体增加的重量精确等于吸收的空气的重量。E5，金属经受煅烧。E6，物体在煅烧中重量增加。E7，煅烧中空气体积减小。E8，还原中出现泡腾。为解释这些证据，拉瓦锡使用的主要假说是：OH1，纯空气含氧素。OH2，纯空气含火质和热质。OH3，燃烧中，来自空气的氧与燃烧物体化合。OH4，氧有重量。OH5，煅烧中，金属加氧成为灰渣。OH6，还原中放出氧。燃素理论的主要假说是：PH1，可燃物体含燃素。PH2，可燃物体含热质。PH3，燃烧中放出燃素。PH4，燃素能从一物体到另一物体。PH5，金属含燃素。PH6，煅烧中放出燃素。其中，OH1、OH2 和 OH3 解释 E1，OH1 和 OH3 解释 E3，OH1、OH3 和 OH4 解释 E4，OH1 和 OH5 解释 E5，OH1、OH4 和 OH5 解释 E6，OH1 和 OH5 解释 E7，OH1 和 OH6 解释 E8，PH1、PH2 和 PH3 解释 E1，PH1、PH3 和 PH4 解释 E2，PH5 和 PH6 解释 E5。OH1 由于 E5 而分别与 PH5 和 PH6 竞争。OH1 由于 E1 而分别与 PH1、PH2 和 PH3 竞争，OH2 由于 E1 而分别与 PH1、PH2 和 PH3 竞争，OH3 由于 E1 而分别与 PH1、PH2 和 PH3 竞争，OH5 由于 E5 而分别与 PH5 和 PH6 竞争。ECHO 取这些关系作为输入。此外，在 ECHO 中，每个命题由一个单元即结（node）表示，单元之间的关系用连接（link）表示。如果 P 和 Q 一致，则在表示它们的单元之间有一个兴奋连接；如果 P 和 Q 反一致，则在表示它们的单元之间有一个抑制连接。假说的可取性用其结的活化度（degree of activation）表示。一个结的活化度要根据与之相连的其他结的活化度以及这些连接的兴奋与抑制权重进行校正。关于校正的细节，这里不作介绍。重要的是，概念系统的取代，就是兴奋连接导致整个假说子系统一起有活性而使与之竞争的系统失去活性。当 ECHO 程序根据以上输入运行，建立起相应的连接，并且调整了权重时，6 个 OH 就有了大于 0 的渐近活化，而 6 个 PH 就成为无活性的了。这样，萨伽德就精确地理性地说明了这两个体系的优劣。

对科学变化的说明主要有增生（accretion）理论和格式塔（gestalt）理论。前者把科学变化看做是积零成整的过程，认为新的概念框架通过增加新概念和新关系而发展。萨伽德通过具体分析，认为"化学革命既包括概念的增生和取代又包括概念的重组"，所以增生理论"不适合拉瓦锡个案"[9]。后者把科学变化看做是整体变化，认为科学发展中包括了概念的重组。但是这个理论只考虑整体变化的最终结果，并没有考虑导致整体变化的部分。萨伽德的说明采取了精细的整体论立场，避免了二者的弱点。

二、知识表示与概念网变化

为了分析化学革命的结构和机制，萨伽德采用了人工智能中的知识表示工具。据化学史学家们考证，1772 年以前，拉瓦锡基本上是在燃素理论的框架中思考问题。此后，氧理论从观念萌发到思想成熟大致经历了 4 个阶段，即 1772 年的最初观念、1774 年和 1775 年的发展中观念、1777 年的发达观念，以及 18 世纪 80 年代的成熟理论[3,4]。这些阶段的概念框架都可以用结网（network of node）来表示和分析[9]。

一般地，一个结对应于一个概念（请注意这里与本文上一节所讲的不同，结表示的不是命题），结之间的一条线所表示的一种连接对应于概念之间的一种关系。关于化学革命的讨论所涉及的连接主要有两类，即表示种属关系的种连接，以及表示一般关系的规则连接。这样就构成了一个概念网（network）。概念网的变化，就是结和连接的增删。

燃素理论是一个应用范围非常广泛的概念框架。它可以解释酸的形成、金属在酸中的溶解和置换、动物的呼吸等，但最重要的是对燃烧现象的解释。图 1 描绘的只是施塔尔概念体系的一个片断。图中，直线表示种连接，带箭头的曲线表示规则连接。就是图中的结之间，也还应该有这两种连接之外的连接，但是被萨伽德省略了。这不影响对问题的讨论。

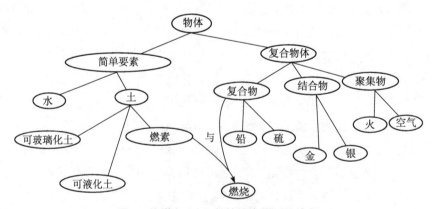

图 1　施塔尔 1723 年的概念体系的片断

1772 年，拉瓦锡注意到两个现象。一是金属放进酸中发生泡腾，二是金属煅烧后重量增加。他在两篇笔记中分别写道："泡腾不过是以某种方式溶解在每种物体中的空气的离析。"[3] "许多实验似乎表明，空气大量地成为矿石的组成部分。"[3] 图 2 是萨伽德猜测的拉瓦锡当时的概念网的有关部分。其中，灰渣即后来所说的氧化物，两条曲线分别表示泡腾的灰渣产生空气以及金属变成灰渣时重量增加的规则，标有"含?"的曲线表示拉瓦锡猜测灰渣也许含空气，虚线表示灰渣含空气的假说可以用来解释拉瓦锡注意到的两个现象。

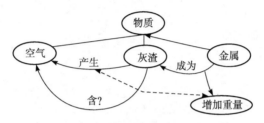

图 2 拉瓦锡 1772 年的概念体系的片断

在注意到上述两个现象和形成上述概念框架的同一年，拉瓦锡完成了著名的磷和硫的燃烧实验，并且提出物体在煅烧和燃烧中重量增加的原因可能都是空气的固定。1774 年，他与其合作者在一篇论文中报道了一项实验，提出白垩、碱和金属灰渣中存在一种"弹性柔流体"。1775 年，他在一篇宣读的论文中明确提出，煅烧中与金属结合并使其重量增加、与金属一起组成灰渣的不是空气的一部分，而是"全部空气本身"[10]。图 3 是萨伽德描绘的拉瓦锡在这个阶段的概念网的相关部分。图中的直线表示种连接，带箭头的曲线表示规则连接，虚线表示规则之间的解释关系。

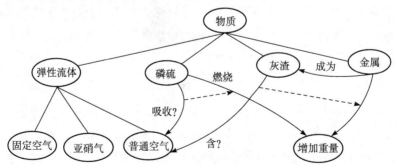

图 3 拉瓦锡 1774～1775 年的概念体系的片断

普里斯特利析出我们现在所谓的氧气之后不久，化学家们把它称为"脱燃素空气"、"纯空气"或"极适宜呼吸的空气"。拉瓦锡在 1777 年也采用了后两个术语。不过，他只把它看成空气的一部分。他把空气分为四种，即极适宜呼吸的空气、大气、固定空气（我们所谓的二氧化碳）和浊气（我们所谓的氮气）。在"燃烧通论"中，他论证了他的燃烧理论的 5 个论点[10]，用"纯空气"的作用解释了燃烧和煅烧是如何受共同规律支配的。萨伽德用图 4 描述拉瓦锡 1774 年的概念体系的一部分。其中，直线表示种关系，带箭头的曲线表示规则。

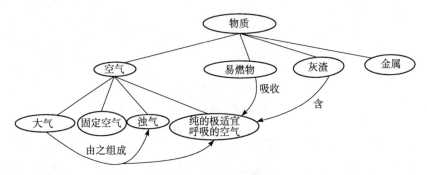

图 4　拉瓦锡 1777 年的概念体系的片断

1780 年，拉瓦锡创造了"氧素"这个术语。1783 年，他在《关于燃素的思考》一文中主张氧气是氧素与火质和热质的化合物，氧素就是所谓的纯空气的基，用它的作用可以以惊人的简单性令人满意地解释化学中的一切现象，化学的主要困难从此烟消云散，不存在燃素是无限可能的。至 1789 年他的《化学基础论》[11]出版时，氧理论已经十分成熟。萨伽德根据此书绘制的图 5 反映了最终形态的氧理论概念体系的有关部分。图中的直线表示种连接，带箭头的曲线表示两个规则，即氧与非金属物质化合产生热素和光，氧与金属物质化合产生氧化物。

200 多年来化学史学家们提供的丰富史料表明，化学革命非常复杂。萨伽德舍弃了诸多细节，着眼点放在这场革命中几个最重要的阶段上，当然，就是这几个阶段，情况也很复杂。所以，他用以上几幅图描绘的，只是这些阶段性的概念框架的片断。这些片断集中在两条线索的变化上。一条线索是关键概念的发展：煅烧中与金属化合的空气——燃烧中使物体重量增加的空气——空气

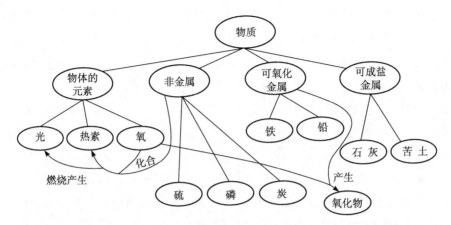

图 5　拉瓦锡 1789 年的概念体系的片断

的一个组分——新元素氧。另一条线索是关键假说的发展：金属煅烧是与空气的化合——物体燃烧是与空气的化合——煅烧和燃烧是物质与极适宜呼吸的空气的化合而不是放出燃素—完整的氧理论。在这个基础上，就可以深入讨论拉瓦锡如何用新结和新连接建构其新体系，这个新体系何以能够取代施塔尔体系，以及科学共同体的其他成员何以能够获得并接受新体系的问题。

三、机器学习与概念框架的形成、取代和接受

萨伽德主要借用机器学习程序 PI 的思想，阐明这场革命中发生的概念框架的形成、取代和接受的认知机制。PI 主要是以归纳为基础的关于概念和规则形成的人工智能程序。一般说来，如果不加限制，机器（学习者）在使用颠倒（数据驱动）和顺序（理论驱动）方法时，可以形成无数无用的结从而把系统弄乱。在 PI 中，强调归纳必须发生于解决问题的语境之中，必须合乎学习者的目的。有了这样的实际约束，就可以避免出现大量对学习者的目的来说无意的结。

萨伽德认为，拉瓦锡概念框架的形成机制是使用概念结合、概括与规则外展，以及特设启发法[9]。

在 PI 中，当两个旧概念所表示的特征结合起来显示出与系统的解问题操作相关时，旧概念就结合成为新概念。萨伽德设想，拉瓦锡为解释一种气

体使火焰在其中更亮、动物在其中活得更长的性质，会想到"空气"和"纯"这两个概念各自的意义，于是便把二者结合成为一个新的概念"纯空气"。由此，萨伽德推测，拉瓦锡形成氧之类的新结时，PI 中概念结合那样的机制起了作用。不过，概念结合不能建立结之间的连接。在机器学习领域，已经有不少成熟的方法由经验概括导出规则。像"硫燃烧时重量增加"的经验规则，就可以根据有关实验结果概括得出。但是像"灰渣含空气"这样的规则超越了观察到的东西，仅靠源自经验的概括无法得到，这就要靠规则外展（rule abduction）了。规则外展是源自外展假说的概括。萨伽德推测，拉瓦锡为解释泡腾现象，利用含空气者才能泡腾的规则，得出用来做实验的那片金属含空气的外展假说，同时为解释增重现象，他又利用某物加上另一物则该物重量增加的规则，以及用来做实验的那片金属在煅烧时被空气包围的信息，得出该片金属煅烧后含空气的外展假说，然后由这两个外展假说再概括得出该金属灰渣在一切情况下皆含空气的规则。然而，氧是直接观察不到的理论实体。概括和外展都不涉及含理论实体的理论描述。萨伽德提出，形成理论实体，需要的不是受数据驱动的机制，而是受理论驱动的机制。后者需要用到概念结合、外展以及要素启发法。这大概就是他所谓的特设启发法。这里提到的要素启发法，萨伽德举过把它用于燃素理论的例子：如果 A 有一重要特性 C，则 A 含一种导致 C 的要素 P。他认为，拉瓦锡在提出热素和氧素时也用过类似的方法。

以上说明了拉瓦锡新概念网的形成，但是并没有说明拉瓦锡是如何用新概念框架取代他一度采纳的施塔尔框架的。萨伽德用规则竞争和框架竞争对此作出了计算解释[9]。

PI 可以增加解问题时有意义地得到描绘的规则的强度。萨伽德假定，成功地使用结之间的规则连接，可以增加这些规则连接的强度，而成功就在于解释。就是说，解释增加有关连接的强度。类似地，经常成功地使用新概念网，会使该网中所有规则连接的强度大于与之竞争的旧网中规则连接的强度。拉瓦锡最初采纳的是施塔尔的概念网，后来逐步形成了自己的概念网，于是时而用自己的网时而用施塔尔的网，最后则经常成功地使用自己的网，从而使自己网中规则连接的强度大于施塔尔网中规则连接的强度。当然，概念网的竞争不仅反映在规则竞争上，还反映在网的整体竞争上，这种竞争就是网的解释一致性的竞争，这在本文第一节已经论及。

　　拉瓦锡的概念网中，并不是所有的结和连接都是拉瓦锡得到的。但是，其中最关键的结和连接以及整个网却是他建构的。不仅如此，他人（包括燃素论者）的结和连接在他的网中也有新的意义。科学共同体中的其他成员获得新框架并用其取代旧框架，其机制与拉瓦锡的情况不一样。萨伽德将拉瓦锡个案的机制加以扩展，对此进行解释。

　　建构新概念框架的机制，对于理论的创立者来说是概念结合（形成新结）、概括与外展（形成连接）、特设启发法（理论描述），对于其他科学家来说是术语的引入、报道的实验、假说的论证。新框架取代旧框架的机制，对于理论的创立者来说是增加规则连接的强度、通过使用新网显示其解释一致性，对于其他科学家来说是通过新网辩护者的辩护增加规则连接的强度并显示新网的解释一致性。总之，新网接受者身上的变化是通过教育发生的，变化机制的共同点是论证。拉瓦锡及其合作者对燃素理论辩护者柯万（Richard Kirwan，1733～1812）观点的系统批判不仅使柯万转向了氧理论一边，而且导致了科学共同体的普遍皈依。但是，普里斯特利永远没有改宗。萨伽德认为其主要原因在于，他使用燃素网最多，最坚定地意识到它的一致性，而又没有充分使用过氧网。

结　　语

　　萨伽德关于化学革命机制的计算理论用解释一致性标准和 ECHO 程序计算比较了氧理论和燃素理论的优劣，用知识表示技术描述了化学革命诸重要阶段，借用机器学习的思想解释了科学家个体概念框架的变化。这个理论似乎"既可适用于处于革命阵痛中的科学家，也许又可很好地适用于一般的人们"[12]。此外，从他后来的工作[13]看，他已经开始把计算理论从对科学家个体的分析向对科学共同体即心智社会的分析发展。这无疑展示了一个诱人的方向。但是，正如他自己所说，"要使这个理论丰满……还需要做许多工作"[12]。他曾经提出，"我们需要编辑一部关于过去几百年以上重要信念变化历史个案的详尽目录。对于每一个个案，我们需要对影响科学家的证据因素和动机因素作出非常详尽的分析"。实际上，且不要说数百年的重大事件，就是一个科学革命的个案迄今也很少有科学哲学家和科学社会学家作过详尽分析，他们总是热衷于举几个例子提一套理论了事。就拿拉瓦锡个案来说，当时的科学共同体中的科学家个体，燃素理论的辩护者当中、氧理论的辩护者当中、改宗者当中，都是有差异的。再如，这两个理论在强调中心元素的作用以及化学变化中元素的重组等基本方面，似乎处于同一个传统之内[14]。另外，启蒙思想家对拉瓦锡的哲学思想有着不可忽视的影响[15]。对这样的细节能不能、值不值得作认知科学分析？如果能，是不是可以得出一些新的结论来呢？

参 考 文 献

［1］Gillies D. Philosophy of Science in the Twentieth Century：Four Central Themes. Oxford：Blackwell，1993：xi.

［2］Thagard P. Computational Philosophy of Science，Cambridge/London：The MIT Press，1988.

［3］Guerlac H. Lavoisier—The Crucial Year，Ithaca. New York：Cornell University Press，1961.

［4］Holmes F L. Lavoisier and the Chemistry of Life：An Exploration of Scientific Creativity. Madison：University of Wisconsin Press，1985.

［5］Perrin C E. The Chemical Revolution：Shifts in Guiding Assumptions//Donvan A，Laudan L，Laudan R. Scrutinizing Science：Empirical Studies of Scientific Change. Dordrecht：Kluwer Academic Publishers，1988：105-124.

［6］Laudan L. Progress and its Problem. Berkeley：University of California Press，1971：201.

［7］Thagard P. Scientific cognition：hot or cold？//Fuller S，De Mey M，Shinn T，et al. The Cognitive Turn：Sociological and Psychological Perspectives on Science-Sociology of the Science：A Yearbook Vol. 13. Dordrecht/Boston/London：Kluwer Academic Publishers，1989：71-82.

［8］Kuhn T S. The Structure of Scientific Revolution. 2nd ed. Chicago：University of Chicago Press，1970：144-159.

［9］Thagard P. Conceptual Revolution. Princeton：Princeton University Press，1992：62-102，48，39-47，50-55，55-58.

［10］柏廷顿 J R. 化学简史. 北京：商务印书馆，1979：135，139-140.

［11］安托万-洛朗·拉瓦锡. 化学基础论. 武汉：武汉出版社，1993.

［12］Thagard P. The Conceptual Structure of the Chemical Revolution. Philosophy of Science，1990，57（2）：183-209.

［13］Thagard P. Societies of Minds：Science as Distributed Computing. Studies in History and Philosophy of Science，1992，24（1）：49-67.

［14］任定成. 论氧化说与燃素说同处于一个传统之内. 自然辩证法研究，1993，(8)：30-35.

［15］金吾伦. 科学发现的哲学——拉瓦锡发现氧的案例研究. 台北：水牛出版社，1993：31-33.

论科学哲学的后现代转向 *

　　随着逻辑经验主义的发展，现代科学哲学缺乏批判意识、历史意识和实践意识等理论缺陷逐渐暴露，而观察渗透理论、整体论等也不断冲击着现代科学哲学信奉的科学理性形象。批判理性主义等学派试图从现代科学哲学的框架内部修补这些缺陷，继续捍卫科学的理性与进步。另一些激进的科学哲学家不再固守于现代科学哲学的范式，而是倒向告别理性、否认科学经验基础、消解实在和反对科学的后现代阵营，打开了科学哲学转向后现代的大门。在科学哲学的后现代转向中，有多个学派起着推动作用，其中最重要的两个是激进的历史主义和新实用主义。本文拟以上述两大流派为主要线索，批判性地勾勒科学哲学后现代转向的概貌。

一、历史主义的后现代转向

　　直接推动科学哲学后现代转向的历史主义者包括库恩、费耶阿本德和汉森等人。他们结合科学史实，努力消解科学的客观性、经验性、合理性和进步性。他们从现代科学哲学或科学史研究中汲取大量灵感，并站在后现代的

　　* 本文作者为郝苑、孟建伟，原载《杭州师范大学学报（社会科学版）》，2009 年第 6 期，第 28～33 页。

立场上对上述思想遗产做出了激进的发挥和利用。

（一）消解科学的客观性

现代科学哲学并不都持有实在论立场，可是，科学的客观性基本上是个不容置疑的信条。自笛卡儿以降，现代哲学主张的科学客观性通常依赖于"主体自我"与"客观世界"两分的理论预设，在"自我"与"世界"之间似乎存在截然分明的界限。费耶阿本德指出，两分法在历史上并非通行的做法，古希腊哲学中就没有明确的现代哲学意义上的"自我"概念。古希腊"自我"概念缺席的哲学观"在现代哲人科学家马赫的宇宙学中找到了回响，只是古代世界的要素是可以认识的物理的和精神的形状和事件，而马赫所用的要素比较抽象"[1]。马赫结合现代生理学与心理学知识，对"自我"概念的深刻反思和质疑，是费耶阿本德批判"主客两分"的重要理论武器[2]。

费耶阿本德对"自我"的猛烈批判，意在瓦解"科学客观性"的本体论预设：既然主观"自我"是现代哲学的虚构，既然主客两分是没有充分根据的现代哲学教条，那么"客观性"也就大可怀疑了。后现代历史主义进而断言，客观性掩盖了现象的丰富性。传统科学哲学将科学的目标理解为"符合客观"，也就意味着只有一种统一的、前后融贯的科学理论才真正描述了客观实在，但这种排他性的客观性诉求往往掩盖了科学待说明的自然现象的丰富性，难免造成科学理论内容的片面和贫瘠。

费耶阿本德反科学客观性的努力并不仅仅停留于哲学的论证，他还积极调动了现代科学史家的研究资源。根据法国著名科学史家迪昂对奥西安德与哥白尼的科学史研究，费耶阿本德表示，奥西安德看到当时的哥白尼学说与事实明显不一致，然而，正是因为他没有顾及符合事实的客观性要求，而是出于工具主义的考虑选择了哥白尼学说，才为该科学理论的发展创造了必要条件。在费耶阿本德看来，这个历史案例有力证明了为推动科学的多元增殖，需要在必要情况下忽视与事实保持一致的科学客观性要求[1]。

（二）消解科学的经验基础

后现代历史主义者不仅在本体论上否定科学客观性，而且在认识论上消解科学的经验基础。其实，不少现代科学哲学家都意识到非经验要素在科学研究中所起的作用，并对科学的经验基础进行了适度弱化[3]。而他们弱化经验基础的某些观点，就被后现代历史主义者利用来消解科学的经验基础。费耶阿本德认为，马赫的"感觉要素论"颠覆了经验在认识论上的基础地位。"因为根据马赫的论著《感觉的分析》这个题目就很明了，感觉将被分析。隐藏在简单现象背后的复杂性将被发现并将被简化，也可能当做未知的要素。这些新要素又需要分析。"由此，"马赫发展了一种无根基的知识框架"，而这正是费耶阿本德希望看到的认识论[4]。

后现代历史主义者消解科学经验基础的"杀手锏"，莫过于"观察渗透理论"。对于他们来说，"观察渗透理论"意味着并不存在独立于科学理论的中立经验，单凭经验无法在相互竞争的科学理论之间做出公正选择。由库恩和费耶阿本德凸显的"理论与观察之间的连续性，事实上已由世纪之交（指19世纪与20世纪之交）的法国约定论者，尤其是彭加勒和迪昂颇为清晰地描绘过"[5]。虽然"观察渗透理论"的思想并不新奇，但后现代历史主义者对此做出的激进诠释是新颖的。费耶阿本德还结合伽利略"塔的论证"等科学史案例，苦心孤诣地论证"观察渗透理论"的反经验主义价值："经验是随同理论假设一起产生的，一个离开理论的经验恰如一个没有经验的理论一样不可理解。"[1]

（三）告别理性

后现代历史主义者极端推重"观察负载理论"的目的不仅仅在于消解科学的经验基础，而是要从根本上撼动科学合理性的根基，告别理性。现代科学哲学普遍认为，"科学方法就是合理性本身"，而科学方法必须要符合逻辑的要求[6]。然而，后现代历史主义者通过历史考证，得出截然相反的结论。在他们看来，理性方法在科学中的实际作用不仅远没有现代科学哲学家想象得那么大，而且选择理论的标准也不可能是纯粹理性的。

现代科学哲学认为，归纳法是科学研究的重要方法。然而，费耶阿本德却根据热力学的科学史研究指出，归纳法并非科学进展中必然遵循的法则。恰恰相反，为了让科学拥有更多经验内容，让理论得以多元发展，有时需要采取反归纳的方法，构造出与归纳法得出的结论相矛盾的理论，以揭示符合归纳知识的主流科学理论的意识形态教条，照亮在现有知识理论中为人忽略的反例和经验内容，从而保证科学的持续发展。费耶阿本德不无夸张地认为，反归纳既是科学史中一个既成的事实，又是科学游戏中一种正规而且非常必要的行动[1]。

后现代历史主义者攻击归纳法，意在削弱理性方法在科学中的地位，但反对理性并不是费耶阿本德等后现代历史主义者的最终目的。告别理性不仅满足了后现代无政府主义的叛逆行为，而且还有助于克服理性方法所衍生的思想教条。费耶阿本德强调，任何科学理论在形成之初，都有不合乎逻辑、与历史累积的经验事实相矛盾的地方。如果严格遵循逻辑一致性或符合事实的理性要求，那么势必将大量有希望的科学理论扼杀在萌芽之中，而让占支配地位的科学理论蜕化成思想教条。因此，为了最大限度地繁荣科学理论，就需要打破理性方法的教条，转而倡导方法多元论。

后现代历史主义者并不满足于仅仅表明理性方法在科学史中经常被违背的情形，他们还试图根据哲学理论来证明理性方法不可能在选择科学理论的过程中起主导作用。在迪昂-蒯因的整体论思想的影响下，库恩等后现代历史主义者纷纷论证了理性方法在科学中的有限地位。库恩坚持历史中的科学理论不是以孤立命题的形式接受实验结果的证实或证伪，而是以结合哲学信念、社会要素和心理要素的不可分割的"范式"为单位而存在的。在范式间并不存在中立的观察资料或观察语言，因此在相互竞争的范式之间也不存在判决实验，理性方法无法判决某个具体科学理论的取舍。在费耶阿本德看来，迪昂的整体论及其不充分决定论表明，对于同一些经验观察 F 来说，存在着一些相互竞争的理论 T，T'……在误差 M 的范围内与观察 F 保持一致。每种理论在现有的经验观察下虽然都获得了大致相同的证据支持，但是它们对经验现象的解释力各有所长，在未来的知识增长中都难免有不可取代的用武之地。按照理性的一致性要求，理论不仅要与观察一致，还要与现有占支配地位的旧科学理论也保持一致。这种统一要求难免在不成熟的情况下过早淘汰许多在未来可能有用的理论。因此，费耶阿本德认为，迪昂论题的一大教益是，若要更好地发展科学，就需要告别追求理论一致性的理性要求[1]。

（四）批判科学的文化霸权

现代科学哲学构造的理性与客观的科学形象，为科学实践带来了不必要的束缚，导致科学哲学越来越远离科学实践，削弱了科学哲学的实际影响，不利于科学知识的增长繁荣。可见，在后现代历史主义反科学的极端立场背后，也隐含着它倡导批判的自由、反对教条、关注科学知识增长的理论动机。后现代科学哲学的反科学立场除了认识论的旨趣外，还有着深刻的政治文化关切。在费耶阿本德看来，科学仅仅是"人所发展起来的众多思想形态中的一种"，而且也"不一定是最好的一种"，然而现代社会却将科学捧为文化的典范，科学的文化霸权让其蜕变为"最新、最富有侵略性、最教条的机构"。为了保证人类文化的多元发展和人类的个性自由，就需要在政治、教育、社会和文化中限制科学的话语霸权[1]。显然，费耶阿本德等后现代历史主义者反对科学霸权话语的理论动机主要来自美国本土的实用主义哲学，而新实用主义在推动科学哲学的后现代转向中也起着不可低估的作用。

二、实用主义的后现代转向

在英美哲学界中，新实用主义是推动科学哲学转向后现代的重要思潮之一，其代表人物是罗蒂。罗蒂坦言，他的后现代代表作《哲学与自然之镜》的大部分内容都是重述和发展由蒯因、戴维森和普特南等一些带有实用主义色彩的分析哲学家所提出的论点，并结合杜威、海德格尔和维特根斯坦在反基础主义和反本质主义等方面共同的思想路线而产生的[7]。通过极端化上述哲学家或哲学传统的立场，罗蒂等新实用主义者试图从根本上解构科学客观、理性和进步的现代形象。

（一）消解科学的客观性

在《哲学与自然之镜》中，罗蒂对包括科学哲学在内的现代哲学进行了整体的批评。他指出，自笛卡儿以降的现代哲学试图通过对知识和心灵性质的独特理解，来批判或捍卫道德、政治和宗教等人类文化的主张，这就导致了现代哲学利用科学知识的"合理性"来为现代社会的"协同性"进行辩护；通过知识的客观性来保障科学知识的"合理性"；通过作为"自然之镜"的心灵与自然的符合关系来保证知识的客观性。罗蒂基于后现代的理论视角，对上述现代哲学的基本信念提出挑战。他明确表示，新实用主义的"目的在于摧毁读者对'心'的信任，即把心当做某种人们应对其具有'哲学'观的东西这种信念；摧毁读者对'知识'的信任，即把知识当做是某种应当具有一种'理论'和具有'基础'的东西这种信念"，从而"摧毁读者对康德以来人们所设想的'哲学'的信任"[7]。

罗蒂对作为"自然之镜"的心的批判，旨在消解知识客观性的前提。在他看来，科学知识客观性的一个重要前提在于有一个能类似镜子一样反映外部自然的"理性自我"，这一"理性自我"被现代哲学设定为"心灵"。罗蒂主要运用了两种方式来摧毁人们对"心灵"的信念。第一种方式是通过批判性地追溯"心灵"的思想史，揭示心灵仅仅是现代哲学家的概念发明，这一发明在当代学术语境中引发了大量或许是永无结果的争论；第二种方式是以极端的方式阐释分析哲学家新近提出的研究论点，以此支持他消解心灵，进而消解知识客观性的立场。虽然罗蒂极力抨击包括现代科学哲学在内的 20 世纪英美分析哲学，但他消解科学客观性的论证策略与分析哲学有着明显的关联。从源头上看，罗蒂消解科学客观性的第一条论证思路可以追溯至逻辑经验主义的反形而上学立场。普特南就敏锐地指出，罗蒂对"实在论与反实在论之争"的拒斥，暗合著名逻辑经验主义者卡尔纳普反形而上学的腔调[8]。第二条思路则可追溯至维特根斯坦。在 20 世纪初，维特根斯坦就已经对心灵、自我和主体提出了一系列尖锐的批评意见。

维特根斯坦对心灵和自我的批判立场之所以如此吸引包括罗蒂在内的后现代实用主义者，很大程度上是因为维特根斯坦对自我的批判蕴涵着明显的反笛卡儿主义立场，而笛卡儿主义的身心二元论被认为是现代哲学确立以自我实现为导向的个人主义伦理的本体论前提。维特根斯坦断言，"实践和道德态度内在于我们理解我们自身和他者的方式之中"，笛卡儿主义所理解的自我或心灵抽离了生活形式中的实践，因此无法真正让人们理解自身和他人，更无法实现现代哲学极力鼓吹的道德理想[9]。由此，维特根斯坦站在生活和实践的角度，从整体上质疑了现代哲学有关本体论、科学和道德的基本信条，在一定意义上开启了对科学的后现代文化批判的先河。可以看出，维特根斯坦对自我、心灵和个体性的反思并不仅仅出于认识论动机，还蕴涵着对现代哲学过度张扬的主体主义和个人主义的严厉批判。这显然与罗蒂反对人类主体主义和个体主义的后现代批判意识颇为契合[10]。

罗蒂为了反对现代世界观，将上述问题归咎于"科学客观性"。罗蒂批评镜式的现代心灵观，目的是要消解笛卡儿主义的身心二元论和"主客两分"观；消解身心的界限则是最终撼动客观性的前提。在他看来，既然不存在心灵或能够再现自然的理性自我，那么也就不存在主观与客观的明确界限；既然在主观与客观之间不存在截然的界限，那么建立于镜式本质的现代心灵观基础之上的科学客观性也就是一种多余的概念，"没有镜式本质的概念我们也能诸事顺遂"。罗蒂明确反对科学客观性须由"主观符合客观"的真理观来保证。对他而言，渴望客观性"只不过是渴望得到尽可能充分的主体间的协洽一致，渴望尽可能地扩大'我们'的范围"[11]。因此，科学客观性意味着主体间的一致，或称为"主体间的协同性（solidarity）"，主体间非强制的一致为人类提供了走向'客观真理'可能所需要的一切[12]。

应当说，实用主义向来注重以"主体间性"来理解真理和客观性。实用主义的重要先驱之一，哲人科学家奥斯特瓦尔德就主张，实在的意义需要由人类的实践以及实践中的主体关系来展示。詹姆斯对奥斯特瓦尔德强调"客观实在的主体间性"的观点相当欣赏，认为这明确体现了实用主义的基本原则[13]。罗蒂等新实用主义者则夸大利用了上述观点。传统哲人科学家和实用主义者所理解的科学的主体间性是指所有具有理性的思维者，因此具有普遍性。而罗蒂的"主体间的协同性"片面凸显科学的社会约定性，他主张用种族中心论（ethnocentrism）的视角来把握"主体间性"。按照这种理解，科学家将人类区分成"必须为科学信念做出辩护的人群"和"并不需要为科学信念辩护的其他人群"，第一个人群也就是科学家自己的种族，他们彼此间分享足够多的"客观性"信念，从而能在协商交流中得出共识。因此科学客观性是特定人群通过对话而建构出的文化产物。罗蒂甚至主张："每个人在参与实际论辩时都是种族中心论者，无论在其研究中他出产了多少有关客观性的实在论修辞。"[14]罗蒂主张的协同性几乎无视客观性的制约，也就不可避免地导向相对主义的立场。

（二）消解科学的经验基础

新实用主义不仅否认科学客观性，而且也反对经验论的基础主义。蒯因对经验论两个教条的批判，对罗蒂产生了巨大影响。蒯因对现代经验论的批判，集中于对经验论蕴涵的还原主义和基础主义的批判。他强调经验材料对理论的不充分决定性，具体区分出三种不充分决定性："①物理理论不被过去的观察所充分决定，因为未来的观察可能与之相冲突；②也不被过去和未来的观察一起充分决定，因为某些与之相冲突的观察可能未被注意到；③它甚至不被所有可能的观察所充分决定，因为理论词项的观察标准是如此灵活和不完整。"[15]因此蒯因主张，仅靠经验并不足以充分决定某个科学理论的取舍，也不足以充分决定理论词项的意义。蒯因反对经验论蕴涵的基础主义和还原论的论证，有意无意地利用了迪昂的整体论。虽然"蒯因继承了迪昂的整体论思想（包括其中的约定论因素），并对它做了更详细的发挥"[1]，但是，蒯因不仅夸大了科学对象的约定性，宣称物理对象和诸神都是"文化的假定物"，从认识论而言，它们"只是程度上，而非种类上的不同"[16]，而且还认为经验条件对整个知识的限定是如此不充分，以至于"在根据任何单一的相反经验要给那些陈述以再评价的问题上有很大的选择自由"，而这种"选择自由在原则上被蒯因放松到几乎任意的程度"[17]。

（三）改造科学合理性

罗蒂等新实用主义者认为，蒯因不仅以分析哲学的论证形式撼动了科学的经验基础，而且迪昂–蒯因命题所蕴涵的"经验对理论的不充分决定性"也表明，"合理性的传统概念确实不足以阐明科学活动在何种意义上是（或不是）一种理性的活动"[18]。仅仅以证实或证伪的逻辑标准和经验要求不足以说明科学合理性。科学合理性乃至科学本身根本无法从整个人类文化中将自身区分出来。罗蒂指出，如果我们放弃知识与意见的区分而"接受蒯因的整体论，我们就不会力图使'科学的整体'从'文化的整体'中区分开来了"[19]。罗蒂等后现代实用主义者渴望告别脱离文化和生活实践的"科学合理性"。

新实用主义者并不满足于单纯告别"科学合理性",而是依据后现代文化实践的需要来积极建构新的"合理性"概念。罗蒂将合理性区分为三种含义:一是确保人类生存的对环境的适应能力,也被称为"工具合理性";二是人类特有的设定合理目标,确定智识生活目标等级的"目的合理性"或"价值合理性";三是对不同人类文化和种群之间的差异的宽容,这种合理性使开放社会公民之间的理性商谈成为可能,因此这也被称为"社会合理性"。在罗蒂看来,西方智识传统常常混淆合理性的三种含义,过分张扬了第二种合理性含义,结果导致不同文化间产生本可避免的冲突和摩擦,在现代社会中助长了科学理性的霸权话语。因此,在当前的历史情境下,有必要凸显倡导宽容和尊重差异的社会合理性[20]。由此,罗蒂倡导哲学从"科学合理性"转向"社会合理性",科学仅仅是适应环境的工具。不同文化间的交流和对话,不能套用逻辑理性来强求一致,而是要以尊重价值多样和文化多元的心态,通过主体间的自由协商谈判来实现"视域交融"。

(四)批判科学的文化霸权

如果说费耶阿本德等后现代历史主义者还打着服务于"科学知识增长"的旗号来批判科学,那么罗蒂等新实用主义者对科学的批判则几乎完全是出于政治文化的考虑。他们攻击科学合理性,主要是为了克服现代人把科学当做上帝的偶像崇拜情结。显然,他们的主要理论旨趣既不在于科学,也不在于科学哲学,而在于整个哲学乃至整个人类文化。以罗蒂为代表的新实用主义者普遍认为,由于预设了某些有争议的实质性哲学论题为真,英美分析哲学家将哲学转变为一门"严格科学"的企图注定要失败[21]。分析哲学预设的成问题的哲学立场是从现代哲学中继承下来的,即认为只有在掌握并解决了科学认识论的"硬性"问题之后,才能去解决道德、社会和政治哲学的"软性"和"含糊"的问题[22]。罗蒂等后现代实用主义者进一步主张,现代科学哲学将道德、政治、社会和文化等方面的问题奠基于肯定科学客观真理的认识论之上的做法,为科学的文化霸权和欧洲帝国主义的侵略扩张推波助澜,从而不利于整个人类文化的多元演化和不同民族间的和谐发展。基于此,罗蒂反对将科学的客观真理与合理性作为社会协同的基础,转而倡导发展一种旨在"维持谈话继续进行，而非发现客观真理"的教化哲学[23]。

显然，后现代实用主义者反对现代科学哲学信奉的科学主义教条。然而，他们在反对极端的科学主义的过程中又矫枉过正，甚至拒斥真理与合理性在人类文化中的应有地位，陷入了相对主义的思想泥潭。

三、评　　论

在推动科学哲学之后现代转向的过程中，以费耶阿本德和库恩为代表的历史主义者和以罗蒂为代表的新实用主义者都起了相当重要的作用。虽然科学哲学的后现代转向致力于批判和解构科学的客观性、经验性、合理性与进步性，从而建构了与现代科学哲学大相径庭的科学形象，但是，这并不意味着科学哲学的后现代转向与现代科学哲学毫无关联。事实上，推动后现代转向的历史主义者和新实用主义者都汲取了现代科学哲学和科学史研究传统中的大量思想遗产，并根据后现代的理论旨趣做出了颇具争议的发挥和利用。

科学哲学后现代转向所吸收的现代科学哲学的思想遗产并不能抹杀该转向本身的理论创新性。科学哲学的后现代转向不仅有力批判了现代科学哲学构筑的脱离科学史实和科学实践的科学形象，而且也深刻揭示了传统上被归属于非理性范畴的社会文化因素在科学研究中的重要作用。这表明，"当今的科学哲学已经大大超出传统的认识论、方法论和分析哲学的框架，步入文化哲学的范畴，因此，其人文性正在日益提升并占据主导地位"[24]。

科学哲学后现代转向的理论创新和积极意义是不容否认的，然而，其蕴涵的虚无主义和相对主义又给科学和文化带来了负面影响。后现代科学哲学家不时声称他们并非反对科学，而仅仅是反对科学的文化霸权，以保护个性自由和文化创造力。然而，他们在消解"科学文化霸权"的同时，也"将人类所有的文化都拉向一个平面"，"导致整个文化的平庸化和颓废化"[25]。对文化多元发展的无节制张扬，导致了人们"宽容地"把社会文化中的一切现象都不分高下地称为文化，为低俗文化的泛滥和肆虐打开了方便之门[26]。科学哲学后现代转向的文化承诺，并不像初听起来那样美好和充满希望。它所倡导的"批判和创造的自由"，往往是脱离理性和真理制约的无节制的"绝对自由"，因而难免会陷入枯竭人类心智创造性的虚无主义泥潭之中。

参考文献

［1］保罗·费耶阿本德．反对方法：无政府主义知识论纲要．周昌忠译．上海：上海译文出版社，2007：228，81-91，46-87，44-45，12-23，271-286.

［2］保罗·费耶阿本德．创造性//保罗·费耶阿本德．告别理性．陈健等译．南京：江苏人民出版社，2002：161.

［3］李醒民．批判学派科学哲学的后现代意向．北京行政学院学报，2005，（2）：79-84.

［4］保罗·费耶阿本德．科学哲学：有着辉煌历史的学科//保罗·费耶阿本德．知识、科学与相对主义．陈健等译．南京：江苏人民出版社，2006：128-130.

［5］Worrall J. Feyerabend and the Facts//Genzalo Munévar. Beyond Reason：Essays on the Philosophy of Paul Feyerabend. Dordrecht：Kluwer Academic Publishers，1991：332.

［6］Putnam H. Reason，Truth，and History. Cambridge：Cambridge University Press，1981：105.

［7］理查德·罗蒂．哲学和自然之镜．李幼蒸译．北京：生活·读书·新知三联书店，1987：11-17，4.

［8］Putnam H. Realism with a human face. Cambridge：Harvard University Press，1990：20.

［9］Sluga H. "Whose House is That?" Wittgenstein on the Self//Sluga H，Stern D G. The Cambridge Companion to Wittengenstein. Cambridge：Cambridge University Press，1996：320-350.

［10］Rorty R. Solidarity//Rorty R. Contingency，Irony and Solidarity. Cambridge：Cambridge University Press，1989：189.

［11］理查德·罗蒂．协同性还是客观性//江怡．理性与启蒙：后现代经典文选．北京：东方出版社，2004：482.

［12］Rorty R. Science as solidarity//Rorty R. Objectivity，Relativism，and Truth：Philosophical Papers：Volume I. Cambridge：Cambridge University Press，1991：37-39.

［13］James W. Pragmatism：A New Name for Some Old Ways of Thinking. New York：Longmans，Green，ANDCO.，1908：48.

［14］Rorty R. Solidarity or objectivity//Rorty R. Objectivity，Relativism，and Truth：Philosophical Papers：Volume I. Cambridge：Cambridge University Press，1991：30.

［15］陈波．蒯因哲学研究：从逻辑和语言的观点看．北京：生活·读书·新知三联书店，1998：157，167.

［16］蒯因 W V. 经验论的两个教条//马蒂尼奇 A P. 语言哲学．北京：商务印书馆，1998：62.

［17］李醒民．迪昂．台北：东大图书公司，1996：356-357.

［18］Bernstein R J. Why Hegel now? //Bernstein R J. Philosophical Profiles：Essaysina Pragmatic Mode. Cambridge：Polity Press，1986：152.

［19］理查德·罗蒂．自然科学是否具有自然性//黄勇．后哲学文化．上海：上海译文出版社，2004：55.

［20］Rorty R. Rationality and cultural difference//Rorty R. Truth and Progress：Philosophical Papers：Volume 3. Cambridge：Cambridge University Press，1998：186-188.

［21］Rorty R M. Metaphilosophical difficulties of linguistic philosophy//Rorty R M. Linguistic Turn Essays in Philosophical Method. Chicago and London：University of Chicago Press，1992：33.

［22］Berstein R J. Beyond Objectivism and Relativism：Science，Hermeneutics，and Praxis. Pennsylvania：University of Pennsylvania Press，1983：47-48.

［23］Rorty R. Philosophy and the Mirror of Nature. Princeton：Princeton University Press，1979：377.

［24］孟建伟．关于科学哲学的性质和定位问题：兼论中国科学哲学的发展方向．北京师范大学学报（社会科学版），2005，(6)：111.

［25］孟建伟．科学技术哲学研究．北京：东方出版社，1998：229.

［26］艾伦·布鲁姆．美国精神的封闭．战旭英译．南京：译林出版社，2007：136-140.

主题索引

作者简介 [*]

范岱年，浙江大学物理系毕业，曾任中国科学技术大学研究生院自然辩证法教研室主任、《自然辩证法通讯》主编，现为《自然辩证法通讯》编委会主任委员，中国科学院科技政策与管理科学研究所离休研究员，研究方向为科学哲学、科学史。

郝 苑，中国科学院研究生院哲学博士，北京市社会科学院哲学研究所助理研究员，研究方向为科学哲学、科学文化。

胡新和，中国社会科学院研究生院哲学博士，中国科学院大学人文学院教授，博士生导师，研究方向为科学哲学、科技与社会。

胡志强，中国社会科学院研究生院哲学博士，中国科学院大学人文学院教授，博士生导师，研究方向为科学哲学、科技政策、认识论。

李伯聪，中国科学技术大学研究生院理学硕士，中国科学院大学人文学院教授，研究方向为科学哲学、工程哲学。

刘二中，中国科学技术大学研究生院理学硕士，中国科学院大学人文学

---

[*] 以姓氏拼音为序。

院教授，研究方向为科学哲学、技术史。

刘应武，中国科学院研究生院哲学硕士，现在军队任职，研究方向为科学哲学。

路　寻，中国科学院研究生院哲学博士，中国社会科学院哲学研究所助理研究员，研究方向为科学哲学。

罗嘉昌，中共中央党校毕业，中国社会科学院哲学研究所研究员，胡新和教授合作者，研究方向为科学哲学。

孟建伟，中国人民大学哲学博士，中国科学院大学人文学院教授，博士生导师，研究方向为科学哲学、科学文化。

任定成，北京大学哲学博士，中国科学院大学人文学院教授、博士生导师、执行院长，北京大学博士生导师，研究方向为中国传统生命文化资源、科学方法论、公众理解科学。

尚智丛，北京大学哲学博士，中国科学院大学人文学院教授，博士生导师，研究方向为科学的社会研究、科技政策。

肖显静，中国人民大学哲学博士，中国科学院大学人文学院教授，博士生导师，研究方向为科学哲学、科学技术论、生态哲学。

徐　竹，清华大学哲学博士，中国科学院大学人文学院讲师，研究方向为科学哲学、分析哲学。

张增一，北京大学哲学博士，中国科学院大学人文学院教授，博士生导师，研究方向为科学哲学、科技传播。